土木・環境系コアテキストシリーズ B-3

コンクリート構造学（改訂版）

宇治 公隆
著

コロナ社

刊行のことば

このたび，新たに土木・環境系の教科書シリーズを刊行することになった。シリーズ名称は，必要不可欠な内容を含む標準的な大学の教科書作りを目指すとの編集方針を表現する意図で「土木・環境系コアテキストシリーズ」とした。本シリーズの読者対象は，我が国の大学の学部生レベルを想定しているが，高等専門学校における土木・環境系の専門教育にも使用していただけるものとなっている。

本シリーズは，日本技術者教育認定機構（JABEE）の土木・環境系の認定基準を参考にして以下の6分野で構成され，学部教育カリキュラムを構成している科目をほぼ網羅できるように全29巻の刊行を予定している。

A分野：共通・基礎科目分野

B分野：土木材料・構造工学分野

C分野：地盤工学分野

D分野：水工・水理学分野

E分野：土木計画学・交通工学分野

F分野：環境システム分野

なお，今後，土木・環境分野の技術や教育体系の変化に伴うご要望などに応えて書目を追加する場合もある。

また，各教科書の構成内容および分量は，JABEE認定基準に沿って半期2単位，15週間の90分授業を想定し，自己学習支援のための演習問題も各章に配置している。

従来の土木系教科書シリーズの教科書構成と比較すると，本シリーズは，A

分野（共通・基礎科目分野）にJABEE認定基準にある技術者倫理や国際人英語等を加えて共通・基礎科目分野を充実させ，B分野（土木材料・構造工学分野），C分野（地盤工学分野），D分野（水工・水理学分野）の主要力学3分野の最近の学問的進展を反映させるとともに，地球環境時代に対応するためE分野（土木計画学・交通工学分野）およびF分野（環境システム分野）においては，社会システムも含めたシステム関連の新分野を大幅に充実させているのが特徴である。

科学技術分野の学問内容は，時代とともにつねに深化と拡大を遂げる。その深化と拡大する内容を，社会的要請を反映しつつ高等教育機関において一定期間内で効率的に教授するには，周期的に教育項目の取捨選択と教育順序の再構成，教育手法の改革が必要となり，それを可能とする良い教科書作りが必要となる。とは言え，教科書内容が短期間で変更を繰り返すことも教育現場を混乱させ望ましくはない。そこで本シリーズでは，各巻の基本となる内容はしっかりと押さえたうえで，将来的な方向性も見据えた執筆・編集方針とし，時流にあわせた発行を継続するため，教育・研究の第一線で現在活躍している新進気鋭の比較的若い先生方を執筆者としておもに選び，執筆をお願いしている。

「土木・環境系コアテキストシリーズ」が，多くの土木・環境系の学科で採用され，将来の社会基盤整備や環境にかかわる有為な人材育成に貢献できることを編集者一同願っている。

2011年2月

編集委員長　日下部 治

まえがき

コンクリート構造物はわれわれの生活の中で当たり前のように存在している。

コンクリートはさまざまな形状の構造物を造り出すことができる材料である。近年では，計算機の利用による高度な構造解析が容易にできることから，これまで以上に複雑で斬新な構造形式のコンクリート構造物を目にすることが増えてきた。ただ，変わった形状の構造物を安易に志向するのは適当ではない。構造物に最優先で要求されるのは構造安全性である。安全が担保されて初めて，その構造形式は認知される。鉄筋コンクリートがどのようなものか，一般の人も漠然と理解できるであろう。しかし，一歩踏み込んでみてみると，例えば，はりの場合，鉄筋がなぜ，下の方に配置されているのか，またいろいろな太さの鉄筋を使っているのはなぜかなど，わからないことだらけであろう。それを解決するために，これから勉強しよう。

コンクリート構造物の建設は，さまざまな職種の技術者により分業で行われている。工程でみると，想定荷重を定め構造形式を決定する計画段階，構造物の形状・寸法や耐荷性能を確保できるよう構造計算する設計段階，その結果の設計図をもとに構造物を実際に建設する施工段階に分かれているのが一般的である。さらには供用期間中に耐久性を維持しつつ安全に構造物を運用する供用段階も重要である。

分業による効率化は誰もが認めるところではあるが，肝心の構造物を設計耐用期間にわたって安全に供用できる構造物とするための注意が不可欠である。そのためには，設計者は施工時の段取りを，施工者は設計者の思いを理解して，それぞれの業務を行わなければならない。すなわち，コンクリートの打込みを確実にできるよう，鉄筋の配置方法に関する取り決めが構造細目として規定されているが，その知識も含めて施工時の状況をイメージしながら設計を行える人が本来の設計者である。また，施工者は設計者の意図する耐荷性や耐久性を実現しようとする工夫や思いを読み取り，それを実現しなければならない。そう考えると，今後，設計業務を仕事にしようと考えている学生はもとより，ものづくりは好きだが設計は苦手だという学生も，設計の基本をしっかりと理解しておかなければならない。

本書は，コンクリート構造物の設計に関する基礎的知識を身につけて貰うことを意図して作成した。日頃，私が接している学生たちのコンクリート構造に関する専門知識の習得能力ならびにその速度を参考に，将来，読者がコンクリート構造物の建設業務に携わった時にも一人の技術者として活躍できるレベルとしたつもりである。なおもちろん，高専で土木・環境系の勉強をしている学生やすでに社会人として建設分野で活躍している技術者にとっても，コンクリート構造の設計法の習得に役立つものと自負している。

内容的には，現在一般に利用されている数種類の設計法を取り上げて説明しており，理解度を高めるために例題と演習問題を配置している。本書は全13章の構成とし，曲げモーメントならびにせん断力を受ける場合のほか，ねじりや軸圧縮力を受ける場合まで勉強するようにしており，コンクリート構造物に関する設計上想定される項目をほぼ網羅している。

本書を利用し最後まで頑張って勉強することで，コンクリート構造物の設計における基本的な考え方や，安全性，使用性，耐久性等の照査手法を習得できるものと確信している。

2012年1月

宇治　公隆

改訂版発行にあたって

本書の初版の発行から12年が経過し，「土木学会コンクリート標準示方書［設計編］」（2022年）や鋼材のJIS改正を踏まえて，用語の定義・使い方，設計の考え方・手法の変化，新技術の取込みなど全体を見直した。

2025年1月

宇治　公隆

目　次

3章　限界状態設計法

4章　曲げを受ける部材の耐力

5章　軸圧縮力を受ける部材の耐力

9章　繰返し荷重を受ける部材の検討

10章　一般構造細目

11章　プレストレストコンクリート

12章　許容応力度設計法

13章　耐震設計法

1章 コンクリート構造の基本

◆本章のテーマ

コンクリート構造物には，主として鉄筋コンクリート，プレストレストコンクリート，鉄骨鉄筋コンクリートがある。本章では，それぞれの構造的特徴，コンクリートと鋼材の役割，実務で利用されている３種類の設計法の変遷と各設計法の特徴を説明する。なお，それぞれの設計は安全率の考慮の仕方に違いがあり，各設計法の基本的な考え方を紹介する。

◆本章の構成（キーワード）

1.1　コンクリート構造の種類
　　鉄筋コンクリート，プレストレストコンクリート，鉄骨鉄筋コンクリート

1.2　コンクリート構造の特徴
　　熱膨張係数，許容応力度設計法，終局強度設計法，限界状態設計法

◆本章を学ぶと以下の内容をマスターできます

☞　３種類の構造形式の特徴と設計条件を踏まえた合理的構造

☞　設計法の変遷を踏まえた設計の基本ならびに各種設計法の長所・短所

1.1　コンクリート構造の種類

1.1.1　コンクリート構造の分類

コンクリート構造物は，作用する荷重に対して十分な安全率を有して抵抗できるよう，コンクリートならびに鋼材の力学特性を踏まえ，断面形状や鋼材の配置が決められる。

コンクリート構造は，一般につぎの３種類に分類される。

①**鉄筋コンクリート**（reinforced concrete，**RC**）

②**プレストレストコンクリート**（prestressed concrete，**PC**）

③**鉄骨鉄筋コンクリート**（steel-framed reinforced concrete，**SRC**）

以下では，それぞれについて概説する。

〔１〕 鉄筋コンクリート構造

コンクリートと鉄筋により構成される構造物である。なお，鋼材で補強しないコンクリートを**無筋コンクリート**（plain concrete）という。コンクリートは圧縮に強いが引張に弱い。一方，鉄筋は引張に強いが錆びやすい。鉄筋コンクリートは，両者の長所を生かし短所を補い合った構造である。

ここで，**図 1.1** に示すような，単純支持され**支間（スパン）**（span）中央に集中荷重が作用した場合を考える。図（a）は無筋コンクリート部材で，ある程度の荷重が作用すると，部材の下縁に引張が生じて簡単に破壊に至る。そこで，発生する応力を考慮し，図（b）のように部材断面の下のほうに鉄筋を配置する。その結果，荷重（曲げモーメント）によって断面の上側に発生する**圧縮応力**（compressive stress）をコンクリートが，断面の下側に発生する**引張応力**（tensile stress）

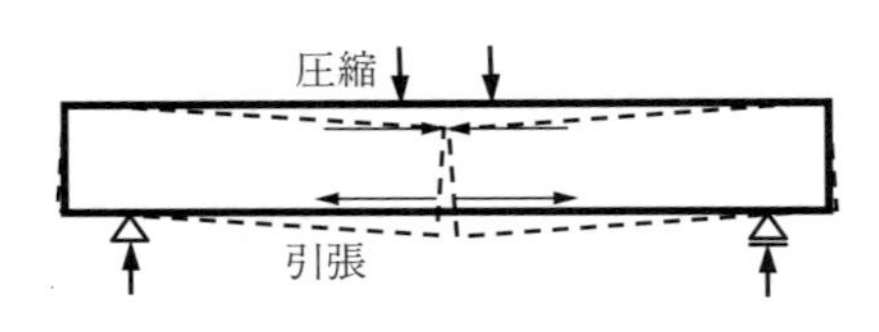

（a） 無筋コンクリート部材

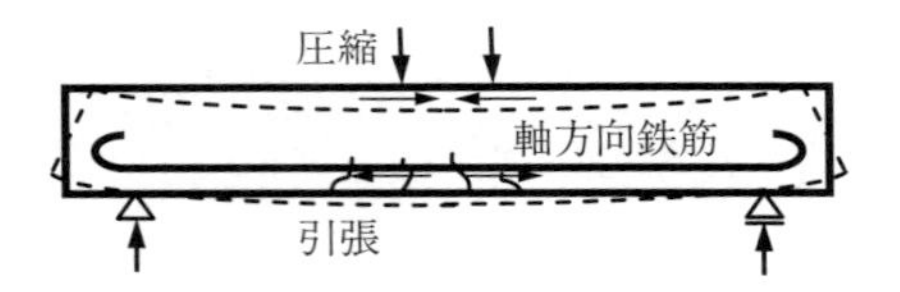

（b） 鉄筋コンクリート部材

図 1.1　鉄筋コンクリートにおける鉄筋の役割[1)]

を鉄筋が受け持つようになる。

ところで，コンクリートのひび割れ発生時の引張ひずみ ε はせいぜい 200×10^{-6} 程度，また，鉄筋のヤング係数 E は 200 kN/mm^2 であり，鉄筋とコンクリートとが一体となって外力に抵抗するという鉄筋コンクリートの前提条件に従えば，ひび割れ発生時の鉄筋応力 σ は，$\sigma=\varepsilon\cdot E$ より，$200\times10^{-6}\times200$ kN/mm^2＝40 N/mm^2 である。しかしながら，鉄筋の降伏強度は一般に 295 ～ 390 N/mm^2 であるので，コンクリートのひび割れ発生時の鉄筋応力はその降伏強度に比べて 1 オーダー小さい。すなわち，鉄筋コンクリート構造では，日常の使用状態でも曲げひび割れを発生させないとすると，鉄筋による補強効果はほとんど見込めず，不経済となる。

したがって，鉄筋コンクリート構造は，設計上，日常の使用状態でも耐久性上有害とならない程度の曲げひび割れの発生を許容し，引張力はすべて鉄筋で負担させることとしている。なお，構造形式や部材高さの制限等から，圧縮域にも鉄筋を配置し，コンクリートと分担して圧縮力の一部を鉄筋が負担するよう設計する場合もある。

〔2〕 プレストレストコンクリート構造

プレストレストコンクリートの原理を**図 1.2** に示す。

コンクリートは圧縮に強いが引張に弱いので，作用荷重によって引張応力を生ずる断面に，プレストレス力（図中の P）によりあらかじめ圧縮応力（①）を導入しておき，発生する引張応力（②死荷重と③活荷重による）を打ち消す

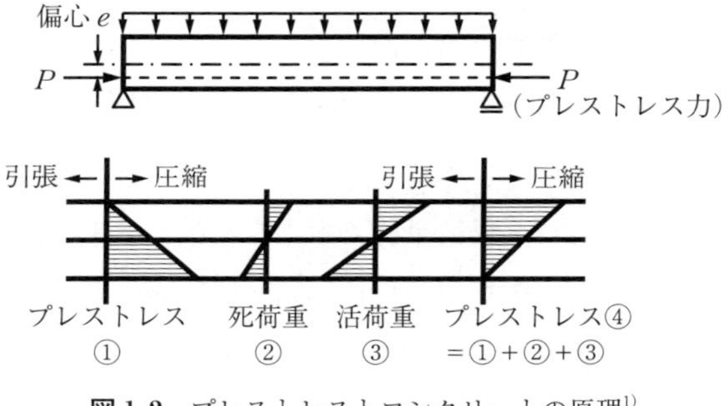

図 1.2　プレストレストコンクリートの原理[1)]

ようにする（④）。これにより，コンクリートにはひび割れが発生せず，全断面が有効に働く構造とすることができる。このような，あらかじめ導入しておく圧縮応力を**プレストレス**（prestress）という。なお，全断面有効とすることで，断面をスレンダーにして軽量化を図り，部材の支間（スパン）を鉄筋コンクリートよりも長くすることが可能となる。

プレストレスを与える方法としては，通常，**PC 鋼材**（prestressing tendon）をジャッキで緊張する方法が用いられ，つぎの二つの方式に分類される。

（1） プレテンション方式（pre-tensioning system）

ステップ-1：**図 1.3** に示すように，支柱の外側にジャッキを配置し，PC 鋼材を緊張して引張力を与える。

ステップ-2：それを取り囲んで鉄筋を組み立て，また型枠を設置してコンクリートを打設する。

ステップ-3：所定のコンクリート強度に達した段階で，PC 鋼材の定着を徐々にゆるめて端部の PC 鋼材を切断し，PC 鋼材とコンクリートとの付着力によってプレストレスを導入する。

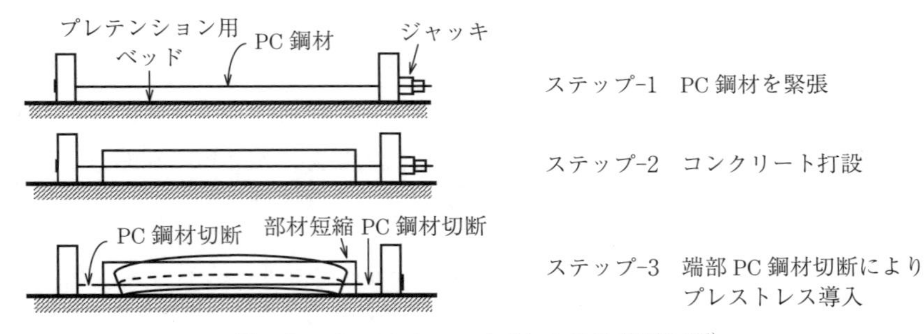

図 1.3　プレテンション方式における緊張作業[1)]

この方式は，工場であらかじめ製造される**プレキャスト製品**（precast concrete products）に用いられ，橋桁や杭，まくら木などがその代表例である。

（2） ポストテンション方式（post-tensioning system）

コンクリート構造の躯体を造った後，おもに現場において，プレストレスを与えるものである。

ステップ-1：**図 1.4** に示すように，型枠内の所定の位置に PC 鋼材を通すための**シース**（sheath）を配置し，コンクリートを打設する。
ステップ-2：所定のコンクリート強度に達した後，ジャッキで PC 鋼材を緊張し，その反力としてコンクリートに圧縮力を導入する。
ステップ-3：そして，PC 鋼材の端部をくさびやナットなどで定着する。

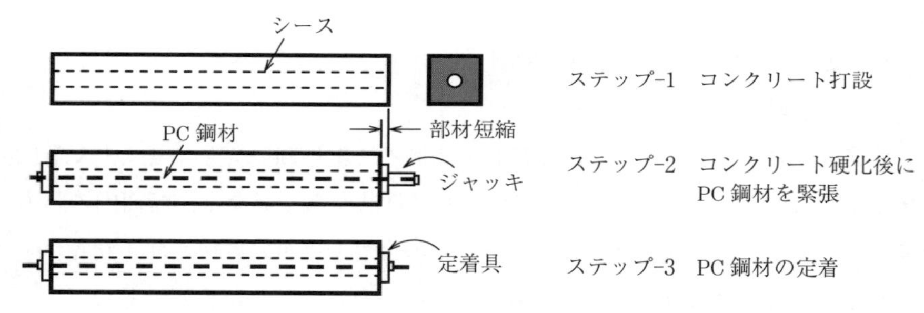

図 1.4　ポストテンション方式における緊張作業[1)]

ポストテンション方式における PC 鋼材の配置は，部材の断面内とする内ケーブル方式が主体であるが，近年では，断面外に PC 鋼材を配置する外ケーブル方式も採用されている。

内ケーブル方式には，PC 鋼材の緊張後に，PC 鋼材とコンクリートとの間の付着を確保するとともに PC 鋼材の腐食を防止する目的でシース内にセメントグラウトを注入するものと，**アンボンド PC 鋼材**（unbonded prestressing tendon）を用いて付着を与えないものとがある。

一方，外ケーブル方式は，PC 鋼材をコンクリート断面外に配置し，定着部・偏向部を介して構造物にプレストレスを与えるもので，シースが不要となることから部材厚の減少が図られ，また近年，維持管理や補強の容易さの面から適用が増えている。

〔3〕　鉄骨鉄筋コンクリート構造

鉄骨鉄筋コンクリートは，コンクリート中に鉄骨と鉄筋を埋め込んだものである。建築分野では広く用いられているが，土木分野では橋脚や橋台など比較的大型の土木構造物への適用に限られている。

鉄骨鉄筋コンクリート構造は，耐力の算定における考え方の相違により，つぎの3種類に分類できる。

① 累加型：鉄筋コンクリートと鉄骨が別々に作用荷重に抵抗する。

② 鉄骨鉄筋併用型：形鋼などの鉄骨を鉄筋に換算する。

③ 架設型：主として架設を目的として鉄骨を用いる。

1.1.2 コンクリートと鋼材の役割

〔1〕 鉄筋コンクリート構造

鉄筋コンクリート構造は，引張に強い鉄筋と圧縮に強いコンクリートで構成される。なお，両者の強度や応力-ひずみ関係は大きく異なり，断面内の応力算定にあたっては，鉄筋とコンクリートとの付着が完全に確保され，両者が一体となって外力に抵抗するという前提条件を満足することが重要である。

曲げの作用を受ける鉄筋コンクリートでは，鉄筋の高い引張強度を有効に利用するため，設計上，通常の使用状態で想定される荷重下においてもひび割れを生じた断面を仮定し，引張力は鉄筋に受け持たせることとする。しかし，過大なひび割れは鉄筋の腐食による耐荷力や耐久性の低下，水密性の低下など，構造物の安全性や使用性に悪影響を及ぼすこととなり，また美観を損なう原因にもなるため，構造物の種類や使用目的，環境条件に応じてそのひび割れ幅を制御する必要がある。

また，通常の使用状態で想定される荷重が作用した時と地震力などの大きな荷重が作用した時とでは，鉄筋やコンクリートに発生する応力レベルが大きく異なる。通常の使用状態においては，鉄筋，コンクリートとも弾性範囲内の応力が発生するよう設計されるが，地震時などの終局状態では，材料の有する能力を踏まえた設計となる。すなわち，構造物の破壊に対する安全性を検討するため，鉄筋とコンクリートの塑性域（応力-ひずみ関係の非線形性）まで考慮する。

〔2〕 プレストレストコンクリート構造

プレストレストコンクリート構造は，与えるプレストレスの大きさを変化させることにより，通常の使用状態においてひび割れの発生を許さないPC構造

（下記 ①，②）とひび割れの発生を許容する **PRC 構造**（prestressed and reinforced concrete structure）（下記 ③）の 3 種類に分類される。

① 断面に引張応力を生じさせない（PC 構造）

② 引張応力は生じるものの，ひび割れは発生させない（PC 構造）

③ ひび割れの発生を許容するが，ひび割れ幅を許容値以下に制限する（PRC 構造）

これらのどのタイプを選択するかは構造物の種類や使用目的による。使用状態でひび割れを発生させないことが要求されるタンクなどの貯留構造物に対してはタイプ ①を，それより条件を多少緩められる橋梁をはじめとする一般の構造物に対してはタイプ ② が採用されることが比較的多い。さらに，耐久性に悪影響を及ぼすことがないレベルにひび割れ幅を抑え，合理的かつ経済的となることを目的とした構造物に対しては，タイプ ③ を採用することができる。

構造設計にあたって，タイプ ①，② では，使用状態で想定される設計作用に対し，コンクリートの全断面を有効として応力や変形の計算を行う。一方，PRC 構造であるタイプ ③ では，鉄筋コンクリートと同様にコンクリートの引張抵抗を無視することになる。なお，PC 構造においても，終局状態ではひび割れが発生することになり，安全性の検討は基本的に鉄筋コンクリートと同様に行うことになる。

〔3〕 鉄骨鉄筋コンクリート構造

鉄骨鉄筋コンクリート構造の耐力算定における基本的な考え方は，つぎのとおりである。

① 累加型（累加強度方式）：断面耐力は鉄筋コンクリートと鉄骨とをそれぞれ独立して計算し，その和として求める。

② 鉄骨鉄筋併用型（鉄筋コンクリート方式）：断面耐力は鉄骨を鉄筋に換算し，鉄筋コンクリートとして計算する。

③ 架設型：構造計算上，鉄骨を考慮しない。

累加強度方式による耐力計算は簡便であるが，一般に，鉄筋コンクリート部分と鉄骨部分とは変形の適合条件を満足しないため，使用状態において生じる応力が計算できない。

鉄筋コンクリート方式では，鉄筋コンクリートの基本的な考え方に従って計算することになり，鉄骨とコンクリートとが一体となって挙動するよう，施工時の工夫により両者の付着が確保されていることが前提となる。

1.2　コンクリート構造の特徴

1.2.1　コンクリート構造の成立条件

鉄筋コンクリートが有効な構造材料として広く用いられてきたのは，つぎのような理由による。

① コンクリート中に埋め込まれた鉄筋は錆びにくい（防錆効果）。

② 鉄筋とコンクリートとの間の付着が十分で，ひび割れ後も両者がほぼ一体となって挙動する（付着性）。

③ 鉄筋とコンクリートの熱膨張係数はほぼ同じで 10×10^{-6}/℃程度と考えてよく，年間を通じた温度変化を受けても両者の界面に大きな付着（ずれ）応力が発生しない。

以下では，この3項目について説明する。

〔1〕 防 錆 効 果

一般に，コンクリート中にある鉄筋は錆びないといえる。セメントは，水と反応して水酸化カルシウムを生成する。これにより，コンクリートは pH＝13程度の強アルカリ性を呈する。なお，アルカリ環境下において，鋼材の表面には薄くて緻密な酸化皮膜（これを不動態皮膜と呼ぶ）が形成される。このため，コンクリート中の鉄筋は錆びない。

しかし，不動態皮膜は永久に安定して存在するわけではない。大気中にある炭酸ガス（CO_2）がコンクリート中に侵入し，水酸化カルシウム（$Ca(OH)_2$）がこれと反応して炭酸カルシウム（$CaCO_3$）になり，炭酸化（中性化）して不動態皮膜の鉄筋保護効果が失われる。また，海砂を細骨材として使った場合や，波しぶきや潮風にあたる構造物などで，塩化物イオンが存在しても，不動態皮膜を破壊する。保護していた膜が破られれば，酸素や水が供給されて鉄筋は錆びることになるので，これらの変状を生じないように注意しなければならない。

〔2〕 **付　着　性**

図1.1に示したように，単純支持のはりを考えると，荷重が作用することにより，はりの上側には圧縮応力が，下側には引張応力が生じる。そこで，はりの下側に鉄筋を配置して補強する。**図1.5**に示すように，荷重の小さな段階では，引張側のコンクリートも，引張力に抵抗するが（図（a）第1段階），その後，コンクリートにひび割れが発生し，コンクリートは引張力に抵抗できなくなる（図（b）第2段階）。そこで，鉄筋が主体となって引張力を負担することとなる。なお，実際には，ひび割れ発生後においても，コンクリートもわずかではあるが引張力に抵抗するが，計算の簡便化のため，その部分は無視し，引張力は鉄筋のみで受け持つものと仮定する。作用する荷重がさらに増加すると，圧縮域は弾性状態から弾塑性状態へと変化し，終局に至ることになる（図（c）第3段階）。

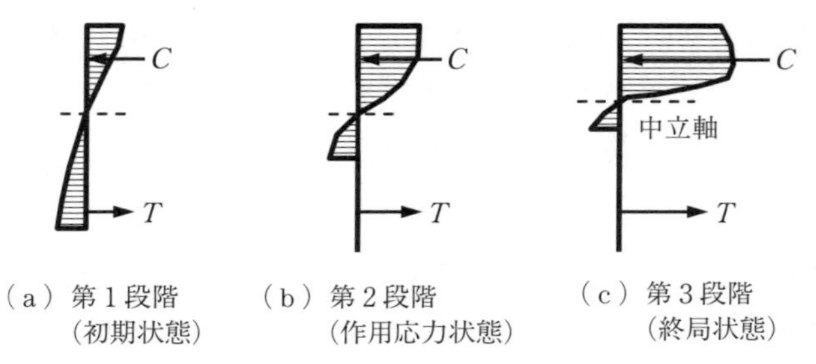

図1.5　鉄筋コンクリート曲げ部材におけるコンクリートの応力分布と鉄筋の引張応力[2)]
（C：コンクリートの圧縮合力，T：鉄筋の引張合力）

鉄筋コンクリートとして機能するためには，コンクリートと鉄筋が，**図1.6**（a）のように，適切に付着して一体となっていなければならない。もし支点外側における付着がなければ，ひび割れが発生してまわりのコンクリートが伸びたとき，鉄筋は一緒に伸びず滑ってしまうだけである。その結果，鉄筋はコンクリート中に埋め込まれているが，力学的には機能せず，無筋コンクリート

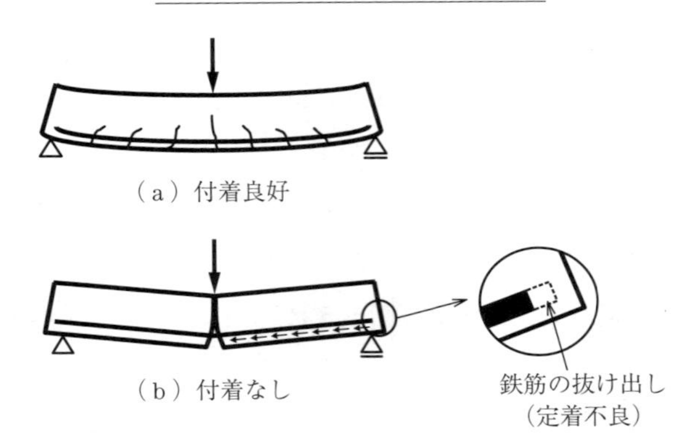

図 1.6　コンクリートと鉄筋の付着[3)]

と同様に，はりは図（b）のように簡単に破壊してしまう。

また，付着はひび割れ幅を制御し，耐久性を確保するためにも重要である。付着が良好で，ひび割れが分散することによりひび割れ幅は小さくなる。付着が悪いとひび割れの間隔が大きくなり，ひび割れ幅も大きくなって，腐食因子が侵入しやすくなる。

コンクリートと鉄筋との間の付着は，つぎの三つの作用による。

① コンクリート中のペーストによる粘着作用

② コンクリートと鉄筋との間の摩擦作用

③ 異形鉄筋表面の突起による機械的作用

ペーストは，コンクリート中の骨材どうしをつなぐ糊の役割を果たしているが，鉄筋表面にも粘着する。ただし，この粘着作用は比較的弱い。そして，引張力が作用して粘着力が失われた後，鉄筋が滑ろうとするのに抵抗するのが摩擦作用である。鉄筋には，普通丸鋼と異形鉄筋があり，普通丸鋼は表面が平滑で，普通丸鋼の付着はおもに摩擦作用に依存する。

一方，異形鉄筋は，付着を高めるため表面に突起を設けている。この突起により，コンクリートと噛み合い，滑りに対する抵抗を向上させている。上記のひび割れの分散性も考慮し，現在，使用される鉄筋のほとんどは異形鉄筋である。

〔3〕 熱膨張係数がほぼ同じ

設計時に想定している温度は一般に常温であるが，実際には，外気温が変化すると，鉄筋コンクリートの温度もそれに応じて上下する。

コンクリートも鉄筋も，温度が変化すれば伸び縮みする。**熱膨張係数**（coefficient of thermal expansion）とは，1℃の変化によってどれだけ伸び縮みするかをひずみで表したものである。

たとえ，温度変化が大きい環境下にあっても，コンクリートと鉄筋の熱膨張係数が同じであれば，二次応力は発生しない。応力を発生させる直接の原因は，熱膨張係数の違いである。

コンクリートの場合，使用材料や配合などによって相違するが，熱膨張係数は $7 \sim 12 \times 10^{-6}$/℃程度である。また，鉄筋の熱膨張係数は 10×10^{-6}/℃程度であり，コンクリートの範囲の中間的な値となる。したがって，設計上，両者の熱膨張係数を等しいとし，一般に，温度による二次応力を無視する。

1.2.2 コンクリート構造の長所および短所

コンクリート構造は，コンクリートと鋼材のそれぞれの長所を生かし，また欠点を補い合う合理的な構造である。それでも，**表 1.1** に示すように多くの長

表 1.1 コンクリート構造の特徴

長所	短所
① コンクリートは廉価な材料であり，施工費は鋼構造に比べて一般に安い。 ② 材料の入手および運搬が容易である。 ③ 任意の形状，寸法の構造物を比較的容易に造ることができる。 ④ コンクリートは不燃性であり，比熱が大きいため耐火性に優れる。 ⑤ 鋼材はコンクリート中に完全に埋め込めば錆びにくく，またコンクリートは自然環境の影響を受けにくいため，耐久性に優れる。 ⑥ 材料の品質検査，施工を入念に行えば，メンテナンス費用は少なく抑えられる。	① コンクリート構造は，鋼構造に比べて断面が大きくなり，質量が大きくなる。そのため，長大構造物などには不利となる。 ② 引張強度が小さいため，収縮や温度変化によってひび割れが生じやすい。 ③ 施工者の技能によって，品質が左右されやすい。 ④ 構造物の改築や更新が難しい。

所を有している反面，短所もあり，設計，施工にあたっては，それらを十分考慮しなければならない。

さらに，PC 構造（1.1.2 項［2］中のタイプ①，②）の特徴は以下のとおりである。

1）　ひび割れを生じないようにすることが可能であり，耐久性や水密性が優れている。

2）　全断面を有効に利用できることから，スレンダーな構造にできる。その結果，鉄筋コンクリートよりも支間（スパン）を長くすることが可能となる。

3）　一時的に過大な荷重が作用して大きな変形やひび割れを生じても，除荷されるとほとんど復元する。

このような利点を有する反面，PC ではつぎのような点に注意しなければならない。

4）　鉄筋コンクリートに比べて剛性が小さいため，変形，振動を生じやすい。

5）　荷重の作用方向に影響を受けやすく，完成後の荷重条件だけでなく，製作，運搬，架設時の荷重条件や発生する応力状態に注意が必要である。

また，鉄骨鉄筋コンクリートの特徴は以下のとおりである。

1）　鉄筋コンクリートに比べて多くの鋼材を配置できるため，耐荷力を高め，また断面寸法を小さくできる。

2）　ねばりのある鉄骨を用いるため，部材のじん性を高めることができる。

一方，つぎのような点に注意が必要である。

3）　コンクリートとの一体性を確保するため，鉄骨表面の付着を確保する工夫が必要である。

4）　鉄骨を取り囲むよう鉄筋を配置するため，鉄骨と鉄筋の組立て手順に注意が必要である。

1.2.3　設計法の変遷

従来から規準化されているコンクリート構造物の設計法として，つぎの三つが挙げられる。

① **許容応力度設計法**（allowable stress design method）

② **終局強度設計法**（ultimate strength design method）

③ **限界状態設計法**（limit state design method）

〔1〕 許容応力度設計法

許容応力度設計法は，“材料の応力-ひずみ関係はコンクリートと鋼材のいずれにおいても直線である”とする弾性理論に基づく。設計作用による部材断面の応力を算定し，これが各材料強度に応じて定められた許容応力度を超えないことを照査する方法である。

本来，コンクリートは弾塑性材料であり，正確にそれを反映してはりの圧縮側コンクリートの応力分布を放物線で仮定し曲げ強度の計算を行うとすれば，計算は非常に繁雑となる。そこで，実務面を考慮して単純化を図り，コンクリートおよび鉄筋を弾性体と仮定する許容応力度設計法が提案された。許容応力度設計法では，日常の使用状態における想定荷重によって断面内に発生する応力を材料強度よりも十分小さく抑えることにより，構造物の安全性を確保する。すなわち，コンクリートおよび鉄筋に生じる応力度を弾性理論によって計算し，材料強度を安全率で除して求めた許容応力度よりも小さいことを確かめる。

〔2〕 終局強度設計法

構造物の設計において，破壊時における安全性を確認することは重要である。そこで，コンクリートおよび鉄筋の塑性を考慮し，図 1.5（c）の第 3 段階に準拠した終局強度設計法が採用される。

終局強度設計法では，想定される作用に作用係数（安全率）を乗じて求めた設計作用の値を用い，部材断面に作用する曲げモーメントやせん断力などを計算し，それが材料強度を用いて計算した断面耐力より小さいことを確かめる。

〔3〕 限界状態設計法

許容応力度設計法では常時の作用応力を対象に，また終局強度設計法では終局強度を対象に，それぞれの安全性を検討しており，安全率は前者の場合には許容応力度に，後者の場合には作用の設計値において考慮されている。

これに対し，限界状態設計法では，安全性や使用性において検討すべき限界状態を適宜，照査する。なお，安全率は，材料強度のばらつき，作用のばらつき，構造解析の不確実性，部材寸法のばらつき，構造物の重要度や限界状態に達したときの社会的影響の五つに細分化され，安全係数と称される。

限界状態設計法においては，作用および材料強度の特性値を用いる。作用の特性値は，構造物の施工中または設計耐用期間中に生じる最大値の期待値（小さいほうが不利な場合は最小値の期待値）である。また，材料強度の特性値 f_K は，材料強度の試験値のばらつきを想定したうえで，試験値がそれを下回る確率がある一定の値となると想定される値であり，コンクリート強度の場合は設計基準強度と同じ値である。

そして，**設計作用**（design action）および材料の**設計強度**（design strength）はつぎのようになる。

設計作用＝(作用の特性値)×(作用係数)

設計強度＝(材料強度の特性値)/(材料係数)

わが国では，土木学会コンクリート標準示方書が1986年に大幅に改訂された際，初めて限界状態設計法が導入された。その後，性能照査型への移行が図られ，現在は，2022年版コンクリート標準示方書が発刊されている。

演習問題

〔**1.1**〕以下を説明せよ。

（1）鉄筋コンクリート，プレストレストコンクリート，鉄骨鉄筋コンクリート，それぞれの構造的特徴

（2）コンクリート構造の成立条件

（3）コンクリート構造の長所・短所

（4）許容応力度設計法，終局強度設計法，限界状態設計法，それぞれの特徴

2章 材料の性質

◆本章のテーマ

コンクリート構造物は，所要の強度を有するコンクリートおよび鋼材を組み合わせて建設される。本章では，コンクリートの物理的性質，および鉄筋ならびにPC鋼材の機械的性質について説明する。コンクリートでは圧縮強度が主体となるが，その他の強度との関係，応力-ひずみ曲線，ヤング係数（弾性係数）などを，鋼材では鉄筋ならびにPC鋼材の種類，応力-ひずみ曲線，降伏点などの機械的性質を紹介する。

◆本章の構成（キーワード）

2.1　コンクリート

　　圧縮強度，引張強度，応力-ひずみ曲線，ヤング係数，ポアソン比，クリープ

2.2　鋼材

　　異形棒鋼，普通丸鋼，降伏点，PC鋼材，リラクセーション

◆本章を学ぶと以下の内容をマスターできます

☞　コンクリートにおける，圧縮強度と引張強度，付着強度，支圧強度との関係

☞　コンクリートの物理的性質

☞　鉄筋ならびにPC鋼材の種類と機械的性質

2.1 コンクリート

2.1.1 強度の特性値

構造物を安全にかつ経済的に構築するには，使用するコンクリートの品質のばらつきが小さいことが望ましい。しかしながら，実際にはコンクリートの強度のばらつきは鋼材に比べると大きい。

強度の試験値のばらつきを考慮し，試験値がそれを下回る確率が，ある数値以下となることが保証される値を特性値という。**設計基準強度**（specified design strength）は設計において基準とする強度であり，強度の特性値と同じ値である。

〔1〕 圧縮強度

構造物に用いられるコンクリートの圧縮強度の試験値は，**図2.1**のように正規分布を示すと仮定できる。土木学会では，**圧縮強度**（compressive strength）の特性値f'_{ck}を，それを下回る確率が5％以下，すなわち20回に1回となるように定めることとしている。**表2.1**より不良率pを5％とすると

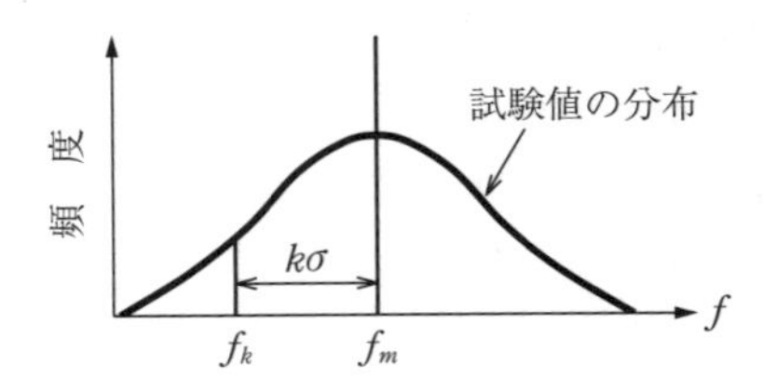

図2.1　材料強度の特性値

$$f'_{ck} = f'_m - k\sigma = f'_m(1 - kV) = f'_m(1 - 1.645\,V) \qquad (2.1)$$

ここで，f'_{ck}：圧縮強度の特性値〔N/mm²〕，f'_m：試験値の平均値〔N/mm²〕，σ：試験値の標準偏差，V：変動係数（σ/f'_m）。

圧縮強度試験は，一般に標準養生（20℃の水中養生）を行ったϕ10×20 cmまたはϕ15×30 cmの円柱供試体を用いて材齢28日で行う。なお，マスコンクリートのように強度発現の遅い低発熱型のセメントを用いる場合には，材齢91日で強度の特性値を定めることもある。一方，プレキャストコンクリート

表2.1　正規偏差kにおける不良率p

k	0	0.5	0.674	0.842	1.0	1.282	1.5	1.645	1.834	2.0	2.054	2.327	3.0
p	0.500	0.308	1/4	1/5	1/6	1/10	0.067	1/20	1/30	0.023	1/50	1/100	0.0013

製品では早強セメントを用いたり，促進養生を行うことが多く，材齢14日またはそれ以前の材齢で試験を行うことが多い。

また，レディーミクストコンクリート（JIS A 5308）を用いる場合，発注にあたって指定する**呼び強度**（nominal strength）を圧縮強度の特性値としてよい。

〔2〕 引張強度，付着強度，支圧強度および曲げひび割れ強度

引張強度（tensile strength），**付着強度**（bond strength），**支圧強度**（bearing capacity）の特性値〔N/mm²〕は，普通コンクリートの場合，圧縮強度の特性値から次式を用いて求めてよい。

引張強度：$f_{tk}=0.23\,f'^{2/3}_{ck}$ (2.2)

異形鉄筋の付着強度：$f_{bok}=0.28\,f'^{2/3}_{ck}$　　ただし，$f_{bok} \leqq 4.2\ \mathrm{N/mm^2}$ (2.3)

支圧強度：$f'_{ak}=\eta f'_{ck}$　　ただし，$\eta=\sqrt{\dfrac{A}{A_a}} \leqq 2$ (2.4)

ここに，A：コンクリート面の支圧分布面積，A_a：支圧を受ける面積。

骨材の全部が軽量骨材である軽量骨材コンクリートでは，式 (2.2) ～ (2.4) の値の70 %とする。また，式 (2.3) は異形鉄筋を用いた場合であり，普通丸鋼の場合はその値の40 %とする。

なお，コンクリートの引張強度の圧縮強度に対する比は，コンクリートが高強度になると低下する傾向にあり，式 (2.2) は設計基準強度が20 ～ 50 N/mm²程度の普通コンクリートに対して求められたものであるが，80 N/mm²程度以下であれば適用しても問題ないとされている。高強度コンクリートの付着強度や支圧強度については，試験によってこれらの特性値を別に定める必要がある。

式 (2.4) の A は，**図2.2** に示すように，A_a の図心と一致して，A_a からコン

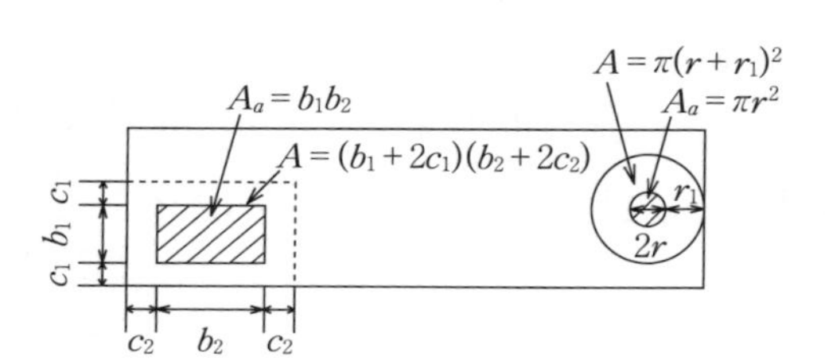

図2.2　支圧面積のとり方[4)]

クリート縁辺に接して対称にとった面積である。

コンクリートの**曲げひび割れ強度**（flexural cracking strength）は，式（2.5）により求めてよい。

$$f_{bck}=k_{0b}k_{1b}f_{tk} \tag{2.5}$$

ここに

$$k_{0b}=1+\frac{1}{0.85+4.5(h/l_{ch})} \tag{2.6}$$

$$k_{1b}=\frac{0.55}{\sqrt[4]{h}} \quad (\geqq 0.4) \tag{2.7}$$

k_{0b}：コンクリートの引張軟化特性に起因する引張強度と**曲げ強度**（flexural strength）の関係を表す係数，k_{1b}：乾燥，水和熱など，その他の原因による曲げひび割れ強度の低下を表す係数，h：部材の高さ〔m〕（>0.2），l_{ch}：特性長さ〔m〕（$=G_FE_c/f_{tk}^2$，G_F：破壊エネルギー，E_c：ヤング係数，f_{tk}：引張強度の特性値）。

$$G_F=10(d_{\max})^{1/3}\cdot f'_{ck}{}^{1/3} \ \text{〔N/m〕} \tag{2.8}$$

ここに，$d_{\max}$：粗骨材の最大寸法〔mm〕，f'_{ck}：圧縮強度の特性値（設計基準強度）〔N/mm^2〕。

2.1.2 強度の設計用値（設計強度）

強度の設計用値は，強度の特性値からの望ましくない方向への変化を考慮するもので，強度の特性値を必要により低減して求める。構造物の設計や解析にはこの設計用値を用いる。

許容応力度設計法では，強度の特性値を安全率で除した許容応力度を用いる。終局強度設計法では強度の特性値をそのまま用いる。

限界状態設計法では，設計圧縮強度 f'_{cd}，設計引張強度 f_{td}，設計付着強度 f_{bod}，設計支圧強度 f'_{ad}，および設計曲げひび割れ強度 f_{bcd} とも，設計基準強度および式（2.2）～（2.5）で求めたそれぞれの特性値をコンクリートの材料係数 γ_m（コンクリートを対象とするので γ_c を用いる）で除して求める。

2.1.3 応力-ひずみ関係

・応力-ひずみ曲線

コンクリートの**応力-ひずみ曲線**（stress-strain curve）は，一般に円柱供試体を用いた一軸圧縮試験から求められる。**図 2.3** は，ひずみ制御による載荷で得られた曲線であり，最大応力到着後の下降域まで得られている。この曲線は，コンクリートの使用材料，強度レベル，材齢などによって異なる。特に，高強度のコンクリートでは，下降域の勾配が大きくなり，また最大ひずみが小さくなる傾向にある。通常行っている荷重制御による載荷では，最大応力後に急激に破壊に至るのが一般的であり，下降域の特性はデータとして取れないことが多い。

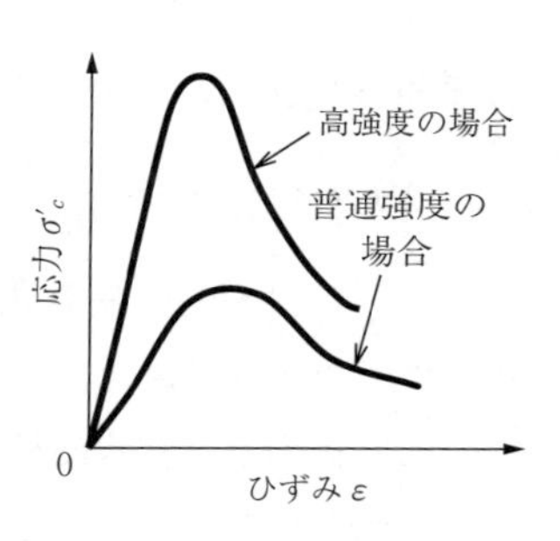

図 2.3 コンクリートの応力-ひずみ曲線の例

なお，応力-ひずみ曲線の相違が，はりなどの棒部材の終局耐力に及ぼす影響は小さいことから，一般に，**図 2.4** に示すモデル化された応力-ひずみ曲線を用いて限界状態の検討を行う。コンクリートの**終局ひずみ**（ultimate strain）

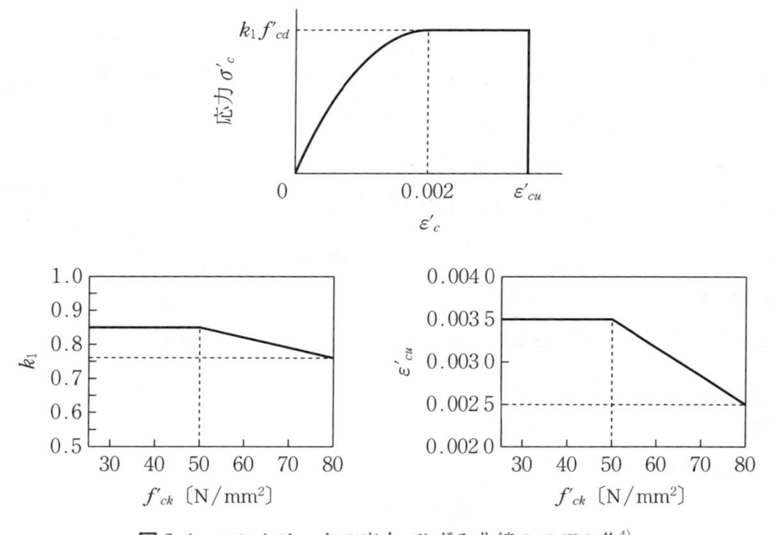

図 2.4 コンクリートの応力-ひずみ曲線のモデル化[4)]

ε'_{cu} と応力 σ'_c とは以下の関係式で表される。

$$k_1 = 1 - 0.003 f'_{ck} \leqq 0.85$$

$$\varepsilon'_{cu} = \frac{155 - f'_{ck}}{30\,000} \qquad 0.0025 \leqq \varepsilon'_{cu} \leqq 0.0035$$

ここで，f'_{ck} の単位は N/mm²。

曲線部の応力ひずみ式は次式になる。

$$\sigma'_c = k_1 f'_{cd} \times \frac{\varepsilon'_c}{0.002} \times \left(2 - \frac{\varepsilon'_c}{0.002}\right)$$

また，k_1 はおもに円柱供試体による圧縮強度と実部材中の圧縮強度との差を考慮した係数である。

なお，橋脚など柱状部材の帯鉄筋やらせん鉄筋などで囲まれたコンクリートは，それらの鉄筋によって軸直角方向の変形（ひずみ）が拘束されて軸方向の圧縮強度が増加することが知られている。したがって，実験などで得られた終局ひずみ ε'_{cu} や設計圧縮強度 f'_{cd} を用いてもよい。

2.1.4　コンクリートの諸性質

〔1〕　ヤング係数

図 2.3 および図 2.4 に示したように，コンクリートの応力-ひずみ曲線は直線にならないため，その勾配（σ/ε）を表わす**ヤング係数（弾性係数）**（Young's modulus（modulus of elasticity））を厳密には定められない。静的載荷試験によって得られた応力-ひずみ曲線から，一般に**図 2.5** に示すような，**初期弾性係数**（initial tangent modulus of elasticity）$E_i = \tan\alpha$，**割線弾性係数**（secant modulus of elasticity）$E_s = \sigma'_a/\varepsilon'_a$ および**接線弾性係数**（tangent modulus of elasticity）$E_t = \tan\alpha_a$ を定義している。

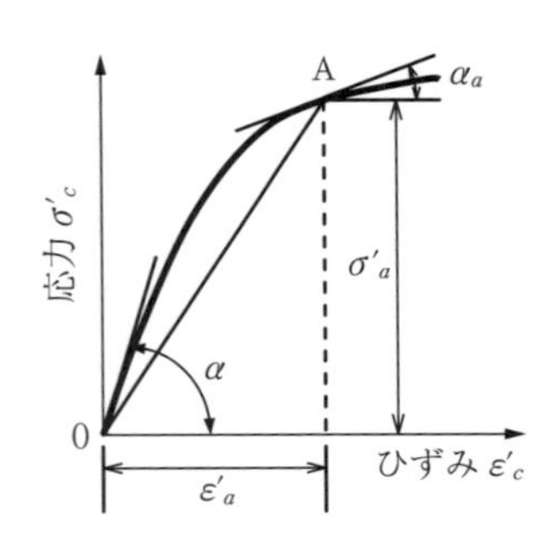

図 2.5　コンクリートのヤング係数（弾性係数）のとり方

鉄筋コンクリート部材の設計には，原則として圧縮強度の 1/3 の応力点とひずみが 50×10^{-6} のときの応力点を結ぶ割線弾性係数を用いている。

土木学会では，使用性の限界状態における弾性変形または不静定力の計算に4段階の強度レベルを考慮した式を示しているが，それから近似されるヤング係数（弾性係数）E_c として**表 2.2** を示している。なお，繰返し荷重を受ける場合や作用する応力度が小さい場合は，初期弾性係数に近くなるので式から求められる値を10％程度増すのがよい。

表 2.2 コンクリートのヤング係数[4)]

f'_{ck}〔N/mm^2〕		18	24	30	40	50	60	70	80
E_c〔kN/mm^2〕	普通コンクリート	22	25	28	31	33	35	37	38
	軽量骨材コンクリート†	13	15	16	19	—	—	—	—

† 骨材を全部軽量骨材とした場合

〔2〕 ポアソン比

コンクリート供試体を縦に圧縮するときの，縦ひずみに対する横ひずみの比を**ポアソン比**（Poisson's ratio）という。ポアソン比は，弾性域においては，一般に0.2としてよい。

〔3〕 収　　縮

コンクリートの収縮には，**乾燥収縮**（drying shrinkage）と**自己収縮**（autogeneous shrinkage）がある。乾燥収縮はコンクリート構造物の供用中において乾燥環境下でコンクリート中の水分が大気中に逸散して収縮する現象であり，自己収縮はコンクリート中のセメントが水和反応を生じる際に体積変化（収縮）を生じる現象である。コンクリートの収縮の特性値は，JIS A 1129（100×100×400 mm 供試体，水中養生7日後，温度20℃，相対湿度60％の環境下で6ヶ月乾燥後の収縮ひずみ）に従い，実際に使用するコンクリートと同材料，同配合のコンクリートの試験値や，実績を基に定めることを原則とするが，試験によらない場合は，以下の式 (2.9) により算定されるコンクリートの収縮特性を参考にし，特性値を設定してよい。

$$\varepsilon'_{sh}=2.4\left(W+\frac{45}{-20+30\cdot C/W}\cdot\alpha\cdot\varDelta\omega\right) \tag{2.9}$$

ここに，ε'_{sh}：収縮の試験値の推定値（$\times10^{-6}$），W：コンクリートの単位水量〔kg/m^3〕（$W\leqq175$ kg/m^3），C/W：セメント水比，α：骨材の品質の影響を表す係数（$\alpha=4\sim6$）。標準的な骨材の場合には $\alpha=4$ としてよい。$\varDelta\omega$：骨材中に含まれる水分量

$$\varDelta\omega=\frac{\omega_S}{100+\omega_S}S+\frac{\omega_G}{100+\omega_G}G$$

ω_S および ω_G：細骨材および粗骨材の吸水率〔%〕，S および G：単位細骨材量および単位粗骨材量〔kg/m^3〕

なお，構造物の応答値算定に用いるコンクリートの断面平均の収縮の設計値は，そのコンクリートの収縮の特性値に，構造物の置かれる環境の温度，相対湿度，部材断面の形状寸法，乾燥開始材齢等の影響を考慮して算定する。検討方法の詳細は示方書を参照のこと。

〔4〕 クリープ

持続応力作用下において，時間の経過とともにひずみが増加する現象を**クリープ**（creep）という。

クリープによって応力が緩和されるので，クリープはひび割れ発生の危険度を低減する効果があるといえるが，一方で部材のたわみの増大やプレストレストコンクリートにおけるプレストレスの損失なども生じさせる。クリープひずみは，作用応力が小さい範囲（強度の 40 %以下）では作用応力に比例するので，載荷時のコンクリートのヤング係数を用いて次式で表すことができる。

$$\varepsilon'_{cc}=\frac{\phi\sigma'_{cp}}{E_{ct}}$$

ここに，ε'_{cc}：コンクリートの圧縮クリープひずみ，ϕ：クリープ係数，σ'_{cp}：作用する圧縮応力度，E_{ct}：載荷時材齢のヤング係数。

なお，**クリープ係数**（creep coefficient）ϕ で表すとつぎのようになる。

$$\phi=\frac{\varepsilon'_{cc}}{\varepsilon'_e}$$

ここに，ε'_e は弾性ひずみで次式となる。

$$\varepsilon'_e = \frac{\sigma'_{cp}}{E_{ct}}$$

なお，土木学会コンクリート標準示方書では，プレストレストコンクリートの標準的な条件を想定して試算した，収縮ひずみおよびクリープ係数の断面平均値を**表 2.3** に示している。

表 2.3 コンクリートの収縮ひずみおよびクリープ係数

	プレストレスを与えたときまたは荷重を載荷するときのコンクリートの材齢				
	4～7日	14日	28日	3ヶ月	1年
収縮ひずみ（$\times 10^{-6}$）	360	340	330	270	150
クリープ係数	3.1	2.5	2.2	1.8	1.4

2.2 鋼　　　　材

2.2.1 鉄　　　　筋

〔1〕 種　　類

鉄筋コンクリート用棒鋼は，一般に鉄筋と呼ばれており，**普通丸鋼**（plain bar）（記号：SR）と**異形棒鋼**（deformed bar）（記号：SD）に大別される。異形棒鋼はコンクリートとの付着を高めるために表面に突起を設けている。**図 2.6** に一例を示すが，突起の形状はメーカによって異なる。軸方向の突起を**リブ**（rib），円周方向の突起を**節**（lug）と呼ぶ。

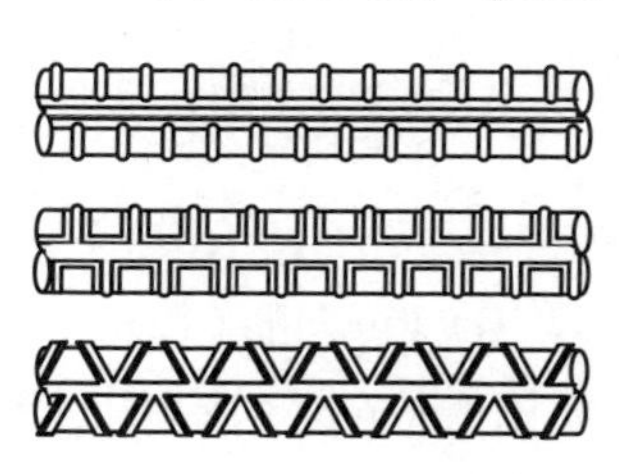

図 2.6 異形棒鋼の例[5)]

一般に，鉄筋は JIS G 3112 に規定されているものを使用するが，JIS G 3117 に適合する**再生棒鋼**（rerolled reinforcing bar）（記号：SRR および SDR）も使用することができる。なお，記号の SRR または SDR の 3 番目の R は再生鋼（rerolled）を意味する。

異形棒鋼は**表 2.4** に示すように，D4 から D51 までの 16 種類が規格化されている。異形棒鋼は，**公称直径**（nominal diameter）を四捨五入した数値の前に D を付けて表す。標準長さは 3.5～12 m で，7 m までは 0.5 m 間隔，7 m

表 2.4　寸法・質量および節の許容限度（JIS G 3112）

呼び名	公称直径 d〔mm〕	公称周長 l〔cm〕	公称断面積 S〔cm^2〕	単位質量〔kg/m〕	節の平均間隔の最大値〔mm〕	節の高さ 最小値〔mm〕	節の高さ 最大値〔mm〕	節のすき間の和の最大値〔mm〕	節と軸線との角度
D4	4.23	1.3	0.1405	0.110	3.0	0.2	0.4	3.3	45°以上
D5	5.29	1.7	0.2198	0.173	3.7	0.2	0.4	4.3	
D6	6.35	2.0	0.3167	0.249	4.4	0.3	0.6	5.0	
D8	7.94	2.5	0.4951	0.389	5.6	0.3	0.6	6.3	
D10	9.53	3.0	0.7133	0.560	6.7	0.4	0.8	7.5	
D13	12.7	4.0	1.267	0.995	8.9	0.5	1.0	10.0	
D16	15.9	5.0	1.986	1.56	11.1	0.7	1.4	12.5	
D19	19.1	6.0	2.865	2.25	13.4	1.0	2.0	15.0	
D22	22.2	7.0	3.871	3.04	15.5	1.1	2.2	17.5	
D25	25.4	8.0	5.067	3.98	17.8	1.3	2.6	20.0	
D29	28.6	9.0	6.424	5.04	20.0	1.4	2.8	22.5	
D32	31.8	10.0	7.942	6.23	22.3	1.6	3.2	25.0	
D35	34.9	11.0	9.566	7.51	24.4	1.7	3.4	27.5	
D38	38.1	12.0	11.40	8.95	26.7	1.9	3.8	30.0	
D41	41.3	13.0	13.40	10.5	28.9	2.1	4.2	32.5	
D51	50.8	16.0	20.27	15.9	35.6	2.5	5.0	40.0	

備考：表中の数字の算出方法は，つぎの通りとする。
公称断面積 $S=\dfrac{0.8754\times d^2}{100}$：有効数字 4 桁に丸める。
公称周長 $l=0.3142\times d$：小数点以下 1 桁に丸める。
単位質量 $=0.785\times S$：有効数字 3 桁に丸める。
節の間隔：公称直径の 70 %以下とし，算出値を小数点以下 1 桁に丸める。
節のすき間の合計：公称周長の 25 %以下とし，算出値を小数点以下 1 桁に丸める。

以上は 1 m 間隔で製造されている。普通丸鋼の標準径は，JIS G 3191 のうちの 5.5 ～ 50 mm までの範囲とする。長さは 3.5 ～ 10 m の 11 種類である。なお，再生棒鋼は，丸鋼で直径が ϕ9，13 および 16 の 3 種類，異形棒鋼で D10 および 13 の 2 種類，長さは 3.5 ～ 7 m で 0.5 m 間隔の 8 種類に 8 m を加えた計 9 種類となっている。

〔2〕 強度の特性値

鋼材の**降伏点**（降伏強度）（yield point）は構造設計において重要な意味を有している。鉄筋は熱間圧延によって製造され，引張試験を行うと**図 2.7** のような応力-ひずみ曲線を示し，明確な降伏点が得られる。しかし，熱間圧延後

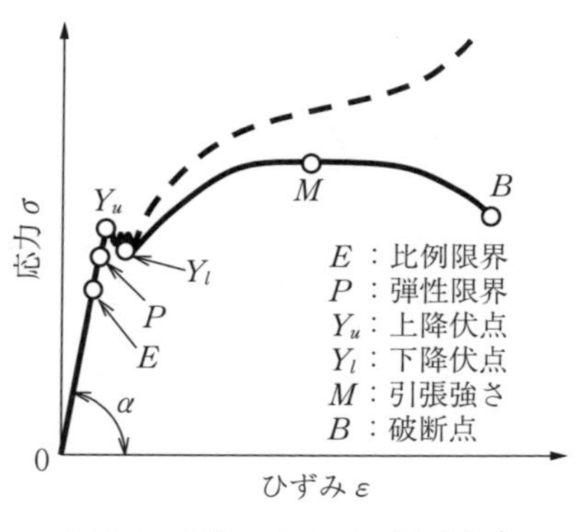

図 2.7　鉄筋の応力-ひずみ曲線[5)]

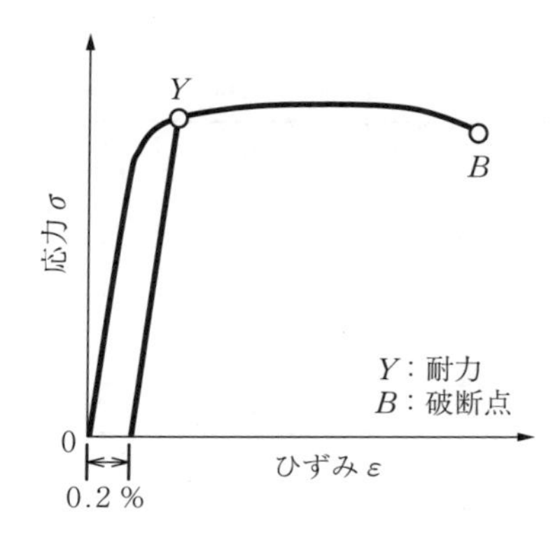

図 2.8　PC 鋼材の応力-ひずみ曲線[5)]

冷間加工を行った PC 鋼材では**図 2.8** のように明確な降伏点を示さない。この場合，有害な残留ひずみを生じさせないため，0.2 %の残留ひずみを生じる応力を **0.2 %耐力**（0.2 % offset yield strength）と呼び，降伏点と同様に取り扱うこととしている。

JIS に規定されている鉄筋の機械的性質を**表 2.5** および**表 2.6** に示す。これらの規格値に材料修正係数 ρ_m を乗ずることにより，特性値を求めることができる。なお，試験による実測値が規格の下限値を下回ることはまずないので，材料修正係数 ρ_m を 1.0 とし，鉄筋の引張降伏強度の特性値 f_{yk} および**鋼材の引張強度**（tensile strength of steel）の特性値 f_{uk} として，それぞれ JIS 規格の下限値を用いればよい。

表 2.5　鉄筋コンクリート用棒鋼の種類と機械的性質（JIS G 3112）

種類の記号	SR235	SR295	SD295	SD345	SD390	SD490	SD590A	SD590B
降伏点または 0.2 %耐力〔N/mm^2〕	235 以上	295 以上	295 以上	345 ～ 440	390 ～ 510	490 ～ 625	590 ～ 679	590 ～ 650
引張強度〔N/mm^2〕	380 ～ 520	440 ～ 600	440 ～ 600	490 以上	560 以上	620 以上	695 以上	738 以上
伸　び〔%〕†	20 以上 22 以上	18 以上 19 以上	16 以上 17 以上	18 以上 19 以上	16 以上 17 以上	12 以上 13 以上	10 以上 10 以上	10 以上 10 以上

† 上段 SR では試験片 2 号，SD では 2 号に準じるもの。下段 SR では試験片 14A 号，SD では 14A 号に準じるもの。
なお，表中に記載のほか，SR785[a)]，SD685A，B，SD685R[a)]，SD785R[a)] が JIS に規定されており，a）の付されたものはおもにせん断補強筋に用いられる。

表 2.6　鉄筋コンクリート用再生棒鋼の種類と機械的性質（JIS G 3117）

種類の記号	SRR235	SDR295	SDR345
降伏点または 0.2 %耐力〔N/mm^2〕	235 以上	295 以上	345 ～ 440
引張強度〔N/mm^2〕	380 ～ 590	440 ～ 620	490 ～ 690
伸　び〔%〕†	20 以上	18 以上	18 以上

† 試験片 2 号を用いる。

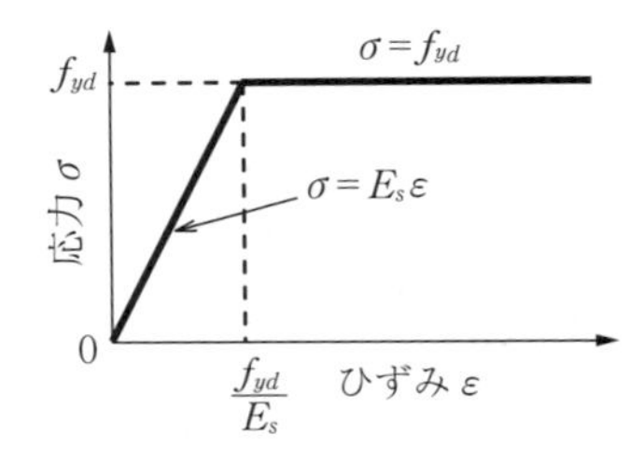

図 2.9　鉄筋の応力-ひずみ曲線のモデル

〔3〕 応力-ひずみ関係

鉄筋の強度の設計用値は，許容応力度設計法では許容応力度を用いる。終局強度設計法では降伏強度を用いる。限界状態設計法では，特性値を鉄筋の材料係数 γ_s で除して求めるが，鉄筋の試験値のばらつきは小さいので，断面破壊の限界状態の場合は $\gamma_s=1.0$ または 1.05 とし，使用性に関する限界状態の場合は $\gamma_s=1.0$ とする。また，圧縮降伏強度の設計用値 f'_{yd} は f_{yd} と同じ値としてよい。

〔4〕 ヤング係数

鉄筋の応力-ひずみ曲線は，化学成分や製造方法などによって異なるが，断面破壊の限界状態の検討には，**図 2.9** のようにモデル化された応力-ひずみ曲線を用いてよい。

鉄筋のヤング係数 E_s は，一般に 200 kN/mm^2 としてよい。

2.2.2 P C 鋼 材

〔1〕 種　　類

PC 鋼材は，プレストレストコンクリート部材の緊張材として用いる鋼材で，**PC 鋼棒**（prestressing steel bar），**PC 鋼線**（prestressing steel wire），**PC 鋼より線**（prestressing steel strand）などがある。図 2.8 に示した 0.2 %耐力や引張強度が大きいことが要求される。また，導入した緊張力が長期間有効に発揮されるよう，リラクセーション率の小さい PC 鋼材の使用が望ましい。なお，**リラクセーション**（relaxation）とは，PC 鋼材に引張応力を与えて一定の長さに保っておくと，時間の経過とともにその引張応力が小さくなる現象である。

PC 鋼棒は，キルド鋼を熱間圧延した後，ストレッチング，引抜き，熱処理のいずれか，またはこれらの組合わせによって製造された PC 鋼棒（SBPR（**表 2.7**））と，熱間圧延後に焼入れ焼戻しを行って表面に一様な突起またはくぼみを付けた細径異形 PC 鋼棒（SBPD（**表 2.8**））とがある。SBPR はポストテンション方式に，SBPD はプレテンション方式に主として用いられる。

表 2.7　PC 鋼棒の種類，記号，機械的性質および化学成分（JIS G 3109）

種類		記号	耐力〔N/mm²〕	引張強さ〔N/mm²〕	伸び〔%〕	リラクセーション値〔%〕
A 種	2 号	SBPR 785/1030	785 以上	1 030 以上	5 以上	4.0 以下
B 種	1 号	SBPR 930/1080	930 以上	1 080 以上	5 以上	4.0 以下
		SBPD 930/1080				
	2 号	SBPR 930/1180	930 以上	1 180 以上	5 以上	4.0 以下
C 種	1 号	SBPR 1080/1230	1 080 以上	1 230 以上	5 以上	4.0 以下
		SBPD 1080/1230				

備考 1. 化学成分は，すべて P が 0.030 % 以下，S が 0.035 % 以下，Cu が 0.30 % とする。
2. 耐力とは，0.2 % 永久伸びに対する応力をいう。
3. R は丸鋼を示し，D は異形棒鋼を示す。

呼び名（丸鋼）	標準径〔mm〕	公称断面積〔mm²〕	呼び名	標準径〔mm〕	公称断面積〔mm²〕
9.2 mm	9.2	66.48	23 mm	23.0	415.5
11 mm	11.0	95.03	26 mm	26.0	530.9
13 mm	13.0	132.7	29 mm	29.0	660.5
15 mm	15.0	176.7	32 mm	32.0	804.2
17 mm	17.0	227.0	36 mm	36.0	1 018.0
19 mm	19.0	283.5	40 mm	40.0	1 257.0
21 mm	21.0	346.4			

PC 鋼線は，ピアノ線材にパテンティング（700 ～ 850 ℃ の温度に加熱した後，500 ℃ の鉛槽を通す処理）を行い，冷間引抜き，ブルーイング（300 ～ 400 ℃ の温度に加熱する低温焼鈍し処理）を行った線で，これらをより合わせたものが PC 鋼より線である。これらの種類を**表 2.9** に示す。

〔2〕 強度の設計値

断面破壊の限界状態ならびに使用性に関する限界状態の検討に用いる PC 鋼

表 2.8　細径異形 PC 鋼棒の種類，記号，機械的性質および化学成分（JIS G 3137）

種　類		記　号	耐　力〔N/mm²〕	引張強さ〔N/mm²〕	伸　び〔%〕	リラクセーション値〔%〕
C 種	1 号	SBPDN 1080/1230	1 080 以上	1 230 以上	5 以上	4.0 以下
		SBPDL 1080/1230				2.5 以下
D 種	1 号	SBPDN 1275/1420	1 275 以上	1 420 以上	5 以上	4.0 以下
		SBPDL 1275/1420				2.5 以下

備考 1. 化学成分は，すべて P が 0.030 %以下，S が 0.035 %以下，Cu が 0.30 %以下とする。
2. 耐力とは，0.2 %永久伸びに対する応力をいう。

呼び名	公称径〔mm〕	公称断面積〔mm²〕
7.1 mm	7.1	40.0
9.0 mm	9.0	64.0
10.0 mm	10.0	78.5
10.7 mm	10.7	90.0
11.2 mm	11.2	100.0
12.6 mm	12.6	125.0

材の引張降伏強度の設計値 f_{yd} および引張強度の設計値 f_{ud} は，それぞれ JIS 規格値の 0.2 %耐力の下限値および引張強度の下限値を材料係数 γ_s で除した値とする。

〔3〕 応力-ひずみ曲線

PC 鋼材は冷間加工を施しているので，その応力-ひずみ曲線は前出の図 2.8 に示す形になる。土木学会では，断面破壊の限界状態等の照査において，**図 2.10** に示す応力-ひずみ曲線のモデルを用いることとしている。

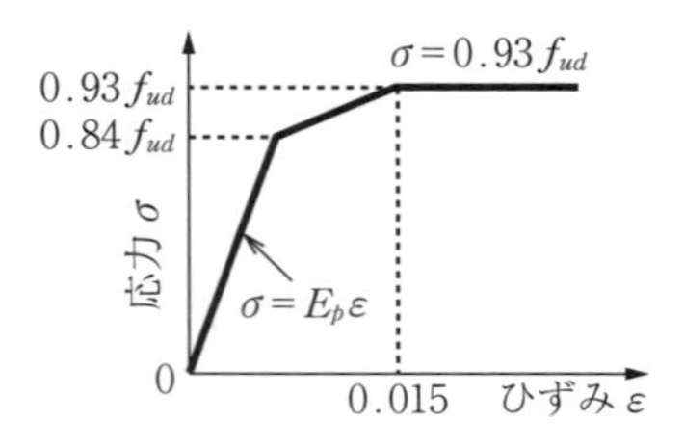

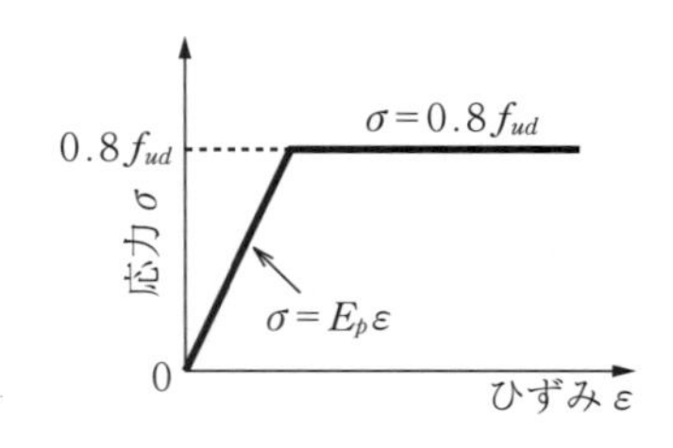

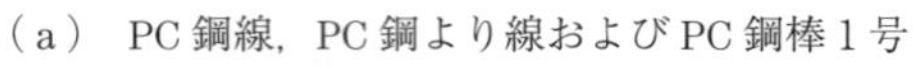
（a） PC 鋼線，PC 鋼より線および PC 鋼棒 1 号　　（b） PC 鋼棒 2 号

図 2.10　PC 鋼材の応力-ひずみ曲線のモデル[4)]

表 2.9　PC 鋼線および PC 鋼より線の種類（JIS G 3536）

種　類			記　号	断　面
PC 鋼線	丸　線	A 種	SWPRIAN，SWPRIAL	○
		B 種	SWPRIBN，SWPRIBL	○
	異形線		SWPDIN，SWPDIL	○
PC 鋼より線	2 本より線		SWPR2N，SWPR2L	
	異形 3 本より線		SWPD3N，SWPD3L	
	7 本より線	A 種	SWPR7AN，SWPR7AL	
		B 種	SWPR7BN，SWPR7BL	
	19 本より線		SWPR19N，SWPR19L	

備考 1. 丸線 B 種は，A 種より引張強さが 100 N/mm^2 高強度の種類を示す。
2. 7 本より線 A 種は，引張強さ 1 720 N/mm^2 級を，B 種は 1 860 N/mm^2 級を示す。
3. リラクセーション規格値によって，通常品は N，低リラクセーション品は L を記号の末尾に付ける。
4. 19 本より線のうち 28.6 mm の断面の種類は，シール形とウォーリントン形とし，それ以外の 19 本より線の断面はシール形だけとする。

なお，PC 鋼材のヤング係数 E_p としては 200 kN/mm^2 を用いる。

演　習　問　題

〔**2.1**〕　以下を説明せよ。

（1）　コンクリートにおける，圧縮強度と引張強度，付着強度，支圧強度との関係

（2）　コンクリートの物理的性質（応力 - ひずみ曲線，ヤング係数，ポアソン比，収縮特性，クリープ特性）

（3）　鉄筋ならびに PC 鋼材の種類と機械的性質（応力-ひずみ曲線，ヤング係数，PC 鋼材のリラクセーション）

（4）　強度の特性値と設計用値（設計強度）

3章 限界状態設計法

◆本章のテーマ

コンクリート構造物が安全に供用されるためには，想定される作用に対して十分な安全性を有していなければならない。本章では，安全性，使用性，耐久性を要求性能とするコンクリート構造物の，断面破壊などの限界状態に対する検討方法を説明する。また，設計においては，コンクリートの特性値（設計基準強度）を，安全係数で除して求まる設計強度をもとに耐力を算定すること，その耐力と作用する断面力との比較で安全性の検討を行うことを紹介する。

◆本章の構成（キーワード）

3.1　設計の原則
　　耐久性，安全性，使用性，要求性能，限界状態
3.2　設計耐用期間
　　社会影響度，重要度，環境条件，維持管理
3.3　特性値および修正係数
　　材料強度，ばらつき，規格値，永続作用，変動作用，偶発作用
3.4　材料強度と作用の設計値
　　設計強度，設計作用
3.5　安全係数
　　材料係数，作用係数，部材係数，構造解析係数，構造物係数
3.6　安全性の照査
　　断面破壊，疲労破壊，断面耐力，断面力

◆本章を学ぶと以下の内容をマスターできます

☞ 要求性能と各種安全係数の関係
☞ 設計強度ならびに設計作用の基本的考え方
☞ 断面破壊など限界状態の照査手順

3.1 設計の原則

コンクリート構造物の設計にあたっては，構造物または各部材が施工中および設計耐用期間中にその機能を果たし，限界状態に至らないことを確認する。

検討すべき限界状態を，2002年版のコンクリート標準示方書までは，終局限界状態，使用限界状態および疲労限界状態の三つに区分していたが，2007年版においては，**耐久性**（durability），**安全性**（structural safety），**使用性**（serviceability）および**耐震性**（earthquake resistance）に対して**限界状態**（limit state）を設定するように改められた。なお，これまでの「終局限界」は「安全性」と，「使用限界」は「使用性」と対応するものであり，構造物の安全性の確保と日常的な使用性の確保，耐久性の確保という思想に変わりはない。また，疲労は断面力に基づく通常の断面破壊に対する限界状態の検討の場合と異なり，作用荷重の繰り返し回数や応力振幅など特異な要因が加わるということで，2002年版コンクリート標準示方書では「疲労限界状態」として独立していたが，大枠の「安全性」という要求性能に対するものとして「疲労限界」は「安全性」の中で考慮されることとなった。また，2022年版では，復旧性も要求性能の一つとなっている。

安全性，使用性および復旧性を要求性能とした場合の，限界状態，照査指標および考慮する設計作用を**表3.1**に示す。

表3.1　要求性能，限界状態，照査指標と設計作用の例[4)]

要求性能	限界状態	照査指標	考慮する設計作用
安全性	断面破壊	力	全ての作用（最大値）
	疲労破壊	応力度・力	繰返し作用
	変位変形・メカニズム	変形・基礎構造による変形	全ての作用（最大値）・偶発作用
使用性	外　観	ひび割れ幅，応力度	比較的しばしば生じる大きさの作用
	騒音・振動	騒音・振動レベル	比較的しばしば生じる大きさの作用
	車両走行の快適性等	変位・変形	比較的しばしば生じる大きさの作用
	水密性	構造体の透水量 ひび割れ幅	比較的しばしば生じる大きさの作用
	損傷（機能の維持）	力・変形等	変動作用等
復旧性	修復性	力・変形等	偶発作用（地震の影響等）

表 3.2　限界状態とその照査内容

要求性能	限界状態	照査内容
安全性	断面破壊	設計耐用期間中に生じるすべての作用に対して，構造物が耐荷能力を保持することができる
	疲労破壊	設計耐用期間中に生じるすべての変動作用の繰返しに対して，構造物が耐荷能力を保持することができる
	構造物の安定	設計耐用期間中に生じるすべての作用に対して，構造物が変位，変形，メカニズムや基礎構造物の変形等により不安定とならない性能を保持することができる
使用性	外　観	コンクリートのひび割れ，表面の汚れなどが，不安感や不快感を与えず，構造物の使用を妨げない
	騒音・振動	構造物から生じる騒音や振動が，周辺環境に悪影響を及ぼさず，構造物の使用を妨げない
	走行性・歩行性	車両や歩行者が快適に走行および歩行できる
	水密性	水密機能を要するコンクリート構造物が，透水，透湿により機能を損なわない
	損　傷	構造物に変動作用，環境作用等の原因による損傷が生じ，そのまま使用することが不適当な状態とならない
復旧性	修復性	地震の影響等の偶発作用によって低下した構造物の性能を回復させ，継続的な使用を可能にする

限界状態とそれに対応する照査内容は，**表 3.2** に示すとおりである。

3.2　設計耐用期間

コンクリート構造物の安全性や使用性を検討する場合，構造物の設計耐用期間を適切に設定する必要がある。設計耐用期間は，その構造物の使用目的ならびに利用できなくなった場合の社会に及ぼす影響，すなわち重要度，環境条件，維持管理の容易さなどを考慮して定める。

3.3　特性値および修正係数

コンクリート構造物は，鋼材とコンクリートで構成される。鋼材は管理の行き届いた工場で生産されており，その品質のばらつきは小さいが，コンクリート強度は材料の品質，打込み，締固め，養生条件などにより，ある程度の変動を生じる。コンクリート強度の特性値は統計的手法を用いて定められる。

限界状態設計法において，この特性値 f_k は大部分の試験値がその値を下回らないことが保証される値である。

なお，材料強度の規格値が特性値とは別に定められている場合には，その規格値に**材料修正係数**（material correction coefficient）p_m を乗じて特性値とする。

一方，作用の特性値 F_k は，対象となるコンクリート構造物の設計耐用期間中に生じる作用が，この値を上回る（小さいほうが危険な場合には下回る）ことがほとんどないと考えられる値（期待値）である。したがって，作用の特性値は，その種類や施工方法などによって変化する。

作用は，一般に**永続作用**（permanent action），**変動作用**（variable action），**偶発作用**（accidental action）に分類される。各作用の詳細を**表 3.3** に示す。

表 3.3　作用の分類

永続作用	その変動がきわめてまれか，平均値に比して無視できるほどに小さく，持続的に生じる作用であり，死荷重，土圧，水圧，プレストレス力，コンクリートの収縮およびクリープの影響等がある。
変動作用	連続あるいは頻繁に生じ，平均値に比してその変動が無視できない作用であり，活荷重，温度変化の影響，風荷重，雪荷重等がある。
偶発作用	設計耐用期間中に生じる頻度がきわめて小さいが，生じるとその影響が非常に大きい作用であり，地震の影響，衝突荷重，強風の影響等がある。

なお，死荷重や土圧など公称値が定められる場合には公称値に，また鉄道橋や道路橋の活荷重などに規格値がある場合には規格値に，**作用修正係数**（action correction coefficient）p_f を乗じて特性値とする。

3.4　材料強度と作用の設計値

設計強度は，材料強度の特性値を材料係数（コンクリートの場合 γ_c，鋼材の場合 γ_s）で除して求める。

$$\text{設計強度 } f_d = \frac{\text{材料強度の特性値 } f_k}{\text{材料係数 } \gamma_m}$$

設計作用は，作用の特性値に作用係数を乗じて求める。

設計作用 F_d＝作用の特性値 F_k×作用係数 γ_f

3.5 安全係数

設計値を算定する際，材料の品質，作用，施工条件のばらつき，構造解析の不確実性，構造物の重要度を考慮して各種の**安全係数**（safety coefficient）γ が用いられる。安全係数には，**材料係数**（material coefficient）γ_m，**作用係数**（action coefficient）γ_f，**部材係数**（structural coefficient）γ_b，**構造解析係数**（structural analysis coefficient）γ_a および**構造物係数**（structure coefficient）γ_i があり，これらの係数は対象とする限界状態に応じて適当な値を設定しなければならない。これらの安全係数により配慮されている内容を**表 3.4**，安全性，使用性，復旧性の各要求性能に対応した標準的な安全係数の値を**表 3.5** に示す。

表 3.4　安全係数により配慮されている内容[4)]

配慮されている内容		取り扱う項目
断面耐力	1. 材料強度のばらつき (1) 材料実験データから判断できる部分 (2) 材料実験データから判断できない部分（材料実験データの不足・偏り，品質管理の程度，供試体と構造物中の材料強度の差異，経時変化等による） 2. 限界状態に及ぼす影響の度合	特性値 f_k 材料係数 γ_m
	2. 限界状態に及ぼす影響の度合 3. 部材断面耐力の計算上の不確実性，部材寸法のばらつき，部材の重要度，破壊性状	部材係数 γ_b
断面力	1. 作用のばらつき (1) 作用の統計的データから判断できる部分 (2) 作用の統計的データから判断できない部分（作用の統計的データの不足・偏り，設計耐用期間中の作用の変化，作用の算定方法の不確実性等による） 2. 限界状態に及ぼす影響の度合	特性値 F_k 作用係数 γ_f
	3. 断面力等の算定時の構造解析の不確実性	構造解析係数 γ_a
構造物の重要度，限界状態に達したときの社会的経済的影響等		構造物係数 γ_i

表 3.5 標準的な安全係数の値[4)]

要求性能（限界状態） ＼ 安全係数			材料係数 γ_m コンクリート γ_c	材料係数 γ_m 鋼材 γ_s	部材係数 γ_b	構造解析係数 γ_a	作用係数 γ_f	構造物係数 γ_i
線形解析	安全性（断面破壊）		1.3	1.0 または 1.05	1.1 ～ 1.3	1.0	1.0 ～ 1.2	1.0 ～ 1.2
	復旧性（偶発作用・損傷状態 2 ～ 4）	応答値	1.0	1.0	1.0	1.0 ～ 1.2	1.0	1.0 ～ 1.2
		限界値	1.3	1.0 または 1.05	1.0, 1.1 ～ 1.3	—	—	
	安全性（疲労破壊）		1.3	1.05	1.0 ～ 1.1	1.0	1.0	1.0 ～ 1.1
	使用性 復旧性（偶発作用・損傷状態 1）		1.0	1.0	1.0	1.0	1.0	1.0
非線形解析	安全性（断面破壊）		1.0	1.0	解析係数 1.1 ～ 1.5		1.0 ～ 1.2	1.0 ～ 1.2

3.6 安全性の照査

線形解析あるいは非線形解析を用いる場合の断面破壊の限界状態の照査フローを**図 3.1** に示す。非線形解析を用いる場合は断面力以外の指標で照査を行

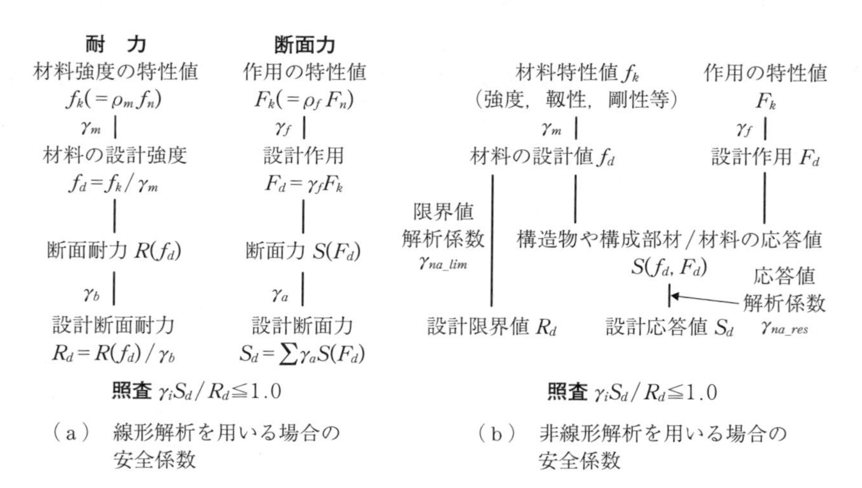

図 3.1 断面破壊の限界状態の照査フロー

う場合がある。

線形解析の照査の流れを見ると，コンクリートや鉄筋などの材料強度の特性値をもとに，材料の設計強度を設定し，それを用いて計算される**断面耐力**（cross-sectional yield strength）R を部材係数 γ_{b} で除すことで設計断面耐力を求める。一方，作用の特性値をもとに設計作用を設定し，それを用いて計算される**断面力**（sectional force）S に構造解析係数 γ_{a} を乗じることで設計断面力を求める。そして，設計断面力（または設計応答値）S_d の設計断面耐力（または設計限界値）R_d に対する比に構造物係数 γ_i を乗じた値が 1.0 以下となることを確かめる。

なお，**疲労破壊**（fatigue failure）に対しても，同様に照査することができる。この場合，設計変動断面力 S_{rd} の設計疲労耐力 R_{rd} に対する比に構造物係数 γ_i を乗じた値が 1.0 以下となることを確かめればよい。

演習問題

〔3.1〕 以下を説明せよ。

（1） コンクリート構造物に要求される性能

（2） 材料強度ならびに作用の設定における修正係数

（3） 設計において考慮する 3 種類の作用（永続作用，変動作用，偶発作用），それぞれの具体的な作用や影響

（4） 設計において考慮する 5 種類の安全係数（材料係数，ほか）

（5） 断面破壊の限界状態を照査する手順

4章 曲げを受ける部材の耐力

◆本章のテーマ

曲げを受ける部材では，断面の片側には圧縮応力が，その反対側には引張応力が発生する。はり部材で考えると，上部が圧縮，下部が引張となる。本章では，設計における仮定（前提条件）を紹介し，コンクリートおよび鉄筋の設計強度を考慮した部材耐力の算定方法について説明する。部材は長方形断面と **T** 形断面が基本となることから，それぞれを取り上げる。なお，3 章では荷重のほかにも構造物に影響する要因があり，「作用」の用語が主となっている。ただし，耐力の検討である本章以降では，「設計作用」ではなく具体の要因が荷重であるため，「設計荷重」と記載する場合もある。

◆本章の構成（キーワード）

4.1　曲げ部材の変形挙動

　　中立軸，ひずみ分布，応力分布，ひび割れ，たわみ

4.2　曲げ破壊機構

　　有効高さ，釣合鉄筋比，鉄筋断面積

4.3　耐力算定における設計上の仮定

　　平面保持，引張応力無視，応力-ひずみ曲線

4.4　曲げ耐力の算定

　　等価応力ブロック，単鉄筋/複鉄筋長方形断面，単鉄筋/複鉄筋 **T** 形断面

4.5　安全性の照査

　　設計曲げ耐力，設計断面力，じん性破壊，脆性破壊

◆本章を学ぶと以下の内容をマスターできます

☞ 部材の変形挙動と破壊機構

☞ 鉄筋コンクリート構造物の設計上の仮定

☞ 長方形断面部材ならびに **T** 形断面部材の曲げ耐力の算定方法

☞ 曲げを受ける部材の安全性照査方法

4.1　曲げ部材の変形挙動

はりなどの棒部材が鉛直荷重を受けると，曲げモーメントによって変形し，断面の上縁側が縮み，下縁側が伸びる。すなわち，上部に圧縮応力，下部に引張応力が生じる。なお，高さ方向に直線のひずみ分布を形成し，任意の断面は変形後も同一の断面を維持する（これを平面保持と呼ぶ）。また，上縁から下縁までの変化の途中には伸びも縮みも生じない**中立軸**（neutral axis）位置が存在する。

作用荷重（モーメント）が比較的小さく，断面内に発生する応力がコンクリートや鉄筋の弾性域にある場合，曲げモーメント M に対する断面内の応力 σ は，つぎの式で求められる。

$$\sigma(y)=\frac{M}{I}y$$

応力は中立軸からの距離 y に比例して三角形分布となり，上縁で最大圧縮応力，下縁で最大引張応力となる。なお，作用荷重（モーメント）の増加にともない，コンクリートにはひび割れが発生し，その後，圧縮破壊や鉄筋の引張降伏に至る。

図 4.1 は，荷重 P を増加させた場合の，鉄筋コンクリートばりの荷重とたわみ，ひび割れ分布，純曲げ区間断面のひずみ分布，応力分布を模式的に示したものである。単純支持された鉄筋コンクリート部材は，図（a）に示すように，荷重とたわみの関係の点Aから点Eまでの経路をたどる。

以下では，A～Eのそれぞれの状態について述べる。

A：純弾性状態（ひび割れ発生前）

　荷重が小さい初期の段階では，ひずみ分布，応力分布とも直線的に変化する弾性状態にあり，中立軸も断面高さのほぼ中央に位置する。

B：初期ひび割れ発生

　荷重を増大させると，下縁側コンクリートの引張応力度が増加し，それが引張強度を超えた時点でひび割れが発生する。

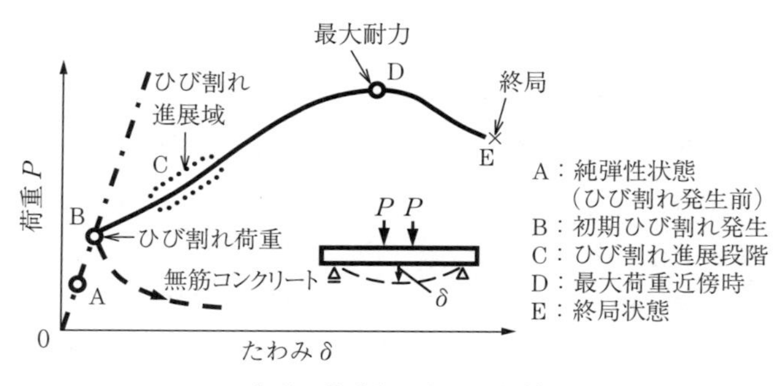

（a）　荷重とたわみの関係

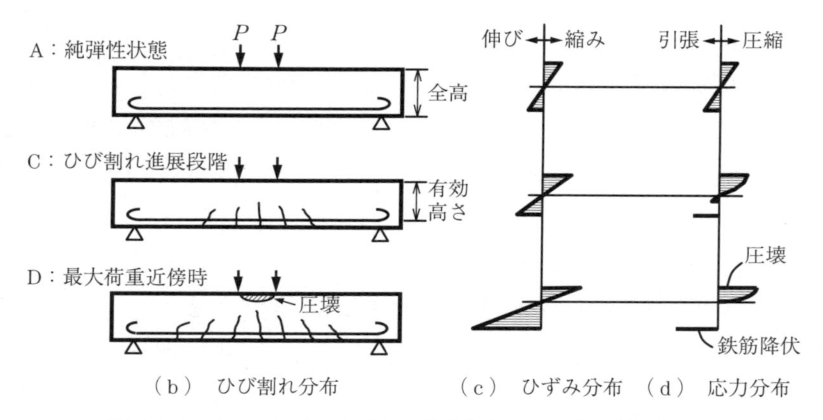

（b）　ひび割れ分布　　（c）　ひずみ分布　（d）　応力分布

図 4.1　鉄筋コンクリートばりの荷重とたわみ，ひび割れ分布，純曲げ区間断面のひずみ分布，応力分布[6)]

なお，鉄筋が配置されていない無筋コンクリート部材を考えると，一本のひび割れが生じると，それが急激に上方に進展し，突然，部材の破壊に至る。

C：ひび割れ進展段階

ひび割れ本数が増加し，個々のひび割れは上方へ進展する。また，ひび割れ幅も大きくなる。中立軸は徐々に上方に移行して圧縮域の負担応力が増加し，圧縮応力の分布形状が直線から曲線に変化する。中立軸より引張側のコンクリートも実際には引張力を受け持つが，その寄与の程度は小さいので，曲げモーメントに抵抗する有効な断面としては，引張鉄筋と圧縮側コンクリートのみと考える。

常時の設計荷重を考慮する場合は，この段階を想定している。すなわち，鉄筋コンクリートの設計においては，使用状態でもひび割れを容認することになり，**ひび割れ幅**（crack width）や**たわみ**（deflection）量に注意すべきである。

D：最大荷重近傍時

荷重をさらに増加させると，圧縮側コンクリートの塑性化が進み，応力分布が曲線形を示すとともに，引張鉄筋の応力も増加し，コンクリートおよび鉄筋の材料強度に近づく。設計にあたっては，一般に適当な量の引張鉄筋を配置し，引張鉄筋が降伏し，その後にコンクリート上縁が終局に至るように配慮する。これは，過大な量の鉄筋を配置すると，鉄筋が降伏する前にコンクリートが圧縮破壊し，部材が脆性的に破壊する危険があるからである。

E：終局状態

最大荷重の点D以降，軟化特性を示し，荷重を減じつつ，断面の変形追随特性（能力）によりじん性が確保される。変形能力を有することはきわめて重要であり，地震時における崩壊を回避するには，変形能力に期待するところが大きい。

4.2　曲げ破壊機構

作用荷重（モーメント）の増加にともない，コンクリート上縁の圧縮応力および鉄筋の引張応力が増大しそれぞれ設計圧縮強度および設計降伏強度に同時に達する断面を釣合断面と称する。なお，**図4.2**において，部材幅bと上縁から鉄筋位置までの距離である**有効高さ**（effective depth）dの積に対する鉄筋断面積A_sの比（$A_s/(b \cdot d)$）を**釣合鉄筋比**（balanced reinforcement ratio）pという。

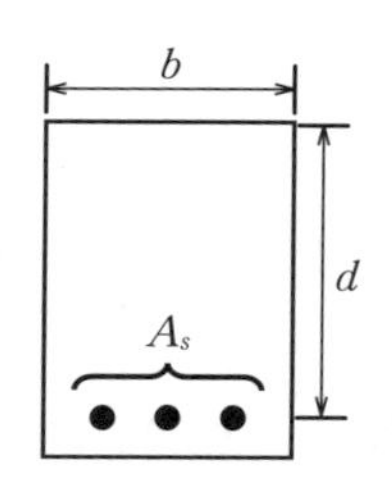

図 4.2　鉄筋コンクリート断面の有効高さ d

曲げ破壊機構は，つぎの（1），（2）で異なる。

（1）　釣合鉄筋比以下の場合

引張鉄筋の応力は降伏点に達しているので，鉄筋ひずみは大幅に増加し，曲げひび割れ幅が拡大する。中立軸が上昇し，コンクリートの圧縮側の抵抗域が減少し，コンクリートが圧壊して部材は破壊する。そのため，引張鉄筋の応力は降伏点に等しく（$\sigma_s=f_{yd}$），コンクリート上縁の圧縮応力は設計圧縮強度に等しい（$\sigma_c=f'_{cd}$）。一般に，じん性のある破壊を呈する。

（2）　釣合鉄筋比を超える場合

引張鉄筋の降伏前に圧縮側コンクリートが圧壊する。したがって，引張鉄筋の応力は弾性域にあり（$\sigma_s<f_{yd}$），圧縮縁のコンクリートの応力は設計圧縮強度に等しい（$\sigma_c=f'_{cd}$）。一般に，脆性的な破壊を呈する。

4.3　耐力算定における設計上の仮定

曲げモーメントを受ける部材の設計断面耐力の算定は，つぎの仮定のもとに行う。

① 維ひずみは，断面の中立軸からの距離に比例する（平面保持の法則）。

② コンクリートの引張応力は無視する。

③ コンクリートの応力-ひずみ曲線は，図 2.4 によることを原則とする。

④ 鋼材の応力-ひずみ曲線は図 2.9 によることを原則とする。

仮定①について：曲げを受ける部材の断面内に生じるひずみは中立軸の上下方向に対して，それぞれ直線的に分布するものとする（平面保持の法則）。この仮定は，断面破壊の限界状態における中立軸の位置，あるいはコンクリートや鉄筋に生じるひずみを求める場合などに適用される。

仮定②について：コンクリートの引張強度は，圧縮強度に比べて非常に小さく，また中立軸から下側のコンクリートが受け持つ引張力は小さいので，計算上これを無視する。コンクリートの引張強度は，圧縮強度の大きさによって異なるが，一般に圧縮強度の 1/10 ～ 1/13 程度である。

仮定③について：曲げモーメントを受ける部材の断面破壊の限界状態の検討については，図 2.4 に示すようなモデル化されたコンクリートの応力-ひずみ曲線を用いる。なお，コンクリートの圧縮応力度の分布は，計算の簡素化のため，長方形分布（等価応力ブロック，4.4.1 項参照）と仮定してよい。

仮定④について：断面破壊の限界状態の検討においては，一般に図 2.9 に示すモデル化された鉄筋の応力-ひずみ曲線を用いる。

4.4　曲げ耐力の算定

4.4.1　等価応力ブロック

断面破壊の限界状態において，曲げ部材の断面上縁のひずみは終局ひずみ ε'_{cu} に達している。断面内の中立軸から上縁までの応力分布は，2 章の図 2.4 の応力-ひずみ曲線と仮定する。しかしながら，このような形状の応力分布から圧縮力の合力や図心の位置を計算するのは複雑であり，一般には等価応力ブロックを使用することが認められている。

等価応力ブロック（equivalent stress block）は，**図 4.3** のように，応力分布の面積が一致する長方形を仮定するものである。この場合の上縁応力は $k_1 f'_{cd}$ とし，等価応力ブロックの高さ a は βx で表される。

k_1 および β は**図 4.4** のように求められる。

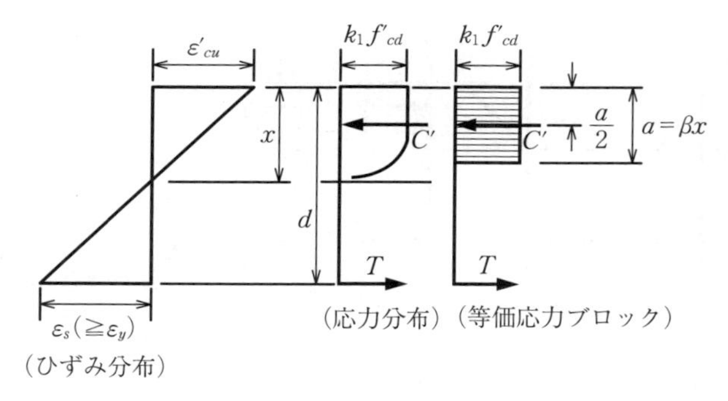

図 4.3 等価応力ブロック

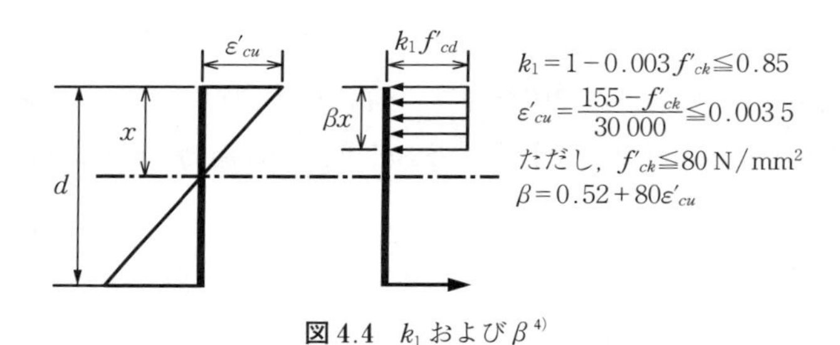

図 4.4 k_1 および β [4)]

4.4.2 単鉄筋長方形断面

部材断面が長方形で，引張側にのみ主鉄筋が配置されたものを**単鉄筋長方形断面**（single reinforced rectangular beam）という。なお，圧縮側にも主鉄筋を配置したものを**複鉄筋長方形断面**（double reinforced rectangular beam）という。

構造物は，一般に，じん性破壊を呈するよう低鉄筋比（釣合鉄筋比以下）で設計される。

図 4.5 において，コンクリートの設計圧縮強度を f'_{cd}，鋼材の設計降伏強度を f_{yd} とすると，コンクリートの圧縮合力 C' および鉄筋の引張合力 T は

$$C' = k_1 f'_{cd} ab \tag{4.1}$$

$$T = f_{yd} A_s = f_{yd} pbd \quad [p = A_s/(bd)：鉄筋比] \tag{4.2}$$

$T = C'$ より

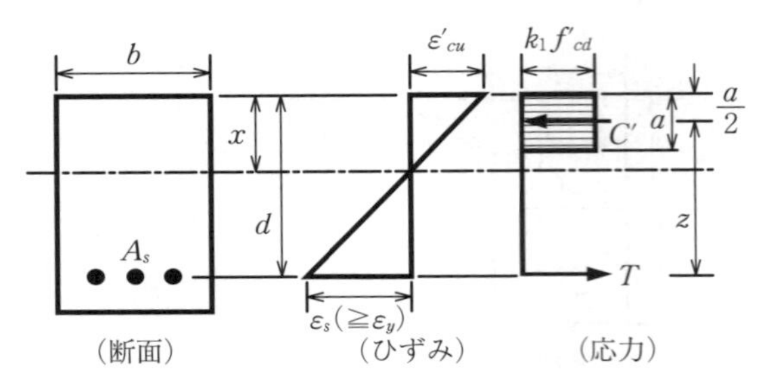

図 4.5　単鉄筋長方形断面の断面破壊の限界状態

$$a=\frac{A_s f_{yd}}{k_1 f'_{cd} b}=\frac{p f_{yd}}{k_1 f'_{cd}}\cdot d=pmd \tag{4.3}$$

ここで，$m=\dfrac{f_{yd}}{k_1 f'_{cd}}$

圧縮合力 C' の作用位置と引張合力 T の作用位置の距離を**モーメントのアーム長**（arm length）と呼び，これを z とおくと，**曲げ耐力**（flexural capacity of member）M_u は

$$M_u=T\cdot z=C'\cdot z$$

である。ここで，$z=d-\dfrac{a}{2}$

部材係数を γ_b とすると，設計曲げ耐力 M_{ud} は

$$M_{ud}=\frac{M_u}{\gamma_b}=\frac{T\cdot z}{\gamma_b}=\frac{T(d-a/2)}{\gamma_b}=\frac{A_s f_{yd}(d-a/2)}{\gamma_b} \tag{4.4}$$

図 4.4 のひずみ分布の図において，鉄筋が降伏している場合には，$\varepsilon_s\geqq f_{yd}/E_s$ であり，$\varepsilon_s=\{(d-x)/x\}\varepsilon'_{cu}$ を代入すると

$$\varepsilon'_{cu}\geqq\frac{(f_{yd}/E_s)x}{d-x}$$

上式から x を求めると

$$x\leqq\frac{\varepsilon'_{cu}\cdot d}{\varepsilon'_{cu}+f_{yd}/E_s}$$

なお，$a=\beta x$ であるので

$$x=\frac{a}{\beta}=\frac{pmd}{\beta}$$

となる。

例題 4.1

$b=420$ mm，$h=750$ mm，$d=680$ mm，$A_s=5\text{D}29$ の単鉄筋長方形断面の設計曲げ耐力を求めよ。なお，$f'_{ck}=30\ \text{N/mm}^2$，$f_{yk}=295\ \text{N/mm}^2$ とし，安全係数は，それぞれコンクリートの材料係数 $\gamma_c=1.3$，鋼材の材料係数 $\gamma_s=1.0$，部材係数 $\gamma_b=1.1$ とする。

解答

付表 1 で，$A_s=5\text{D}29$ より，$A_s=3\,212\ \text{mm}^2$ である。

まず，コンクリートと鉄筋の設計強度を求める。

$$f'_{cd}=\frac{f'_{ck}}{\gamma_c}=\frac{30}{1.3}=23.1\ \text{N/mm}^2$$

$$f_{yd}=\frac{f_{yk}}{\gamma_s}=\frac{295}{1.0}=295\ \text{N/mm}^2$$

釣合鉄筋比と比較して，引張鉄筋の降伏を確認する。

断面の鉄筋比 p は

$$p=\frac{A_s}{bd}=\frac{3\,212}{420\times 680}=0.011\,2$$

釣合鉄筋比 p_b を式 (4.13) より求める。

$$p_b=\alpha\frac{\varepsilon'_{cu}}{\varepsilon'_{cu}+\left(f_{yd}/E_s\right)}\cdot\frac{f'_{cd}}{f_{yd}}=0.68\times\frac{23.1}{295}\times\frac{700}{700+295}=0.037\,5$$

$p=0.011\,2<p_b=0.037\,5$ より，引張鉄筋は降伏しており，破壊形式は曲げ引張破壊である。

また，コンクリート標準示方書［設計編］の規定として，$0.002<p<0.75p_b$ がある。$0.002<p=0.011\,2<0.75\times 0.037\,5=0.028\,1$ であり，適当。

等価応力ブロックの高さ a を，式 (4.3) により求める。

$$a=\frac{A_s f_{yd}}{0.85 f'_{cd} b}=\frac{3\,212\times 295}{0.85\times 23.1\times 420}=114.9\ \text{mm}$$

曲げ耐力 M_u は

$$M_u=T\cdot z=f_{yd}A_s\left(d-\frac{a}{2}\right)=295\times 3\,212\times\left(680-\frac{114.9}{2}\right)$$

$$=590\times 10^6\ \text{N}\cdot\text{mm}$$

$$=590\ \text{kN}\cdot\text{m}$$

設計曲げ耐力 M_{ud} は，式 (4.4) より

$$M_{ud}=\frac{M_u}{\gamma_b}=\frac{590}{1.1}=536\ \mathrm{kN\cdot m}$$

■

4.4.3　複鉄筋長方形断面

複鉄筋長方形断面は，断面の圧縮側にも鉄筋を配置し，圧縮応力の一部を鉄筋に負担させるものであり，断面高さが制限される場合や正負の繰返し荷重が作用するような部材に用いられる。

図 4.6 において，上縁の圧縮ひずみが終局ひずみ ε'_{cu} に達し，そのとき，圧縮鉄筋および引張鉄筋の応力が降伏応力に達しているとすると

$$T=C'_c+C'_s$$

$$A_s f_{yd}=k_1 f'_{cd}ab+A'_s f'_{yd}$$

$$a=\frac{f_{yd}A_s-f'_{yd}A'_s}{k_1 f'_{cd}b}=\frac{pf_{yd}-p'f'_{yd}}{k_1 f'_{cd}}d \tag{4.5}$$

ここで

$$p=\frac{A_s}{bd},\quad p'=\frac{A'_s}{bd}$$

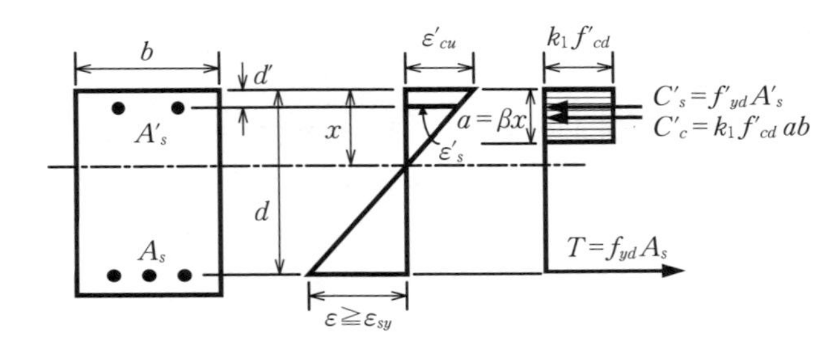

図 4.6　複鉄筋長方形断面の断面破壊の限界状態

引張鉄筋の図心を中心とするモーメントの釣合いから曲げ耐力 M_u は

$$M_u=C'_c\left(d-\frac{a}{2}\right)+C'_s(d-d')$$

$$=k_1 f'_{cd}ab\left(d-\frac{a}{2}\right)+A'_s f'_{yd}(d-d')$$

$$=\left(A_s f_{yd}-A'_s f'_{yd}\right)\left(d-\frac{a}{2}\right)+A'_s f'_{yd}(d-d') \tag{4.6}$$

部材係数を γ_b とすると，設計曲げ耐力 M_{ud} は

$$M_{ud}=\frac{M_u}{\gamma_b} \tag{4.7}$$

なお，これらは圧縮鉄筋と引張鉄筋が降伏していることを前提とした式であるため，鉄筋が降伏していることを確かめる必要がある。

圧縮鉄筋が降伏していることの確認は次式により行う。

$$\varepsilon'_s=\frac{x-d'}{x}\cdot\varepsilon_{cu}\geqq\varepsilon'_{sy}$$

例題 4.2

$b=400$ mm，$d=600$ mm，$d'=50$ mm の複鉄筋長方形断面の設計曲げ耐力 M_{ud} を求めよ。ただし，$f'_{ck}=30$ N/mm^2，また $A_s=5$D25（SD295），$A'_s=3$D16（SD295）とする。なお，安全係数は，$\gamma_c=1.3$，$\gamma_s=1.0$，$\gamma_b=1.1$ とする。

解答

$$A_s=5\text{D}25=2\,533\ \text{mm}^2,\quad A'_s=3\text{D}16=595.7\ \text{mm}^2$$

$$p=\frac{A_s}{bd}=\frac{2\,533}{400\times600}=0.010\,55$$

$$p'=\frac{A'_s}{bd}=\frac{595.7}{400\times600}=0.002\,48$$

$$f'_{cd}=\frac{f'_{ck}}{\gamma_c}=\frac{30}{1.3}=23.1\ \text{N/mm}^2$$

$f'_{ck}=30$ N/mm^2 に対し，図 4.4 より，$k_1=0.85$，$\varepsilon'_{cu}=0.003\,5$，$\beta=0.8$，また圧縮鉄筋，引張鉄筋とも SD295 を使用するので，$f'_{yd}=f_{yd}=\dfrac{f_{yk}}{\gamma_s}=295$ N/mm^2 である。

式 (4.5) より

$$a=\frac{f_{yd}A_s-f'_{yd}A'_s}{k_1 f'_{cd}b}=\frac{pf_{yd}-p'f'_{yd}}{k_1 f'_{cd}}d$$

$$=\frac{0.010\,55\times295-0.002\,48\times295}{0.85\times23.1}\times600$$

$$=72.7\ \text{mm}$$

$$x=\frac{a}{\beta}=\frac{72.7}{0.8}=90.9\ \text{mm}$$

また，圧縮鉄筋が降伏していることを確認する。

$$\varepsilon'_s = \frac{x-d'}{x}\cdot\varepsilon_{cu}$$

$$= \frac{90.9-50}{90.9}\times 3\,500\times 10^{-6}$$

$$= 1\,575\times 10^{-6} \geqq \varepsilon'_{sy}\left(=\frac{295}{200\times 10^3}=1\,475\times 10^{-6}\right)$$

そして，式(4.6)より

$$M_u = \left(A_s f_{yd} - A'_s f'_{yd}\right)\left(d-\frac{a}{2}\right) + A'_s f'_{yd}(d-d')$$

$$= (2\,533\times 295 - 595.7\times 295)(600-0.5\times 72.7) + 595.7\times 295\times(600-50)$$

$$= 418.8\times 10^6\ \mathrm{N\cdot mm} = 418.8\ \mathrm{kN\cdot m}$$

したがって，与えられた複鉄筋断面の設計曲げ耐力 M_{ud} はつぎのようになる。

$$M_{ud} = \frac{M_u}{\gamma_b} = \frac{418.8}{1.1} = 380.7\ \mathrm{kN\cdot m}$$

■

4.4.4　T　形　断　面

図 4.7 に示すように，圧縮部のコンクリート断面が T 形をしているものを **T 形断面**（T-beam）という。図中の上部の水平部を突縁または**フランジ**（flange），鉛直部を腹部または**ウェブ**（web）という。設計にあたっては，まず，突縁の幅を有する長方形断面として等価応力ブロックの高さ a を計算する。そして，フランジ厚さ t より a が大きい場合に T 形断面として以降の計算を行う。

コンクリートの突縁部を突出部と腹部に分けて考え，また引張鉄筋の A_s も

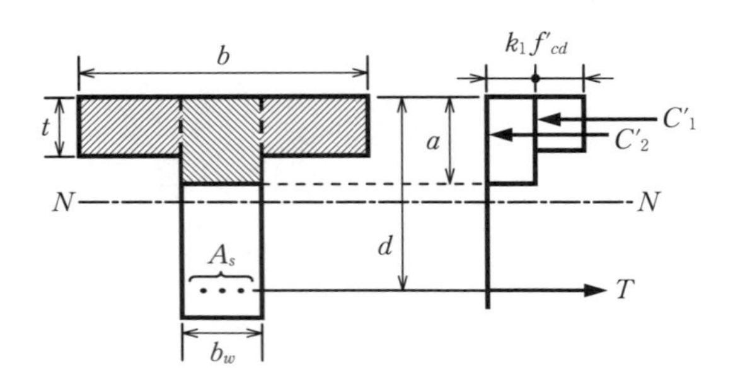

図 4.7　単鉄筋 T 形断面[5]

コンクリートの突出部の圧縮力 C'_1 に釣り合うのに必要な A_{sf} と，腹部コンクリートの圧縮力 C'_2 に釣り合うのに必要な鉄筋量 $(A_s - A_{sf})$ とに分けて考える。

$$k_1 f'_{cd}(b-b_w)t = A_{sf} f_{yd}$$

これより

$$A_{sf} = \frac{k_1 f'_{cd}(b-b_w)t}{f_{yd}} \tag{4.8}$$

となる。

また，曲げ耐力は二つに分けて考えていたものを足し合わせて

$$M_u = (A_s - A_{sf}) f_{yd}\left(d - \frac{a}{2}\right) + A_{sf} f_{yd}\left(d - \frac{t}{2}\right) \tag{4.9}$$

$$M_{ud} = \frac{M_u}{\gamma_b} \tag{4.10}$$

なお，a は幅 b_w の腹部における力の釣合いよりつぎのようになる。

$$a = \frac{(A_s - A_{sf}) f_{yd}}{k_1 f'_{cd} b_w} \tag{4.11}$$

複鉄筋T形断面の場合は，引張鉄筋をさらに分けて，圧縮鉄筋に釣り合う鉄筋量を加えることで計算される。

例題 4.3

図 4.8 に示す単鉄筋T形断面の設計曲げ耐力 M_{ud} を求めよ。なお，$b = 720$ mm，$t = 150$ mm，$b_\omega = 420$ mm，$d = 850$ mm，$A_s = $ 8D32（SD390）とする。ただし，$f'_{ck} = 30$ N/mm^2，$f_{yk} = 390$ N/mm^2 で，安全係数はそれぞれ $\gamma_c = 1.3$，γ_s

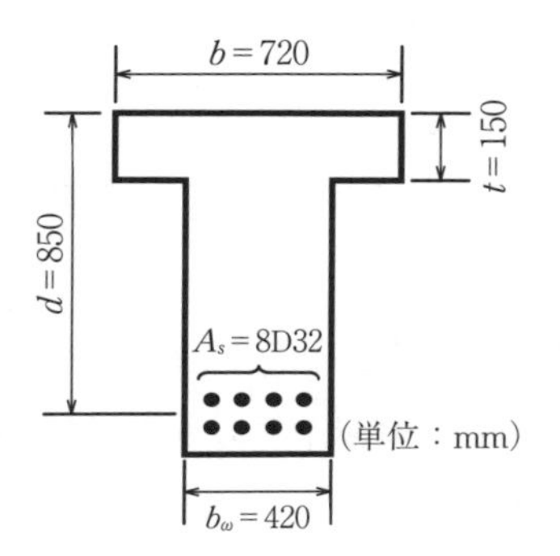

図 4.8　単鉄筋T形断面図

$=1.0$，$\gamma_b=1.1$ とする。

解答

$$A_s=8\text{D}32=6\,354\ \text{mm}^2,\ f_{yk}=390\ \text{N/mm}^2\ (\text{SD390})$$

$$f'_{cd}=\frac{f'_{ck}}{\gamma_c}=\frac{30}{1.3}=23.1\ \text{N/mm}^2$$

$$f_{yd}=\frac{f_{yk}}{\gamma_s}=\frac{390}{1.0}=390\ \text{N/mm}^2$$

フランジ幅を有する長方形断面として，等価応力ブロックの高さ a を式 (4.3) より計算する。

$$a=\frac{A_s f_{yd}}{k_1 f'_{cd} b}=\frac{6\,354\times 390}{0.85\times 23.1\times 720}=175\ \text{mm}$$

よって，$a=175\ \text{mm}>t=150\ \text{mm}$ であるので，T 形断面として計算する。

式 (4.8) より

$$A_{sf}=\frac{k_1 f'_{cd}(b-b_w)t}{f_{yd}}=\frac{0.85\times 23.1\times(720-420)\times 150}{390}=2\,266\ \text{mm}^2$$

式 (4.11) より

$$a=\frac{(A_s-A_{sf})f_{yd}}{k_1 f'_{cd} b_w}=\frac{(6\,354-2\,266)\times 390}{0.85\times 23.1\times 420}=193.3\ \text{mm}$$

曲げ耐力 M_u は式 (4.9) より

$$M_u=(A_s-A_{sf})f_{yd}\left(d-\frac{a}{2}\right)+A_{sf}f_{yd}\left(d-\frac{t}{2}\right)$$

$$=(6\,354-2\,266)\times 390\times\left(850-\frac{193.3}{2}\right)+2\,266\times 390\times\left(850-\frac{150}{2}\right)$$

$$=1\,886\times 10^6\ \text{N}\cdot\text{mm}=1\,886\ \text{kN}\cdot\text{m}$$

したがって，設計曲げ耐力 M_{ud} は

$$M_{ud}=\frac{M_u}{\gamma_b}=\frac{1\,886}{1.1}=1\,715\ \text{kN}\cdot\text{m}$$

■

4.5　安全性の照査

断面破壊の限界状態に対する検討は，設計曲げ耐力 M_{ud} に対する設計断面力 M_d の比に，構造物係数 γ_i を乗じた値が 1.0 以下であることを確かめればよい。なお，γ_i は 1.0 ～ 1.2 の範囲で適切に設定する。

$$\frac{\gamma_i M_d}{M_{ud}} \leqq 1.0 \tag{4.12}$$

ところで，曲げモーメントにより断面破壊に至る部材において，引張鉄筋比が極端に小さいと，ひび割れ発生とともに鉄筋が降伏し，脆性的な破壊を生じる危険性がある。そのため，引張鉄筋比は0.2％以上配置しなければならない。また，T形断面の場合は，コンクリートの**有効断面積**（effective cross-section area）（有効高さ d×腹部幅 b_w）の0.3％以上の引張鉄筋を配置する。一方，鉄筋量があまりに多いと，鉄筋の配置がしにくくなるばかりでなく，コンクリートの破壊が先行して脆性的な破壊を生じる恐れがある。したがって，引張鉄筋の最大値は，釣合鉄筋比に対して余裕を持たせることとし，式(4.13)に示す限界状態における釣合鉄筋比 p_b の75％以下とする。

$$p_b = \alpha \frac{\varepsilon'_{cu}}{\varepsilon'_{cu} + f_{yd}/E_s} \cdot \frac{f'_{cd}}{f_{yd}} \tag{4.13}$$

ここに，p_b：釣合鉄筋比，$\alpha = 0.88 - 0.004f'_{ck}$　ただし，$\alpha \leqq 0.68$　ε'_{cu}：コンクリートの終局ひずみであり，図2.4で示された値としてよい。f_{yd}：鉄筋の設計引張降伏強度〔N/mm^2〕，E_s：鉄筋のヤング係数で，一般に200 kN/mm^{2}としてよい。

例題 4.4

有効スパン9 mの単純ばりに，永続作用 ω_p（死荷重のみ）と変動作用 ω_γ（活荷重，32 kN/m）が作用するとき，断面破壊時に対する安全性を照査せよ。断面および材料条件は例題4.1と同じとする。なお，この部材の単位重量は24 kN/m^{3}であり，永続作用および変動作用に対する作用係数は，それぞれ $\gamma_{fp} = 1.10$，$\gamma_{fr} = 1.15$，$\gamma_i = 1.10$ とする。

解答

死荷重 ω_p は

ω_p = 部材の単位重量×断面積 = 24×0.42×0.75 = 7.56 kN/m

死荷重と活荷重による設計荷重 ω は

設計荷重 $\omega = \gamma_{fp} \cdot \omega_p + \gamma_{fr} \cdot \omega_r = 1.10 \times 7.56 + 1.15 \times 32 = 45.1$ kN/m

断面破壊時に対する安全性の照査は，最大曲げモーメントが生じる断面に対して行う。

設計荷重ωによる最大曲げモーメントはスパン中央で生じ

$$M_{\max}=M_d=\frac{\omega l^2}{8}=\frac{45.1\times 9^2}{8}=457\ \mathrm{kN\cdot m}$$

例題4.1より，$M_{ud}=536\ \mathrm{kN\cdot m}$であるから，この断面の安全性については式(4.12)で確認する。

$$\gamma_i\cdot\frac{M_d}{M_{ud}}\leqq 1.0\text{より，}\ 1.10\times\frac{457}{536}=0.938\leqq 1.0$$

したがって，この断面は安全である。

■

演習問題

〔**4.1**〕 $b=380$ mm，$d=600$ mm，$A_s=5\mathrm{D}22$の単鉄筋長方形断面の設計曲げ耐力を求めよ。なお，$f'_{ck}=24\ \mathrm{N/mm^2}$，$f_{yk}=295\ \mathrm{N/mm^2}$とし，安全係数はそれぞれ$\gamma_c=1.3$，$\gamma_s=1.0$，$\gamma_b=1.1$とする。

〔**4.2**〕 $b=400$ mm，$d=700$ mm，$d'=50$ mm，$A_s=5\mathrm{D}29$，$A'_s=3\mathrm{D}16$の複鉄筋長方形断面の設計曲げ耐力を求めよ。なお，$f'_{ck}=24\ \mathrm{N/mm^2}$，$f_{yk}=345\ \mathrm{N/mm^2}$とし，安全係数はそれぞれ$\gamma_c=1.3$，$\gamma_s=1.0$，$\gamma_b=1.1$とする。

〔**4.3**〕 $b=750$ mm，$b_\omega=400$ mm，$t=140$ mm，$d=750$ mm，$A_s=8\mathrm{D}29$の単鉄筋T形断面の設計曲げ耐力を求めよ。なお，$f'_{ck}=24\ \mathrm{N/mm^2}$，$f_{yk}=345\ \mathrm{N/mm^2}$とし，安全係数はそれぞれ$\gamma_c=1.3$，$\gamma_s=1.0$，$\gamma_b=1.1$とする。

5章 軸圧縮力を受ける部材の耐力

◆本章のテーマ

橋脚などコンクリート柱は，軸圧縮力が作用した場合において十分な安全性を有していなければならない。荷重の作用状態により，軸圧縮力のみが作用する場合と，偏心軸圧縮力が作用する場合の２種類がある。本章では，両者における耐力の算定方法を説明する。また，軸圧縮力のみを受ける部材では座屈の問題，偏心軸圧縮力を受ける部材では軸圧縮耐力と曲げ耐力の関係から定まる破壊形態の違いについても紹介する。

◆本章の構成（キーワード）

5.1　軸圧縮力のみを受ける柱部材

　　帯鉄筋柱，らせん鉄筋柱，座屈，短柱，長柱，回転半径，細長比

5.2　偏心軸圧縮力を受ける部材

　　釣合偏心量，軸方向圧縮耐力，曲げ耐力，相互作用図

◆本章を学ぶと以下の内容をマスターできます

☞　軸圧縮力のみを受ける部材の帯鉄筋およびらせん鉄筋の効果

☞　軸圧縮力のみを受ける部材の耐力算定方法

☞　偏心軸圧縮力を受ける部材の耐力算定方法

☞　偏心軸圧縮力を受ける部材の破壊形態

5.1　軸圧縮力のみを受ける柱部材

5.1.1　横補強筋の種類と効果

コンクリート柱としては，一般に，**図 5.1** に示すように軸方向鉄筋を**帯鉄筋**（hoop reinforcement）で囲んだ**帯鉄筋柱**（tied column），軸方向鉄筋を**らせん鉄筋**（spiral reinforcement）で密に囲んだ**らせん鉄筋柱**（spirally reinforced column）があり，さらに，鉄骨を用いた鉄骨鉄筋コンクリート柱および鋼管の中にコンクリートを充填して剛性の向上を図った**コンクリート充填鋼管柱**（concrete filled tube，**CFT**）などもある。

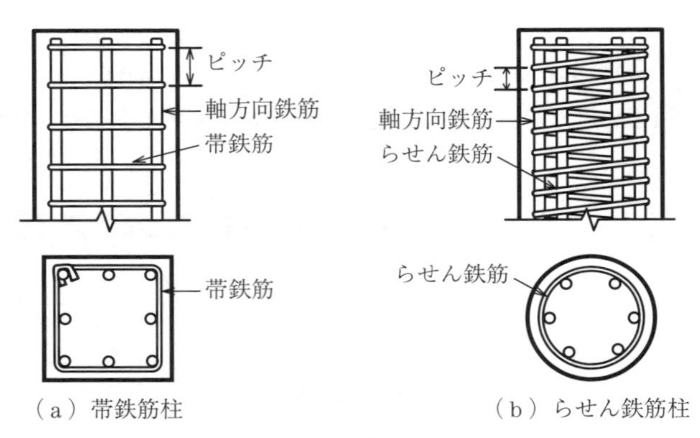

図 5.1　鉄筋コンクリート帯鉄筋柱とらせん鉄筋柱[5)]

柱があまり細長くなると，**軸方向圧縮力**（axial compressive force）が材料強度から算定した最大荷重に達する前に座屈する。

したがって，断面に比べて長さが短く座屈を考慮しなくてよい**短柱**（short column）と，長さが長く座屈を考慮する必要がある**長柱**（long column）とに分けて考える必要がある。柱の有効長さ l と断面の**回転半径**（radius of gyration of section）γ（断面二次半径ともいう）の比として定義される**細長比**（slenderness ratio）が 35 以下の柱を短柱，35 を超える柱を長柱と称する。なお，回転半径は，$\gamma=\sqrt{(I/A)}$ で定義される。断面二次モーメント I および断面積 A の算出には，コンクリートの全断面を用いてよい。

柱の横方向変位は上下の固定度に関係する。両端がはりなどで支持されている場合の有効長さは柱の軸線の長さとなる。また，一端が固定され，他端が自由端の場合の有効長さは柱の軸線の長さの2倍となる。

5.1.2　中心軸圧縮力を受ける柱部材の耐力

〔1〕　荷重-変位曲線

図5.2に示すように，柱の中心軸方向荷重 N' を徐々に増加すると，柱の降伏荷重までは，帯鉄筋柱もらせん鉄筋柱も，軸方向鉄筋とコンクリートの全断面で荷重を負担する。

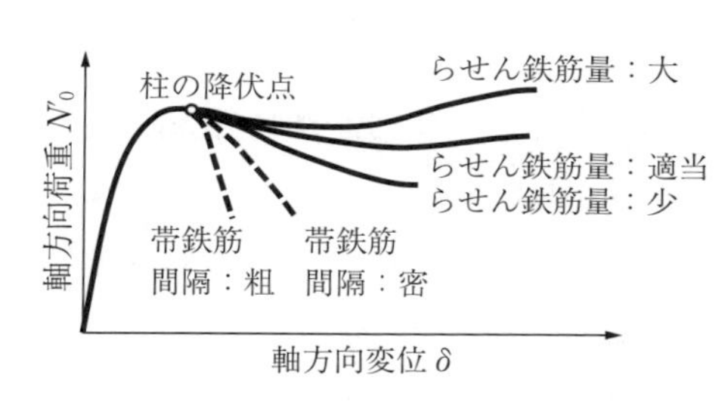

図5.2　鉄筋コンクリート柱の荷重-変位曲線

帯鉄筋の間隔が粗な帯鉄筋柱では，降伏荷重以降，荷重は急激に低下する。なお，間隔が密であると荷重の下降域の勾配は緩やかになる。

また，らせん鉄筋柱では，降伏荷重以降，らせん鉄筋より内側のコンクリート（コアコンクリート）が横方向に膨らもうとするのをらせん鉄筋により拘束され，圧縮強度以上の強度を発揮する。らせん鉄筋量が多いと，降伏荷重以上の荷重に耐えることができる。なお，このとき柱のかぶりコンクリートは剥落し，柱は大変形を生じている。

このように，横方向鉄筋（帯鉄筋，らせん鉄筋）の配置方法やその量によって柱の荷重-変位曲線の形状は大きく異なり，横方向鉄筋は柱のじん性を大きく左右するといえる。

〔2〕　帯鉄筋柱の耐力算定

帯鉄筋柱の荷重-変位曲線は，一般に図5.2に示すようであり，帯鉄筋柱の中心軸圧縮力に対する耐力は，柱の降伏荷重である。コンクリートの応力が圧縮ひずみに達するときと軸方向鉄筋が圧縮降伏ひずみに達するときがほぼ同じであると考えると，終局耐力は，コンクリートと軸方向鉄筋のそれぞれが負担できる荷重の和として求められる。

〔3〕 **鉄筋柱の耐力算定**

帯鉄筋を使用する鉄筋柱の設計断面耐力は，式 (5.1) で与えられる。また，らせん鉄筋を使用する鉄筋柱の場合は，式 (5.1) と式 (5.2) のいずれか大きいほうの値を設計断面耐力と考えればよい。

$$N'_{oud}=\frac{k_1 f'_{cd}A_c+f'_{yd}A_{st}}{\gamma_b} \tag{5.1}$$

$$N'_{oud}=\frac{k_1 f'_{cd}A_e+f'_{yd}A_{st}+2.5f_{pyd}A_{spe}}{\gamma_b} \tag{5.2}$$

ここに，N'_{oud}：柱の設計軸方向圧縮耐力の上限値（終局耐力），A_c：コンクリートの断面積，A_e：らせん鉄筋で囲まれたコンクリートの断面積，A_{st}：軸方向鉄筋の全断面積，A_{spe}：らせん鉄筋の換算断面積（$=\pi d_{sp}A_{sp}/s$），d_{sp}：らせん鉄筋で囲まれた断面の直径，A_{sp}：らせん鉄筋の断面積，s：らせん鉄筋のピッチ，f'_{cd}：コンクリートの設計圧縮強度，f'_{yd}：軸方向鉄筋の設計圧縮降伏強度，f_{pyd}：らせん鉄筋の設計引張降伏強度，γ_b：部材係数（一般に1.3）。

コンクリートの強度f'_{cd}に掛ける係数k_1は，円柱供試体の圧縮強度に対する実構造物中のコンクリート強度の寸法効果を考慮した係数である。また，部材係数γ_bは1.3とし，曲げなどの場合より大きい値とする。これは施工上の部材軸の曲がりや荷重のわずかな偏心などによる曲げモーメントによって，耐荷力が低下するためである。

なお，式 (5.2) の右辺第3項は，らせん鉄筋の横拘束効果によって生じるコアコンクリートの圧縮強度の増分をもたらす軸荷重の増加量であって，つぎのように算定される。

図5.3に示すように，らせん鉄筋のピッチsと同じ間隔で区切られた二つの水平面および柱の軸に平行な垂直面を考えてみる。なお，コンクリートの応力状態は均一とする。横拘束応力σ'_pの最大値$\sigma'_{p\,\max}$は，らせん鉄筋の設計引張降伏強度応力を用い，力の水平成分の釣合いから，式 (5.3) により求まる。

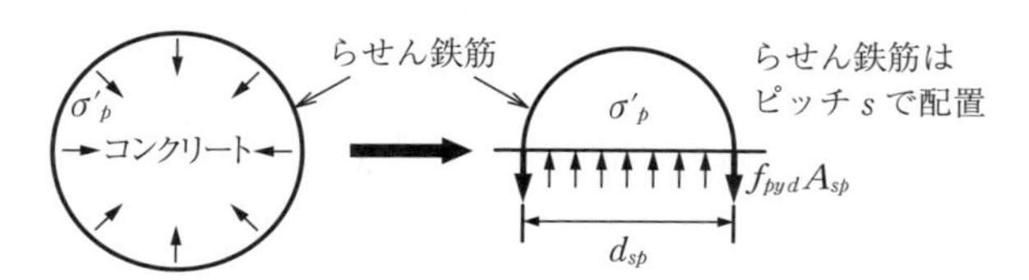

図 5.3　らせん鉄筋で拘束されたコンクリートの横方向応力 [7)]

$$\sigma'_{p\,\max}=\frac{2f_{pyd}A_{sp}}{sd_{sp}} \tag{5.3}$$

横方向応力 σ'_p が発生するとすれば，軸方向応力はポアソン効果により σ'_p/ν（ν：ポアソン比）だけ増加することになる。破壊直前のポアソン比を 0.2 と仮定すると，軸方向応力の増加量の最大値は $5\sigma'_{p\,\max}$ となり，増加する荷重 N'_{osp} はつぎのように表される。

$$N'_{osp}=\frac{10f_{pyd}A_{sp}}{sd_{sp}}A_e$$

$A_e=\pi\cdot d_{sp}{}^2/4$，$A_{spe}=\pi d_{sp}A_{sp}/s$ であるので次式となる。

$$N'_{osp}=2.5f_{pyd}A_{spe} \tag{5.4}$$

例題 5.1

有効長さ $h=3.5$ m，直径 530 mm，有効断面の直径 $d_{sp}=450$ mm の，らせん鉄筋柱の設計軸方向圧縮耐力 N'_{oud} を求めよ。ただし，軸方向鉄筋の総断面積 $A_{st}=5\,067$ mm^2（10D25），らせん鉄筋は D13 を 50 mm ピッチに配置する。また，コンクリートの設計基準強度 $f'_{ck}=30$ N/mm^2，軸方向鉄筋の圧縮降伏強度の特性値 $f'_{yk}=295$ N/mm^2，らせん鉄筋の引張降伏強度の特性値 $f_{pyk}=295$ N/mm^2 とする。なお，安全係数は $\gamma_c=1.3$，$\gamma_s=1.0$，$\gamma_b=1.3$ とする。

解答

$$f'_{cd}=30/1.3=23.1\ \text{N/mm}^2,\ f'_{yd}=f_{pyd}=295/1.0=295\ \text{N/mm}^2$$

らせん鉄筋で囲まれたコンクリートの有効断面積は

$$A_e=\pi\cdot d_{sp}{}^2/4=3.14\times450^2/4=159\,000\ \text{mm}^2$$

らせん鉄筋を薄肉円筒に換算した断面積は

$$A_{spe}=\pi d_{sp}A_{sp}/s=3.14\times450\times126.7/50=3\,580\ \text{mm}^2$$

らせん鉄筋柱の設計軸方向圧縮耐力は，式（5.1），（5.2）のいずれか大きい値を採用する。

柱の直径 530 mm より，$A_c = 220\,500\ \text{mm}^2$ であるから，式（5.1）より

$$N'_{oud} = \frac{k_1 f'_{cd} A_c + f'_{yd} A_{st}}{\gamma_b} = \frac{0.85 \times 23.1 \times 220\,500 + 295 \times 5\,067}{1.3}$$

$$= 4\,480 \times 10^3\ \text{N} = 4\,480\ \text{kN}$$

また，式（5.2）より

$$N'_{oud} = \frac{k_1 f'_{cd} A_e + f'_{yd} A_{st} + 2.5 f_{pyd} A_{spe}}{\gamma_b}$$

$$= \frac{0.85 \times 23.1 \times 159\,000 + 295 \times 5\,067 + 2.5 \times 295 \times 3\,580}{1.3}$$

$$= 5\,582 \times 10^3\ \text{N} = 5\,582\ \text{kN}$$

よって，式（5.2）による $N'_{oud} = 5\,582\ \text{kN}$ を採用することとなる。

つぎに，細長比 λ を計算する。ただし，断面二次モーメントはコンクリート断面部より求めた。

$$r = \sqrt{(I / A_e)} = \sqrt{(2.01 \times 10^9 / 159\,000)} = 112\ \text{mm}$$

$$I = \pi \cdot {d_{sp}}^4 / 64 = 3.14 \times 450^4 / 64 = 2.01 \times 10^9\ \text{mm}^4$$

$$\lambda = h / r = 350 / 11.2 = 31.3 < 35$$

これより，短柱と判定され，横方向の変位は検討しなくてもよいといえる。■

5.2　偏心軸圧縮力を受ける部材

5.2.1　偏心軸圧縮力を受ける部材の耐力

〔1〕　釣合偏心量 e_b

図 5.4 に示すように，部材断面の図心から A'_s 側に e だけ偏心した位置に終局軸方向力 N'_u が作用した場合を考えてみる。**偏心量**（eccentric radius）e が小さい場合は，全断面に圧縮応力が作用し，コンクリートのひずみが終局ひずみ ε'_{cu} に達して破壊する（圧縮破壊）。e をしだいに大きくすると，図心をはさんで反対側の鉄筋のひずみは引張を生じるようになる。しかし，しばらくの間はコンクリートが先に終局ひずみに達して圧縮破壊する。さらに e が大きくなると，引張鉄筋のひずみが降伏ひずみ ε_{sy} に達すると同時にコンクリートが終局

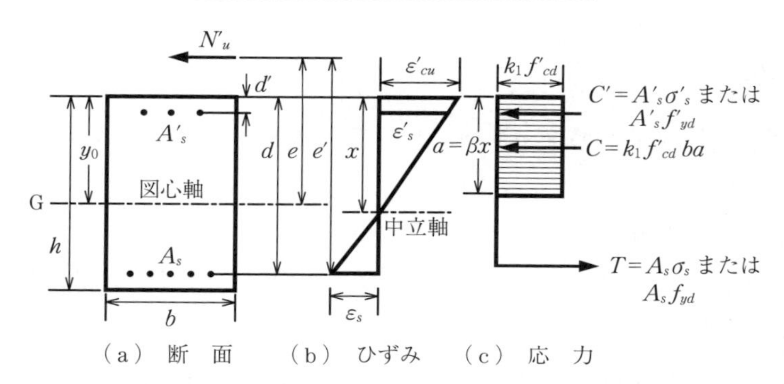

図 5.4　偏心圧縮力を受ける長方形断面の断面部材 [1)]

ひずみ ε'_{cu} に達する（釣合破壊）。このときの偏心量を釣合偏心量 e_b という。なお，e が e_b より大きい場合には，引張鉄筋が先に降伏して引張破壊となる。

〔2〕 耐 力 算 定

（1） 釣合偏心量 e_b の計算

断面圧縮縁のコンクリートひずみが終局ひずみ ε'_{cu} に達すると同時に引張鉄筋が降伏ひずみ ε_y に達する，釣合偏心量 e_b を以下で求める。この場合の中立軸位置 x は，式 (5.5) で求められる。

$$x = \frac{\varepsilon'_{cu}}{\varepsilon'_{cu} + \left(f_{yd}/E_s\right)} d \tag{5.5}$$

したがって，コンクリートの等価応力ブロックの高さ $a_b (=\beta x)$ は，つぎのように表される。

$$a_b = \frac{\varepsilon'_{cu}}{\varepsilon'_{cu} + \left(f_{yd}/E_s\right)} \cdot \beta d$$

このときの軸方向耐力 N'_b および曲げ耐力 M_b は，式 (5.6)，(5.7) となる。

$$N'_b = k_1 f'_{cd} b a_b + A'_s f'_{yd} - A_s f_{yd} \tag{5.6}$$

$$M_b = k_1 f'_{cd} b a_b \left(y_0 - \frac{a_b}{2}\right) + A'_s f'_{yd} (y_0 - d') + A_s f_{yd} (d - y_0) \tag{5.7}$$

ここで，y_0 はコンクリートの上縁（圧縮縁）から断面図心までの距離で，つぎのように表される。

$$y_0=\frac{(bh^2/2)+n(A_sd+A'_sd')}{bh+n(A_s+A'_s)}$$

釣合軸力 N'_b の作用点から断面図心までの偏心量 e_b は，$e_b=M_b/N'_b$ として求めることができる。

（2） $e>e_b$ の場合

この場合には，圧縮縁コンクリートのひずみが ε'_{cu} に達して圧壊するよりも先に引張鉄筋が降伏して，引張破壊を生じる。

終局時に圧縮側の鉄筋も降伏しているとすれば，釣合条件式はつぎのようになる。

$$N'_u=k_1f'_{cd}ba+A'_sf'_{yd}-A_sf_{yd}$$

引張鉄筋の図心軸に関するモーメントの釣合いより

$$N'_ue'=k_1f'_{cd}ba\left(d-\frac{a}{2}\right)+A'_sf'_{yd}(d-d')$$

ただし，軸力作用位置から引張鉄筋の図心軸までの距離 e' は，$e'=e+d-y_0$ である。

式より N'_u を消去して，a/d を求めると，式 (5.8) のようになる。

$$\frac{a}{d}=-\left(\frac{e'}{d}-1\right)+\sqrt{\left(\frac{e'}{d}-1\right)^2+2m\left\{\bar{p}\frac{e'}{d}+p'\frac{f'_{yd}}{f_{yd}}\left(1-\frac{d'}{d}\right)\right\}}\qquad(5.8)$$

ここで，$p=A_s/(bd)$，$p'=A'_s/(bd)$，$m=f_{yd}/(k_1f'_{cd})$，$\bar{p}=p-p'(f'_{yd}/f_{yd})$

式 (5.8) から a が求まると，断面図心についての曲げ耐力 M_u は式 (5.9) を用いて計算できる。

$$M_u=k_1f'_{cd}ba\left(y_0-\frac{a}{2}\right)+A'_sf'_{yd}(y_0-d')+A_sf_{yd}(d-y_0)\qquad(5.9)$$

なお，ここまでの検討は圧縮側の鉄筋が降伏すると仮定しているので，求まった a の値をもとに，次式によりこの仮定が正しいかどうか確かめる必要がある。

$$\varepsilon'_s=\frac{x-d'}{x}\varepsilon'_{cu}=\frac{\frac{\alpha}{\beta}-d'}{\frac{\alpha}{\beta}}\cdot\varepsilon'_{cu}\geqq\varepsilon'_{sy}=\frac{f'_{yd}}{E_s}$$

もし，$\varepsilon'_s < \varepsilon'_{sy}$ の場合には，式 (5.10) の σ'_s を用いて式 (5.11)，(5.12) より a の値を求める。

$$\sigma'_s = E_s \varepsilon'_s = \frac{\dfrac{\alpha}{\beta} - d'}{\dfrac{\alpha}{\beta}} \cdot \varepsilon'_{cu} \cdot E_s = E_s \varepsilon'_{cu} \left(1 - \frac{\beta d'}{a}\right) \tag{5.10}$$

$$N'_u = k_1 f'_{cd} ba + A'_s \sigma'_s - A_s f_{yd} \tag{5.11}$$

$$N'_u e' = k_1 f'_{cd} ba \left(d - \frac{a}{2}\right) + A'_s \sigma'_s (d - d') \tag{5.12}$$

そして，曲げ耐力 M_u は式 (5.13) により求まる。

$$M_u = k_1 f'_{cd} ba \left(y_0 - \frac{a}{2}\right) + A'_s \sigma'_s (y_0 - d') + A_s f_{yd} (d - y_0) \tag{5.13}$$

（3）　$e < e_b$ の場合

この場合には，引張鉄筋が降伏ひずみに達する前にコンクリートが圧壊する。なお，通常は圧縮側の鉄筋は降伏している。

したがって，釣合条件式としては，式 (5.6) において f_{yd} の代わりに式 (5.14) で表される σ_s を用いる。

$$\varepsilon_s = \varepsilon'_{cu} \left(\frac{d - x}{x}\right)$$

であり

$$\sigma_s = \varepsilon_s E_s = \frac{d - \dfrac{\alpha}{\beta}}{\dfrac{\alpha}{\beta}} \cdot \varepsilon'_{cu} \cdot E_s \tag{5.14}$$

したがって

$$N'_u = k_1 f'_{cd} ba + A'_s f'_{yd} - A_s \sigma_s \tag{5.15}$$

引張鉄筋の図心軸に関するモーメントの釣合いより

$$N'_u e' = k_1 f'_{cd} ba \left(d - \frac{a}{2}\right) + A'_s f'_{yd} (d - d') \tag{5.16}$$

N'_u を消去すると，a/d に関して次式が得られる。

$$\left(\frac{a}{d}\right)^3+2\left(\frac{e'}{d}-1\right)\left(\frac{a}{d}\right)^2+2m\left(p\frac{E_s\varepsilon'_s}{f_{yd}}\cdot\frac{e'}{d}-p'\frac{f'_{yd}}{f_{yd}}\cdot\frac{d-d'-e'}{d}\right)\times\left(\frac{a}{d}\right)$$
$$-2pm\frac{\beta E_s\varepsilon'_s}{f_{yd}}\cdot\frac{e'}{d}=0 \qquad (5.17)$$

ここで，$p=A_s/(bd)$，$p'=A'_s/(bd)$，$m=f_{yd}/(k_1f'_{cd})$

これを解いて a を求め，この値を式（5.14）に代入すると σ_s が，式（5.15）より N'_u が計算できる。

曲げ耐力 M_u は式（5.18）により求める。

$$M_u=k_1f'_{cd}ba\left(y_0-\frac{a}{2}\right)+A'_sf'_{yd}(y_0-d')+A_s\sigma_s(d-y_0) \qquad (5.18)$$

以上のようにして計算した M_u に対し，安全性（断面破壊の限界状態）の照査に用いる設計曲げ耐力 M_{ud} は，部材係数 γ_b（一般に1.1）を考慮し，$M_{ud}=M_u/\gamma_b$ として求める。

例題 5.2

$b=300$ mm，$h=500$ mm，$d=430$ mm，$d'=50$ mm，$A_s=5$D22(SD345)，$A'_s=3$D19（SD345）の複鉄筋長方形断面に，曲げモーメント $M_d=250$ kN·m，軸圧縮力 $N'_d=400$ kN が作用したときの安全性を検討せよ。ただし，コンクリートの設計基準強度 $f'_{ck}=30$ N/mm^2 とする。また，安全係数は $\gamma_c=1.3$，$\gamma_s=1.0$，$\gamma_b=1.1$，$\gamma_b=1.1$ とする。

解答

$f'_{cd}=30/1.3=23.1$ N/mm^2

表2.2より，$E_c=28$ kN/mm^2

したがって，$n=E_s/E_c=200/28=7.14$

$A_s=5\text{D}22=1\,935$ mm^2　$p=A_s/(bd)=0.015\,0$　$f_{yd}=345$ N/mm^2

$A'_s=3\text{D}19=859.6$ mm^2　$p'=A'_s/(bd)=0.006\,7$　$f'_{yd}=345$ N/mm^2

図4.4より，$k_1=0.85$，$\varepsilon'_{cu}=0.003\,5$，$\beta=0.8$

コンクリートの等価応力ブロックの高さ a_b は

$$a_b=\frac{\varepsilon'_{cu}}{\varepsilon'_{cu}+(f_{yd}/E_s)}\cdot\beta d=\frac{0.003\,5}{0.003\,5+345/(200\times10^3)}\times0.8\times430$$
$$=230.4\text{ mm}$$

また，コンクリートの上縁（圧縮縁）から断面図心までの距離 y_0 は

$$y_0=\frac{(bh^2/2)+n(A_sd+A'_sd')}{bh+n(A_s+A'_s)}$$

$$=\frac{(300\times500^2/2)+7.14\times(1\,935\times430+859.6\times50)}{300\times500+7.14\times(1\,935+859.6)}=257.4\ \mathrm{mm}$$

式 (5.6) より

$$N'_b=k_1f'_{cd}ba_b+A'_sf'_{yd}-A_sf_{yd}=986.2\times10^3\ \mathrm{N}$$

また，式 (5.7) より

$$M_b=k_1f'_{cd}ba_b\left(y_0-\frac{a_b}{2}\right)+A'_sf'_{yd}(y_0-d')+A_sf_{yd}(d-y_0)$$

$$=369.7\times10^6\ \mathrm{N\cdot mm}$$

これより，釣合破壊時の偏心距離 e_b は

$$e_b=M_b/N'_b=375\ \mathrm{mm}$$

一方，設計軸圧縮力の偏心距離 e は

$$e=M_d/N'_d=250/400=0.625\ \mathrm{m}=625\ \mathrm{mm}$$

$e>e_b$ となり，引張破壊領域にある。

また，$e'=e+d-y_0=798\ \mathrm{mm}$，$m=f_{yd}/(k_1f'_{cd})=17.6$，$\bar{p}=p-p'(f'_{yd}/f_{yd})=0.008\,3$ であり，式 (5.8) より

$$\frac{a}{d}=-\left(\frac{e'}{d}-1\right)+\sqrt{\left(\frac{e'}{d}-1\right)^2+2m\left\{\bar{p}\frac{e'}{d}+p'\frac{f'_{yd}}{f_{yd}}\left(1-\frac{d'}{d}\right)\right\}}=0.362$$

したがって，$a=0.362\times430=156\ \mathrm{mm}$

ここで，圧縮側の鉄筋が降伏していることを確認する。

$$\varepsilon'_s=\frac{x-d'}{x}\varepsilon'_{cu}=\frac{\dfrac{\alpha}{\beta}-d'}{\dfrac{\alpha}{\beta}}\cdot\varepsilon'_{cu}=2\,603\times10^{-6}\geqq\varepsilon'_{sy}=\frac{f'_{yd}}{E_s}=1\,725\times10^{-6}$$

よって，部材断面破壊時に圧縮鉄筋も降伏している。

つぎに，曲げ耐力 M_u を求める。式 (5.9) より

$$M_u=k_1f'_{cd}ba\left(y_0-\frac{a}{2}\right)+A'_sf'_{yd}(y_0-d')+A_sf_{yd}(d-y_0)$$

$$=341.6\times10^6\ \mathrm{N\cdot mm}=341.6\ \mathrm{kN\cdot m}$$

したがって，設計曲げ耐力 M_{ud} は

$$M_{ud}=M_u/\gamma_b=341.6/1.1=310.5\ \mathrm{kN\cdot m}$$

最後に安全性の検討を行う。

$$\gamma_iM_d/M_{ud}=1.1\times250/310.5=0.886<1.0$$

となり，安全である。

■

5.2.2 軸圧縮耐力と曲げ耐力の相互作用図

軸圧縮力を受ける部材には，断面内での荷重の作用位置によって曲げモーメントが発生する。断面耐力としての軸方向耐力と曲げ耐力との間には，**図 5.5** に示すような関係が存在する。このような部材の軸方向圧縮耐力と曲げ耐力との関係を相互作用図という。縦軸上は中心軸方向荷重の作用状態（$e=0$）を，横軸上は純曲げ状態（$e=\infty$）を表している。

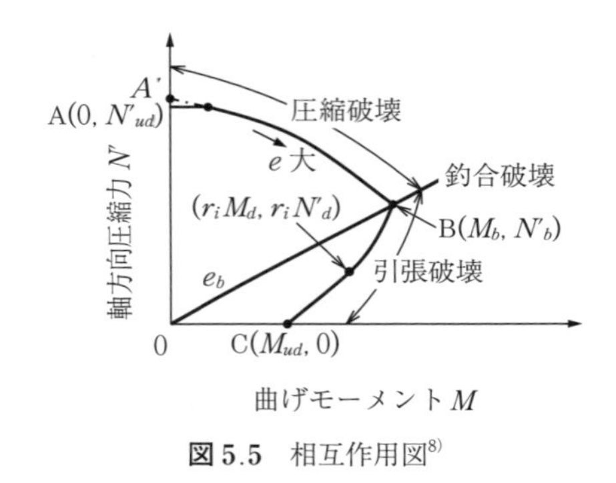

図 5.5　相互作用図[8)]

軸方向力の偏心量を釣合偏心量まで徐々に大きくすると，曲げが卓越し，引張鉄筋およびコンクリートの最外縁ひずみが増加し，断面の軸方向耐力が低下する。なお，曲げ耐力は増加する。偏心量が釣合偏心量以上になると，軸方向耐力は低下し，また曲げ耐力も等価応力ブロックの高さ a が減少するので低下する。

以上のように，軸方向圧縮力の偏心量が大きくなると，曲線 ABC に沿って曲げ耐力と軸方向耐力が変化する。AB 間では圧縮破壊，点 B で釣合破壊，BC 間では引張破壊となる。

5.2.3 曲げと軸圧縮力を受ける部材の安全性照査

設計曲げモーメント M_d と設計軸方向力 N'_d が同時に作用する場合，図 5.5 に示した曲げ-軸力の相互作用図をもとにして安全性の検討を行う。曲線は，部材係数 γ_b を 1.15 とした場合の，設計耐力用の相互作用を示している。なお，設計曲げモーメントと設計軸方向力との比 M_d/N'_d が非常に小さい場合には，施工誤差の影響が大きいことを考慮して中心軸方向力を受ける場合は部材係数を 1.3 としているので，設計耐力は点 A とする。

設計軸方向力 N'_d（または N_d）と設計曲げモーメント M_d を受ける場合，構造物係数を γ_i とし，$\gamma_i N'_d$ および $\gamma_i M_d$ が曲線内にあれば部材は安全とみなされる。これは，偏心量 $e=M_d/N'_d$ を一定として求めた設計曲げ耐力 M_{ud} が次式を満足することを確かめることによって行うことができる。

$$\gamma_i \frac{M_d}{M_{ud}} \leqq 1.0$$

なお，断面高さ h に対する偏心量 e の比 e/h が 10 以上の場合，軸方向力の影響は小さいので，その影響を無視し，曲げのみを受ける部材として断面耐力を算定してよい。

演　習　問　題

〔**5.1**〕　外径 500 mm，有効断面の直径 $d_{sp}=400$ mm のらせん鉄筋柱において，らせん鉄筋として D13 を 50 mm ピッチで配置した場合の軸方向抵抗荷重の増加量 N'_{osp} を求めよ。なお，らせん鉄筋の引張降伏強度の特性値は $f_{pyk}=295$ N/mm^2 とする。

〔**5.2**〕　$b=300$ mm，$h=500$ mm，$d=420$ mm，$d'=50$ mm の複鉄筋長方形断面を有する部材に曲げと軸方向圧縮力が作用したときの安全性について，以下の問いに従い検討せよ。なお，$A_s=$4D22，$A'_s=$3D19 とする。また，$f'_{ck}=24$ N/mm^2，$f_{yk}=f'_{yk}=295$ N/mm^2 とし，安全係数はそれぞれ，$\gamma_c=1.3$，$\gamma_s=1.0$，$\gamma_b=1.1$，$\gamma_i=1.1$ とする。

（1）　コンクリートの上縁から断面図心までの距離 y_0 を求めよ。

（2）　釣合状態における軸方向圧縮耐力 N'_b，曲げ耐力 M_b および偏心量 e_b を求めよ。

（3）　$N'_d=280$ kN，$M_d=170$ kN·m が作用するときの破壊形式（引張破壊，コンクリートの圧縮破壊など）を検討せよ。

（4）　設計曲げ耐力 M_{ud} を求めよ。

（5）　断面破壊に対する安全性を照査せよ。

6章 せん断力を受ける部材の耐力

◆本章のテーマ

部材に荷重を作用させると，曲げモーメントとせん断力の２種類が生じる。曲げにより破壊する場合には，比較的，じん性のある破壊を生じる。一方，せん断により破壊する場合には，脆性的な破壊を生じる。そこで，設計にあたっては，せん断破壊を生じないように設計を行う。本章では，せん断力が作用したときの応力状態，せん断破壊の発生機構，せん断破壊を防止するためのせん断補強鉄筋の配置方法について説明する。

◆本章の構成（キーワード）

6.1　はり部材に生じる応力と耐荷機構

せん断応力，斜めひび割れ，せん断スパン，斜め引張破壊，せん断圧縮破壊

6.2　棒部材のせん断補強

せん断補強鉄筋，折曲げ鉄筋，スターラップ，修正トラス理論

6.3　面部材の押抜きせん断

スラブ，押抜きせん断破壊，限界断面

◆本章を学ぶと以下の内容をマスターできます

☞　部材に発生するせん断応力

☞　せん断破壊機構とせん断補強鉄筋の設計方法

☞　はり等，棒部材の設計せん断耐力の算定方法

☞　スラブ等，面部材の押抜きせん断破壊機構と設計せん断耐力の算定方法

6.1　はり部材に生じる応力と耐荷機構

6.1.1　せん断応力

はりなどの一般的な棒部材を考えると，断面力として**曲げモーメント**（bending moment）Mと，**せん断力**（shear force）Vが作用する。

図6.1（a）は，はり部材において微小距離dlだけ離れて曲げモーメントがdMだけ変化している2断面の応力状態を表している。中立軸からyだけ上の位置から上側の力の釣合いを考えると，コンクリートの圧縮応力だけでは釣合いが取れない。そこで，図（b）のように面abcdに，別途，応力が作用することになる。この応力を**せん断応力**（shear stress）τ_vと呼ぶ。なお，鉛直面にも水平せん断応力と同じ大きさのせん断応力が作用する。水平方向の力の釣合いから

$$\int_y^x \left(\sigma'_{cy} + d\sigma'_{cy}\right) dA = \int_y^x \sigma'_{cy} dA + \tau_v b_y dl$$

$$\tau_v b_y dl = \int_y^x d\sigma'_{cy} dA = \frac{d\sigma'_c}{x} \int_y^x y dA = \frac{d\sigma'_c}{x} G_y$$

ここで，G_yは中立軸からyだけ上の位置より外側の断面の中立軸に関する断面一次モーメント。

一方，$\sigma'_c = (M/I_i)x$であり

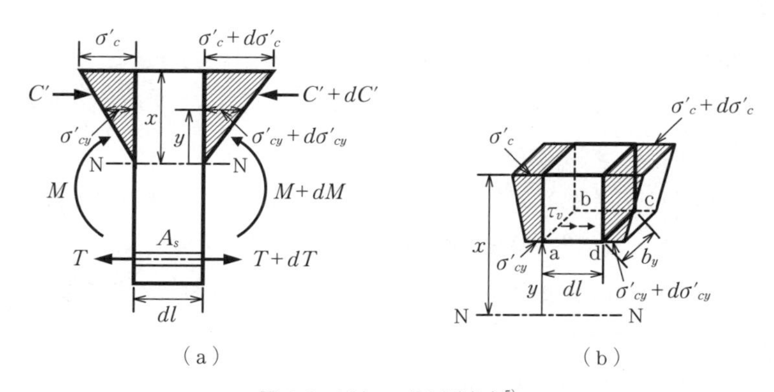

図6.1　はりのせん断応力[5)]

$$\frac{d\sigma'_c}{dl}=\frac{x}{I_i}\frac{dM}{dl}$$

したがって

$$\tau_v=\frac{G_y}{b_y I_i}\frac{dM}{dl}=\frac{G_y V}{b_y I_i} \tag{6.1}$$

ここであらためて**図 6.2** の微小領域 dA を考える。一般に軸方向応力（σ_x, σ_y），せん断応力 τ_{xy} による主応力 σ_I は式(6.2) で表される。

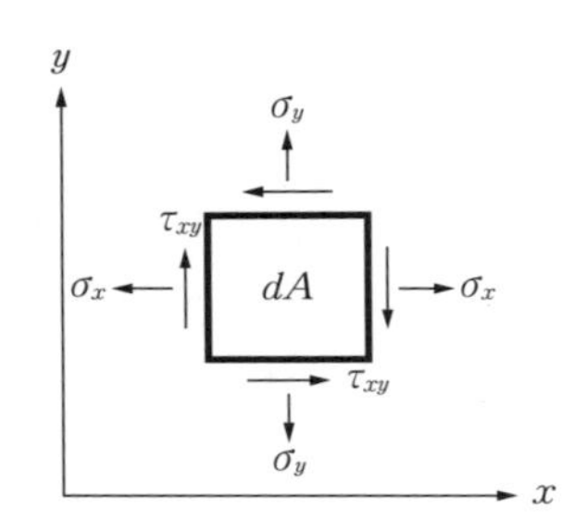

図 6.2　微小領域における軸方向応力とせん断応力

$$\sigma_I=\frac{1}{2}(\sigma_x+\sigma_y)\pm\sqrt{\frac{1}{4}(\sigma_x-\sigma_y)^2+\tau_{xy}{}^2} \tag{6.2}$$

また，主応力，すなわち主引張応力および主圧縮応力が作用する方向（軸線となす角）θ は

$$\tan 2\theta=\frac{2\tau_{xy}}{(\sigma_x-\sigma_y)}$$

なお，鉄筋コンクリートはりの場合には $\sigma_y=0$ であり，上記の式 (6.2) は一般に斜め引張応力に対して

$$\sigma_I=\frac{\sigma}{2}+\sqrt{\frac{\sigma^2}{4}+\tau^2},\quad \tan 2\theta=\frac{2\tau}{\sigma}$$

で表すことができる。

はり部材について考えると，つぎの三つの状態が特徴的である。

① はりの中立軸においては，$\sigma=0$ である。したがって，$\sigma_I=\tau$，$\theta=45°$ となる。

② 単純ばりの支点付近では，曲げモーメントが小さく（軸方向応力：小），相対的にせん断応力が大きいので，$\sigma_I≒\tau$，$\theta=45°$ となる。

③ 単純ばりの支間中央付近では，軸方向応力が相対的に大きくなるので，$\sigma_I≒\sigma$，$\theta=90°$ となる。

なお，鉄筋コンクリートの設計においては，中立軸以下のコンクリートの引張応力は無視すると仮定しており，$\sigma=0$ となることから，中立軸以下の引張部における斜め引張応力は一様に $\sigma_I=\tau$ となる。すなわち，はりの軸と 45° の方向に，大きさがせん断応力 τ に等しい引張応力 τ が作用することになる。斜め引張応力の値が大きくなると，斜め引張応力の方向と直角方向に**斜めひび割れ**（diagonal crack）が発生してせん断破壊を生じるので，斜め引張応力を負担する**せん断補強鉄筋**（diagonal reinforcement）を配置することが必要となる。

等分布荷重が作用する長方形断面のはり部材における主応力線図の一例を**図 6.3** に示す。

実際，鉄筋コンクリートはりでは，**図 6.4** に示すような斜めひび割れが発生する。

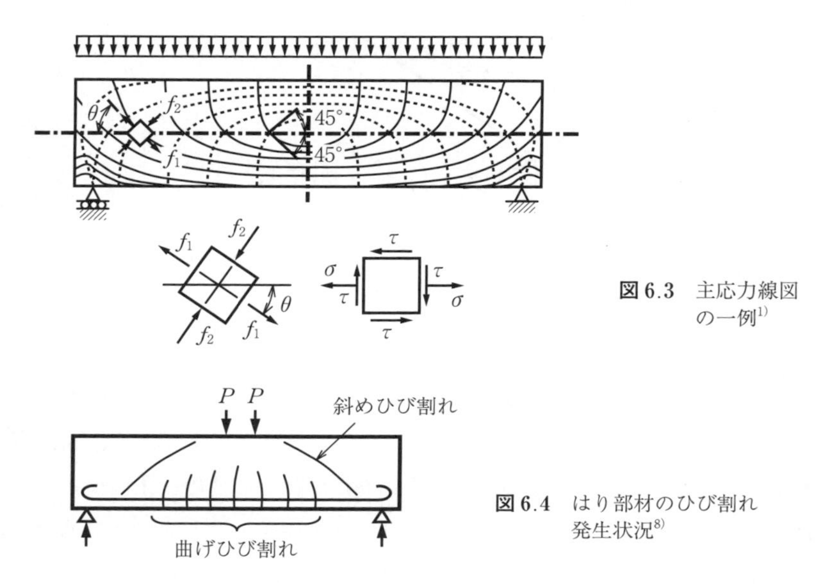

図 6.3　主応力線図の一例[1)]

図 6.4　はり部材のひび割れ発生状況[8)]

6.1.2　はり部材の破壊形式

実際のはり部材は，支間（スパン），断面形状，鉄筋配置状況などがまちまちで，はり部材の破壊形式は，それらの影響を受ける。評価指標の一つとして，有効高さ d に対する**せん断スパン**（shear span）a の比であるせん断スパン有効高さ比 a/d がある。なお，せん断スパンは，単純支持のはり部材に集中荷重が作用した場合の載荷点と支点の距離である。

以下では，基本的な破壊モードとして，〔1〕曲げ破壊，〔2〕斜め引張破壊，〔3〕せん断圧縮破壊の三つを取り上げる。

なお，a/d が小さくなると斜めひび割れが生じやすいといえる。

図 6.5 に，2点集中荷重を受ける，せん断補強鉄筋を配置しない鉄筋コンクリート長方形断面はりの破壊形式，および耐力と a/d との関係を示す。図に示すように，一般に，$a/d=6$ 程度以上で曲げ破壊を，また，それ以下では**せん断破壊**（shear failure）を生じる。

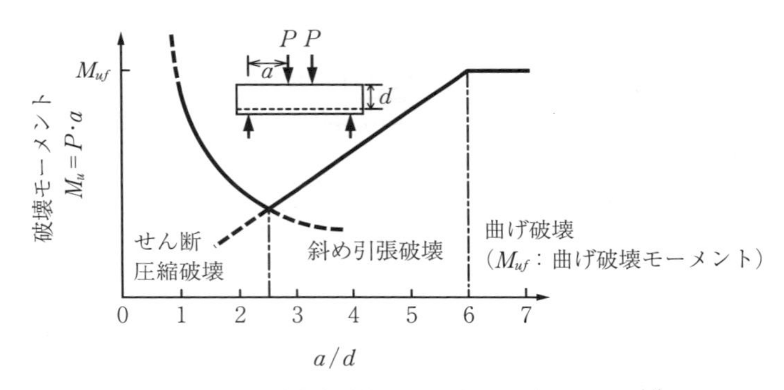

図 6.5　せん断破壊形式および耐力と a/d との関係[1)]

〔1〕 **曲げ破壊**（flexural failure）

これは，十分に細長い通常の RC はりに見られる破壊形式である。鉛直方向に曲げひび割れが発生し，その後，引張鉄筋が降伏して曲げ引張破壊となる。なお，過鉄筋の場合には，圧縮側コンクリートの圧縮破壊が先行して曲げ圧縮破壊となる。a/d が十分に大きいため，作用荷重 P とせん断スパン a の積であるモーメントが大きくなり，結果的にせん断力 V の影響が小さく，斜めひび割れ（せん断ひび割れ）の発生以前に破壊が生じる。

〔2〕 **斜め引張破壊**（diagonal tensile failure）

せん断スパンが比較的短い場合（集中荷重では，$a/d=2.5\sim6.0$ 程度），せん断耐力が曲げ耐力より小さいため，せん断破壊を生じることとなる。この場合，曲げひび割れは発生するが，はり腹部から発達する 1 ～数本の斜めひび

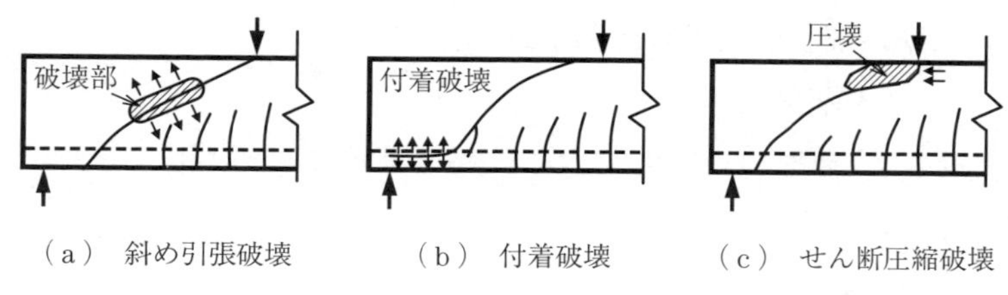

（a） 斜め引張破壊　（b） 付着破壊　（c） せん断圧縮破壊

図 6.6 せん断破壊の形態[8)]

割れにより，急激に耐力を失う（**図 6.6**（a））。

なお，せん断補強筋がない場合や，補強量が少なくすぐに降伏する場合には，斜めひび割れから引張鉄筋に沿った水平ひび割れを生じる付着破壊をともなうことが多い（図 6.6（b））。

〔3〕 **せん断圧縮破壊**（shear-compressive failure）

せん断スパンがさらに短く $a/d=1\sim2.5$ 程度の場合，せん断圧縮破壊となる。この場合も斜めひび割れがまず発生するが，さらに大きい荷重を受けることができる。これは部材の抵抗機構がはりから引張鉄筋をタイとするタイドアーチに移行するためであり，最終的にはアーチリブに相当する圧縮側コンクリートの載荷点近傍が圧縮破壊する（図 6.6（c））。

また，これらの破壊形式は，a/d のほか，せん断補強筋量，主鉄筋量，軸方向力，断面形式，荷重形式などの影響を受ける。

6.2 棒部材のせん断補強

曲げを受ける部材の鉄筋降伏にともなう破壊は，一般に終局に至るまでの変形が大きい。しかし，せん断力による破壊は，変形が小さいまま急激に耐力を失う。特に，せん断補強鉄筋のない部材においては，コンクリートに斜めひび割れが発生すると同時に破壊を生じる。そこで，適当なせん断補強鉄筋を配置する。これにより部材のせん断耐力を十分に確保することができ，ねばりのある曲げ破壊が先行するよう設計することができる。

6.2.1　せん断補強鉄筋がある場合の耐荷機構

〔1〕　せん断補強鉄筋

理屈としては，部材の設計せん断耐力と作用荷重による設計せん断力とを構造物係数も考慮して比較し，せん断破壊を生じないと判断されれば，せん断の検討は終了である。しかし，斜めひび割れをともなうせん断破壊は急に発生し，また脆性的である。せん断破壊が起きたならば重大な事故につながる。したがって，計算上，安全であるとの結果が得られたとしても，用心のために最小量の鉄筋を配置し，安全性の向上を図るのが一般的である。なお，コンクリート自体のせん断抵抗のみでは耐力が不足するという検討結果が出た場合は，当然ながら，鉄筋で適切に補強してせん断抵抗を高めなければならない。

せん断抵抗を高める鉄筋をせん断補強鉄筋，または斜め引張鉄筋という。

せん断補強鉄筋としては，**図6.7**のように，折曲鉄筋とスターラップがある。**折曲鉄筋**（bent-up bar）は，せん断補強用としてわざわざ配置するものではない。作用モーメントによる曲げ引張応力を受け持たせるため，はりの断面の下のほうに引張鉄筋を配置している。曲げ応力は，曲げモーメントに比例する。例えば，**図6.8**（a）のように等分布荷重が作用したはりを考えると，曲げモーメントは図（b）となり，中央において最大で，支点に向かうにしたがって減少する。そのため，曲げ応力も中央で大きく，支点の近くでは小さい。引張鉄筋量は，まず，最大応力となる中央断面を対象に決める。一方，支点の近くでは，図（c）のせん断力図のように，せん断力が大きく，せん断破壊を生じる危険性がある。そこで曲げに抵抗するために配置していた鉄筋の一

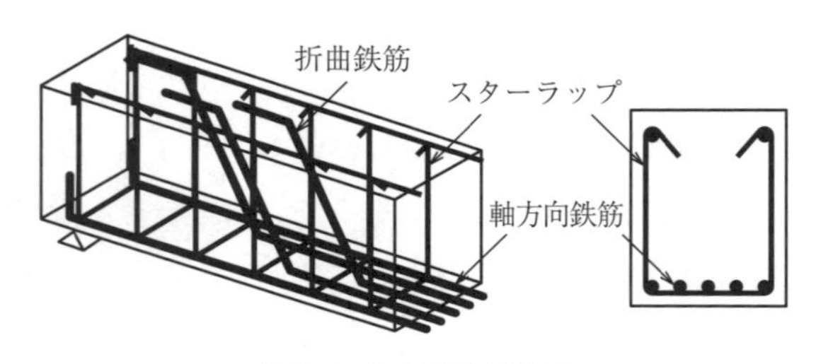

図6.7　せん断補強鉄筋

部を，途中で折り曲げ，せん断に抵抗させることを考える。これは合理的であり経済的である。なお，図（d）に示すように，折曲鉄筋は斜めひび割れに効率的に働くよう，一般に45°の角度で曲げ上げる。

はりの場合に用いられるもう一つのせん断補強鉄筋としてスターラップがあり，馬などのあばらに似ていることから，あばら筋と呼ぶこともある。折曲鉄筋の場合とは異なり，**スターラップ**（stirrup）はせん断補強のためにあらたに配置する鉄筋で，**図6.9**（c）のように鉛直方向に配置する。

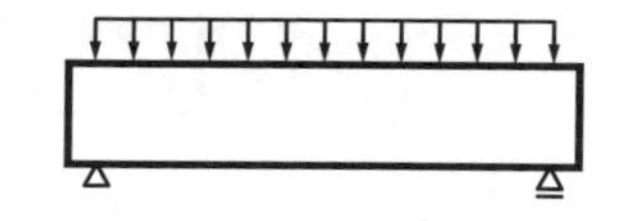

（a）等分布荷重が作用したはり

（b）曲げモーメント図

（c）せん断力図

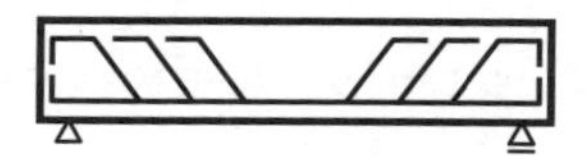

（d）折曲鉄筋の配置図

図6.8　折曲鉄筋の配置の考え方[3)]

図（a）は，せん断補強鉄筋を用いない場合であり，はりは斜め引張応力により脆性的に破壊する。図（b）のように折曲鉄筋を配置すれば，折曲鉄筋は斜め引張応力を受け持ち抵抗する。図（c）のスターラップの場合は，方向が45°相違するものの，引張応力の鉛直成分に見合うだけ斜め引張応力を受け持つことになる。

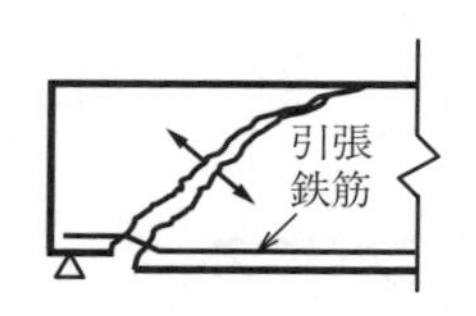

（a）補強鉄筋なし

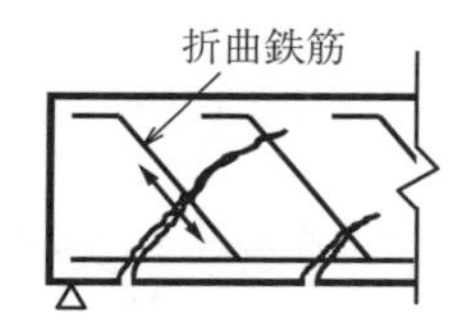

（b）折曲鉄筋を配置

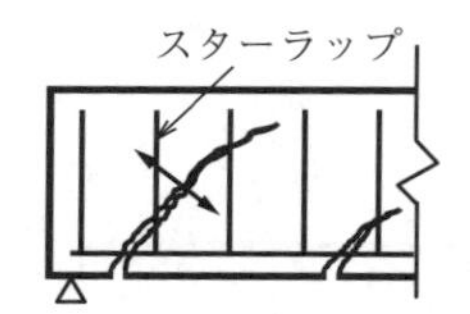

（c）スターラップを配置

図6.9　せん断補強鉄筋の効果[3)]

〔2〕修正トラス理論によるはり部材のせん断耐荷力の算定

せん断補強鉄筋によるせん断耐力の向上効果は，**トラス理論**（truss theory）を用いて説明される。せん断補強鉄筋の挙動を理解するために通常用いられるのが，**図6.10**に示すハウトラスとワーレントラスである。トラスには曲げ

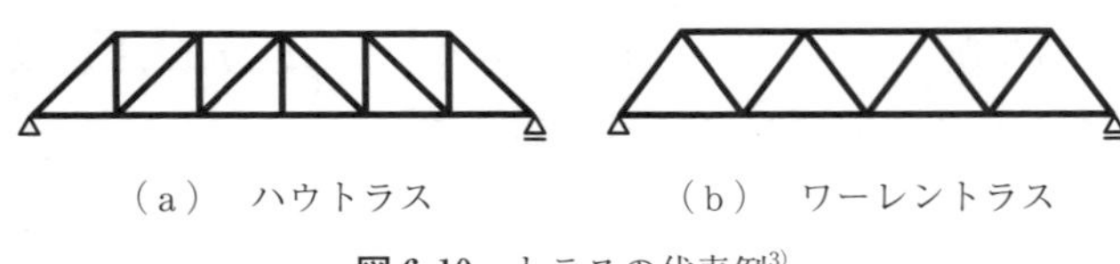

図 6.10　トラスの代表例[3)]

モーメントやせん断力は作用せず，軸力だけが発生する。

せん断補強鉄筋を配置したはりに，斜めひび割れが発生した状況を模式的に示したのが，**図 6.11**（a）および（b）である。図（a）はスターラップを，図（b）は折曲鉄筋を配置した場合である。はり内部で，コンクリートおよび鉄筋は，荷重を分担し合い，それぞれの働きがトラスの各部材の働きとして表現される。そして，スターラップを用いた場合はハウトラスに，折曲鉄筋では，ワーレントラスにモデル化する。

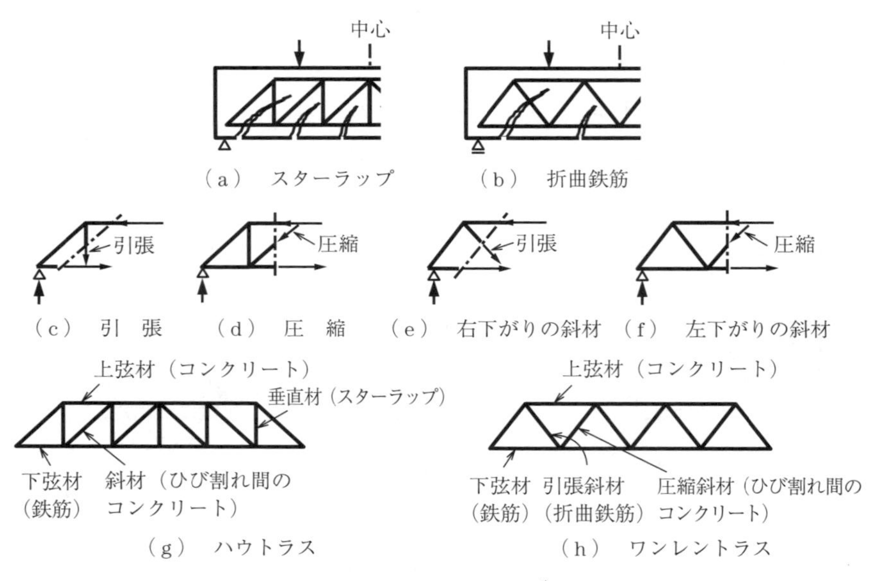

図 6.11　トラスモデル[3)]

トラスの各部材に作用する軸力には，圧縮と引張がある。図（c）および図（d）はハウトラスに注目している。トラスを一点鎖線で切断し，左側の力の釣合いを考えると，上弦材の軸力は圧縮，下弦材は引張となる。

図（c）において，支点には荷重に見合った反力が作用し，方向は垂直で上向きである。これと釣り合う力がなければならないが，上弦材も下弦材も軸力は水平のみである。したがって，垂直材が反力と釣り合うことになり，向きは下向きで，引張となる。

図（d）の場合，斜材の軸力は，反力と釣り合うために下向きでなければならず，斜材には圧縮の軸力が作用することになる。同様にして，図（e）および図（f）ではワーレントラスの斜材に注目しており，右下がりの斜材では引張の軸力，左下がりの斜材では圧縮の軸力となる。

あらためて見てみると，トラスの各部材ははりの各要素を置き換えたものであり，図（g）および図（h）で示される。圧縮材としての上弦材は圧縮側コンクリートに，引張材としての下弦材は引張の主鉄筋に該当する。

ハウトラスである図（g）の場合，垂直材はその方向から，垂直に配置されるスターラップに相当する。ハウトラスの垂直材には，引張の軸力が作用することから，スターラップは引張を受け持つことになる。この場合の引張とは斜め引張応力である。ハウトラスの斜材は圧縮材であり，斜めひび割れ間のコンクリートに相当する。

一方，ワーレントラスである図（h）の場合，はりの左半分の右下がりの斜材は折曲鉄筋に相当し，斜め引張応力を受け持つ引張材となる。左下がりの斜材は，斜めひび割れ間のコンクリートである。なお，はりの右半分は，これとは逆で考えればよい。

6.2.2　棒部材の設計せん断耐力

せん断補強鉄筋を有する棒部材（はりなど）の終局せん断耐力 V_u は，せん断補強鉄筋の効果を無視した部材断面そのもののせん断耐力（コンクリートにより負担されるせん断耐力）V_c とせん断補強鉄筋により負担されるせん断耐力 V_s の和とする累加法に基づき，式 (6.3) により計算される。

$$V_u = V_c + V_s \tag{6.3}$$

土木学会コンクリート標準示方書では，せん断補強鉄筋を有する棒部材の設計せん断耐力 V_{yd} の算定式として，式 (6.4) を定めている。

$$V_{yd}=V_{cd}+V_{sd} \tag{6.4}$$

ただし，$p_w \cdot f_{yd}/f'_{cd} \leqq 0.1$ とするのがよい。

なお，V_{cd}：せん断補強鉄筋を用いない棒部材の設計せん断耐力であり，式 (6.5) を用いて求める。

$$V_{cd}=\beta_d \cdot \beta_p \cdot f_{vcd} \cdot b_\omega \cdot d/\gamma_b \tag{6.5}$$

ここに，$f_{vcd}=0.20\sqrt[3]{f'_{cd}}$ (N/mm^2)，ただし，$f_{vcd} \leqq 0.72\,\mathrm{N/mm^2}$　$\beta_d=\sqrt[4]{1000/d}$ (d : mm)　ただし，$\beta_d>1.5$ となる場合は 1.5 とする。$\beta_p=\sqrt[3]{100p_v}$　ただし，$\beta_p>1.5$ となる場合は 1.5 とする。b_ω：腹部の幅，d：有効高さ，p_v：引張鉄筋比（$=A_s/(b_\omega \cdot d)$），γ_b：部材係数（一般に 1.3）。

なお，軸方向力を受ける RC 部材の設計せん断耐力は，原則，非線形有限要素解析等によって算定するが，橋脚等のように軸方向圧縮応力度がコンクリートの圧縮強度に対して小さい部材では，式 (6.5) の V_{cd} を一部修正した式 (6.6)（β_n を考慮）を用いてよい。

$$V_{cd}=\beta_d \cdot \beta_p \cdot \beta_n \cdot f_{vcd} \cdot b_w \cdot d/\gamma_b \tag{6.6}$$

ここに

$\beta_n=1+2M_0/M_{ud}$（$N'_d \geqq 0$ の場合）ただし，$\beta_n>2$ となる場合は 2 とする。

　$=1+4M_0/M_{ud}$（$N'_d<0$ の場合）ただし，$\beta_n<0$ となる場合は 0 とする。

N'_d：設計軸方向圧縮力，M_{ud}：軸方向力を考慮しない純曲げ耐力，M_0：設計曲げモーメント M_d に対する引張縁において，軸方向力によって発生する応力を打ち消すのに必要な曲げモーメント。

V_{sd}：せん断補強鉄筋（せん断補強用緊張材は考慮しない場合）が受け持つ設計せん断耐力で，式 (6.7) より算定する。

$$V_{sd}=\frac{A_w f_{wyd}(\sin\alpha_s+\cos\alpha_s)z/s_s}{\gamma_b} \tag{6.7}$$

ここに，s_s：せん断補強鉄筋の配置間隔，A_w：区間 s におけるせん断補強鉄筋の総断面積，f_{wyd}：せん断補強鉄筋の設計降伏強度で，$25f'_{cd}$〔N/mm^2〕と 800

N/mm^2 のいずれか小さい値を上限とする。α_s：せん断補強鉄筋が部材軸となす角度，z：圧縮応力の合力の作用位置から引張鋼材図心までの距離で，一般に $z=d/1.15$ としてよい。$p_w=A_w/(b_w \cdot s_s)$，γ_b：部材係数で，一般に 1.1 としてよい。

なお，設計せん断力 V_d は，部材高さが変化する場合，その影響を考慮した修正成分 $V_{hd}=(M_d/d)(\tan\alpha_c+\tan\alpha_t)$ を減じて算定する必要がある。ただし，M_d：設計せん断力作用時の曲げモーメント，d：有効高さ，α_c，α_t：それぞれ部材圧縮縁，引張縁が部材軸となす角度で，曲げモーメントの絶対値が増すに従って有効高さが増加する場合は正，減少する場合は負とする。

なお，設計せん断圧縮破壊耐力や腹部コンクリートのせん断に対する設計斜め圧縮破壊耐力については，コンクリート標準示方書等，関連図書を参照するとよい。

例題 6.1

$b=400$ mm，$d=650$ mm，$A_s=$5D25（SD295），$f'_{ck}=24$ N/mm^2 の長方形断面の設計せん断耐力 V_{cd} を求めよ。なお，安全係数は $\gamma_c=1.3$，$\gamma_s=1.0$，$\gamma_b=1.3$ とする。

解答

$$f'_{cd}=\frac{f'_{ck}}{\gamma_c}=\frac{24}{1.3}=18.5\ \mathrm{N/mm^2}$$

$$p_w=\frac{A_s}{b_w d}=\frac{2\,534}{400\times 650}=0.009\,75$$

$$\beta_d=\sqrt[4]{\frac{1000}{d}}=\sqrt[4]{\frac{1000}{650}}=1.114\quad(\beta_d<1.5)$$

$$\beta_p=\sqrt[3]{100p_w}=\sqrt[3]{100\times 0.009\,75}=0.992\quad(\beta_p<1.5)$$

$$f_{vcd}=0.2\sqrt[3]{f'_{cd}}=0.2\times\sqrt[3]{18.5}=0.529\ \mathrm{N/mm^2},\quad f_{vcd}\leqq 0.72\ \mathrm{N/mm^2}$$

$$V_{cd}=\beta_d\beta_p f_{vcd}b_w d/\gamma_b=1.114\times 0.992\times 0.529\times 400\times 650/1.3$$
$$=116.9\times 10^3\ \mathrm{N}=116.9\ \mathrm{kN}$$

■

例題 6.2

$b=650$ mm，$b_\omega=320$ mm，$t=140$ mm，$d=600$ mm，$A_s=8\text{D}25$（2段配置，SD390），$f'_{ck}=24\ \text{N/mm}^2$ の単鉄筋T形断面において，D13（SD345）のU形スターラップを 200 mm 間隔で配置した。設計せん断耐力 V_{yd} を求めよ。なお，安全係数は $\gamma_c=1.3$，$\gamma_s=1.0$，$\gamma_b=1.3$（コンクリート）または，1.1（鉄筋）とする。

解答

$$f'_{cd}=\frac{f'_{ck}}{\gamma_c}=\frac{24}{1.3}=18.5\ \text{N/mm}^2$$

$$p_w=\frac{A_s}{b_w d}=\frac{4\,054}{320\times600}=0.021\,11$$

$$\beta_d=\sqrt[4]{\frac{1000}{d}}=\sqrt[4]{\frac{1000}{600}}=1.136\quad(\beta_d<1.5)$$

$$\beta_p=\sqrt[3]{100p_w}=\sqrt[3]{100\times0.021\,11}=1.283\quad(\beta_p<1.5)$$

$$f_{vcd}=0.2\sqrt[3]{f'_{cd}}=0.2\times\sqrt[3]{18.5}=0.529\ \text{N/mm}^2,\quad f_{vcd}\leqq0.72\ \text{N/mm}^2$$

$$V_{cd}=\beta_d\beta_p f_{vcd}b_w d/\gamma_b=1.136\times1.283\times0.529\times320\times600/1.3$$
$$=113.9\times10^3\ \text{N}=113.9\ \text{kN}$$

スターラップは，D13（SD345）をU形に配置するので

$$f_{wyd}=\frac{f_{wyk}}{\gamma_s}=\frac{345}{1.0}=345\ \text{N/mm}^2$$

$$A_w=126.7\times2=253.4\ \text{mm}^2$$

$$z\fallingdotseq\frac{d}{1.15}=\frac{600}{1.15}=522\ \text{mm}$$

式(6.4)より

$$V_{sd}=\frac{A_w f_{wyd}(\sin\alpha_s+\cos\alpha_s)z/s_s}{\gamma_b}=\frac{253.4\times345\times1.0\times522/200}{1.1}$$
$$=207.4\times10^3\ \text{N}=207.4\ \text{kN}$$

したがって，(6.2)より

$$V_{yd}=V_{cd}+V_{sd}=113.9+207.4=321.3\ \text{kN}$$

6.2.3　せん断補強鉄筋の配置に関する設計規定

棒部材のせん断補強鉄筋に関して，つぎのような規定が設けられている。

① 直接支持された棒部材の場合，支承前面から断面全高さ h の 1/2 の区間では V_{yd} は検討しなくてもよい。ただし，この区間には支承前面から $h/2$ だけ離れた断面で必要とされる量以上のせん断補強鉄筋を配置する。

② スターラップと折曲鉄筋を併用する場合には，せん断補強鉄筋が受け持つべきせん断力の 1/2 以上をスターラップで受け持たせるものとする。

③ 最小鉛直スターラップ量 $A_{w\min}$ とその配置間隔 s：

$$\frac{A_{w\min}}{b_w s}=0.0015$$（ただし，$s \leqq 3/4d$，かつ $s \leqq 400$ mm，b_w：腹部幅）

④ 計算上せん断補強鉄筋が必要な場合のスターラップの最大間隔 $s_{\max}$：

$s_{\max} \leqq 1/2d$，かつ　$s_{\max} \leqq 300$ mm

また，計算上せん断補強鉄筋を必要とする区間の外側の有効高さ d に等しい区間にも，これと同量のせん断補強鉄筋を配置する。

6.3　面部材の押抜きせん断

6.3.1　押抜きせん断破壊機構

スラブ（slab）に局部的に集中荷重が作用する場合，**図 6.12** のように載荷部分を頂点としてコンクリートがコーン状に押し抜ける**押抜きせん断破壊**（punching shear failure）を生じる。

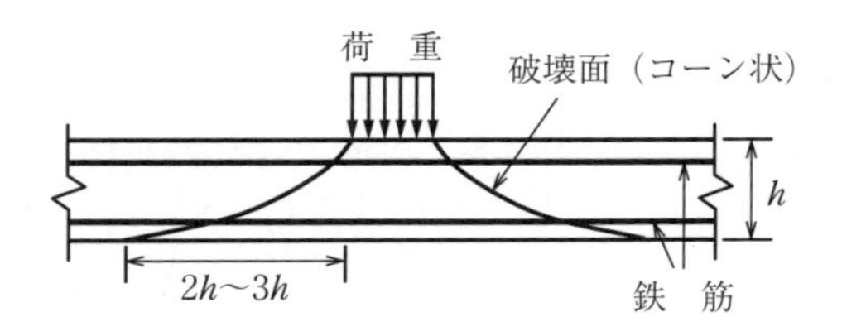

図 6.12　押抜きせん断による実際の破壊面[1)]

面部材は高次の不静定構造であり，その耐力を精度よく求めるのは難しい。そのため，一般には，**図 6.13**（a）のように載荷位置からスラブ厚さ t の 1/2 の

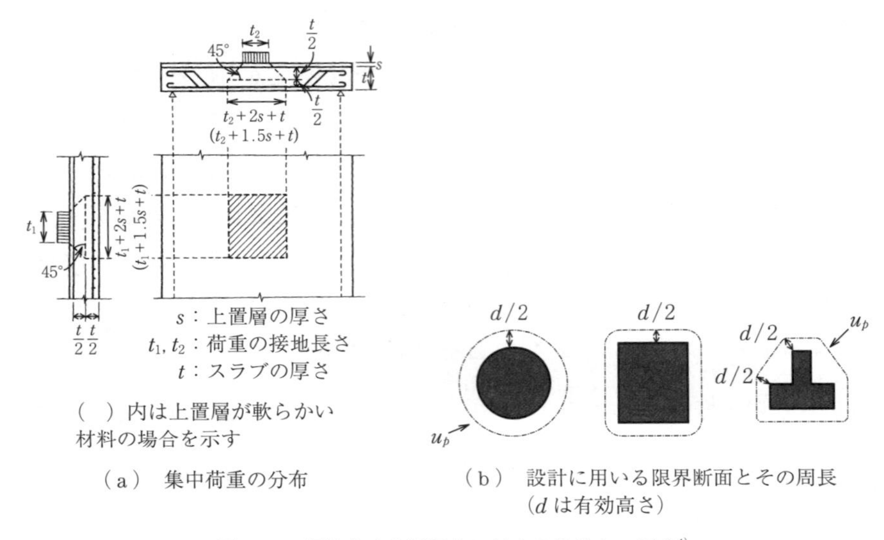

（a） 集中荷重の分布

（b） 設計に用いる限界断面とその周長（d は有効高さ）

図 6.13 押抜きせん断耐力に対する設計上の仮定[4)]

距離だけ離れ，荷重とスラブとの接触面に相似な形状を有する範囲を考える。

集中荷重（各辺の長さ t_1，t_2）がスラブに直接作用する場合には，(t_1+t) および (t_2+t)（t：スラブの厚さ）の辺長を有する長方形面上に，等分布荷重が作用するものとする。これは，荷重が 45° の傾きで分布するとした場合のスラブ中央平面における分布幅である。

コンクリートの上置層（厚さ s）がある場合は，荷重分布幅をそれぞれ (t_1+2s+t) および (t_2+2s+t) とする。

6.3.2 押抜きせん断耐力の算定

土木学会コンクリート標準示方書では，照査断面を仮定し，設計押抜きせん断耐力 V_{pcd} を式 (6.8) により求めることとしている。ただし，この式は載荷面が部材の自由縁や開口部から離れ，かつ，荷重の偏心が小さい場合に適用できるものであり，荷重が偏心して作用する場合には，曲げやねじりの影響を考慮する必要がある。

$$V_{pcd}=\frac{\beta_d \cdot \beta_p \cdot \beta_r \cdot f_{pcd} \cdot u_p \cdot d}{\gamma_b} \tag{6.8}$$

ここに，$f_{pcd}=0.20\sqrt{f'_{cd}}$〔N/mm^2〕　ただし，$f_{pcd} \leqq 1.2\,\mathrm{N/mm^2}$

$\beta_d=\sqrt[4]{\dfrac{1\,000}{d}}$　(d：mm)

ただし，$\beta_d>1.5$ となる場合は 1.5 とする。

$\beta_p=\sqrt[3]{100p_v}$　ただし，$\beta_p>1.5$ となる場合は 1.5 とする。

$\beta_r=1+\dfrac{1}{1+0.25u/d}$

f'_{cd}：コンクリートの設計圧縮強度〔N/ mm^2〕，u：載荷面の周長，u_p：載荷面から $d/2$ 離れた照査断面の周長（図 6.13（b）参照），d, p：有効高さおよび鉄筋比で，二方向の鉄筋に対する平均値とする。γ_b：部材係数で，一般に 1.3 としてよい。

なお，一方向スラブ（**図 6.14** 参照）で載荷面が自由縁に近い場合には，押抜きせん断耐力が低下する。この場合，有効幅を有する棒部材と考えて，6.2.2 項に基づき，棒部材の設計せん断耐力を算定するのがよい。

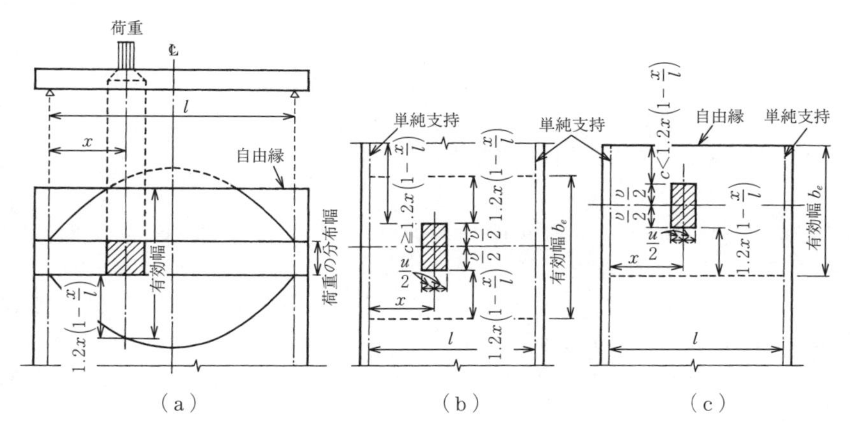

図 6.14　一方向スラブの有効幅[4)]

① $c \geqq 1.2x(1-x/l)$ の場合

$$b_e = v + 2.4x(1-x/l)$$

② $c < 1.2x(1-x/l)$ の場合

$$b_e = c + v + 1.2x(1-x/l)$$

ここに，c：集中荷重の分布幅の端からスラブ自由縁までの距離，x：集中荷重作用点から最も近い支点までの距離，l：スラブのスパン，u, v：荷重の分布幅。

演 習 問 題

〔**6.1**〕 $b=370$ mm，$d=650$ mm で，軸方向鉄筋 8D25（2 段で配置）が配置されている単鉄筋長方形断面ばりに設計せん断力 $V_d=250$ kN が作用するとして，以下の問いに答えよ。

ただし，せん断補強鉄筋としては，D13 鉄筋の U 形スターラップのみを使用し，スターラップの間隔 s_s は 250 mm とする。強度の特性値は $f'_{ck}=30$ N/mm^2，$f_{yk}=295$ N/mm^2 とする。なお，安全係数は，$\gamma_c=1.3$，$\gamma_s=1.0$，$\gamma_i=1.1$ とし，γ_b はコンクリートのせん断耐力 V_{cd} に対して 1.3，せん断補強鉄筋のせん断耐力 V_{sd} に対しては 1.1 とする。また，$z=d/1.15$ としてよい。

（1） コンクリートの設計せん断耐力 V_{cd} を求めよ。

（2） せん断補強鉄筋のせん断耐力 V_{sd} を求めよ。

（3） せん断に対する安全性を照査せよ。

〔**6.2**〕 $b=800$ mm，$b_\omega=370$ mm，$t=110$ mm，$d=600$ mm，$A_s=$8D25 の単鉄筋 T 形断面について，以下の問いに答えよ。

なお，$f'_{ck}=24$ N/mm^2 とし，鋼材はすべて $f'_{yk}=295$ N/mm^2 とする。また，安全係数は，$\gamma_c=1.3$，$\gamma_s=1.0$，$\gamma_b=1.1$，$\gamma_i=1.1$ とする。

（1） $f'_{ck}=24$ N/mm^2 のときの，コンクリートが負担する設計せん断耐力 V_{cd} を求めよ。

（2） 設計せん断力 $V_d=300$ kN が作用するとき，D16 の U 形スターラップを配置するとすれば，その配置間隔 s_s をいくらにすればよいか。

7章 ねじりを受ける部材の耐力

◆本章のテーマ

部材は，荷重の作用状態によっては，曲げやせん断のほか，ねじりを受ける場合がある。ねじりによるひび割れはらせん状に生じる。本章では，ねじりを受けたときのねじりせん断応力の状態，ひび割れ特性を紹介し，あわせて，はり部材の挙動，ねじりによる破壊を防止するための補強設計法を説明する。

◆本章の構成（キーワード）

7.1　ねじりひび割れ

　　ねじりせん断応力，純ねじりモーメント，ねじりひび割れ

7.2　ねじりに対する設計の基本事項

　　釣合ねじり，変形適合ねじり，ねじり補強鉄筋，ねじり有効断面積

7.3　純ねじりに対する耐力算定式

　　ねじり係数，立体トラス理論，斜め曲げ理論，せん断流

◆本章を学ぶと以下の内容をマスターできます

☞　ねじりひび割れの発生機構

☞　純ねじりを受ける部材の耐力算定方法

☞　ねじりによる破壊を防止するための補強設計法

7.1 ねじりひび割れ

7.1.1 ねじりせん断応力

図7.1にねじり（torsion）またはせん断力を受ける部材のひび割れの形態を示す。

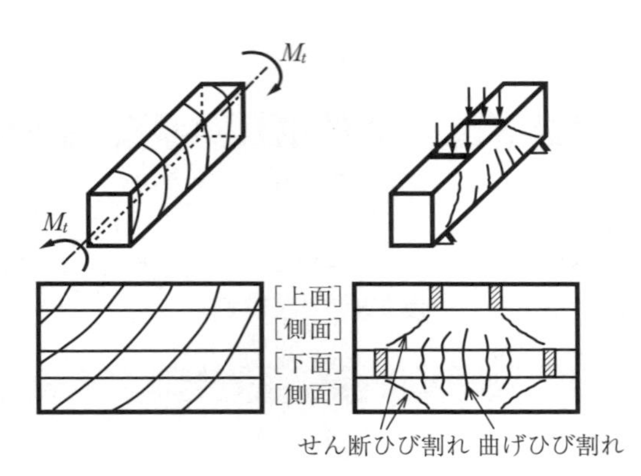

（a） ねじりひび割れ　　（b） せん断ひび割れ

図7.1　ねじりひび割れとせん断ひび割れ[1)]

材料が弾性体で，**純ねじりモーメント**（pure torsional moment）M_t が作用する長方形断面（図7.1（a））を考えると，**図7.2**（a）のように，最外縁で最大値 τ_{max} となる直線分布のせん断応力 τ が発生する。弾性体でない場合は曲線状の分布となる。

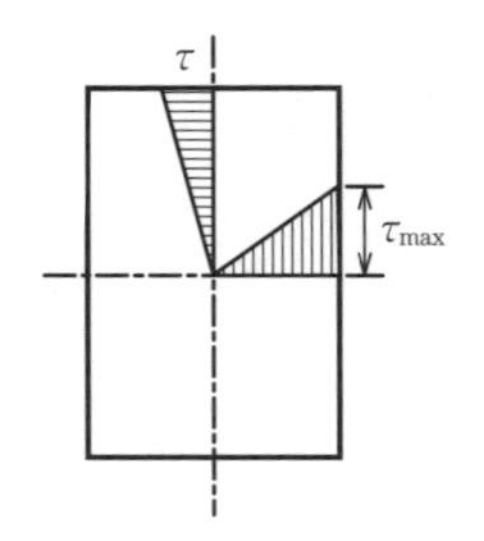

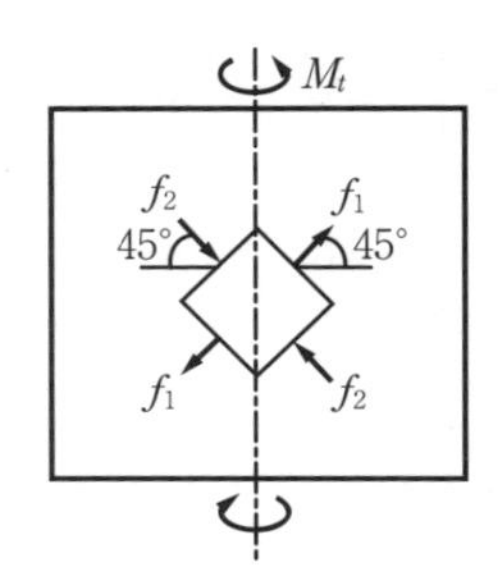

（a） 純ねじりによるせん断応力度 τ の分布　　（b） 純ねじりによる主応力度

図7.2　はり部材のねじり[1)]

このせん断応力度τにより，図7.2（b）に示すように部材軸と45°方向で，その大きさがともにτの主引張応力度f_1と主圧縮応力度f_2が発生する。

この主引張応力度，すなわち斜め引張応力度は，図7.1のように，断面の相対する2面でτの符号が異なり，部材軸と45°の角度のらせん状のひび割れが形成されることになる。なお，図7.1（b）は集中荷重を受ける部材で，曲げひび割れ，せん断ひび割れが図のように発生する。

7.1.2　ねじりを受ける鉄筋コンクリートはり部材の挙動

ねじり作用によってらせん状のひび割れが発生すると，コンクリートのねじり抵抗が急激に減少し，無補強のコンクリート部材ではひび割れの発生とともに脆性的に破壊する。

鉄筋コンクリート部材でも，ねじりひび割れ発生耐力に対する鉄筋の影響は小さく，せん断ひび割れの場合と同様，ねじりひび割れが発生した後に，そのひび割れの拡大を鉄筋により抑制して脆性的な破壊を防ぐ。

ひび割れの発生形態から考えると，ねじりに対する補強鉄筋は部材軸に対して45°のらせん状に配置するのが効果的である。しかし，現実的にはそのように配筋するのは困難であり，一般に，軸方向鉄筋とそれを取り囲むように軸直角方向に配置した横方向鉄筋の組合わせによって補強する。

7.2　ねじりに対する設計の基本事項

構造設計でねじり作用を取り扱う場合，つぎの二つを区別する必要がある。

① 釣合ねじり：構造系全体における力の釣合条件を維持するために，ある部材が抵抗しなければならないねじりモーメントである。このモーメントを無視すると構造全体の安定が成り立たない。したがって，所要のねじり耐力を有するように設計する必要がある（**図7.3**（a），（b））。

② 変形適合ねじり：不静定構造物に生じ，主として構造物の弾性範囲における変形に影響を与える。ただし，コンクリート部材のねじり剛性は，ね

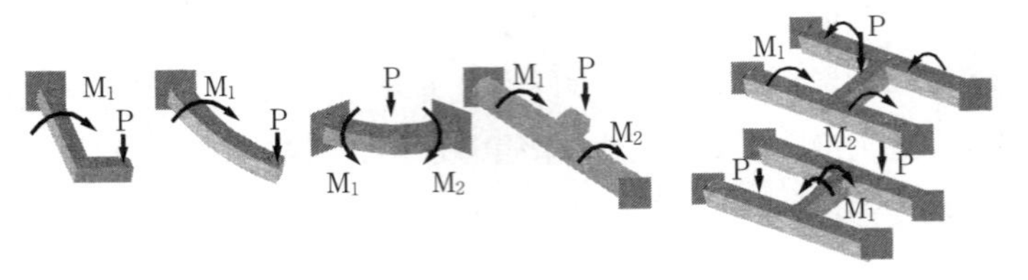

（a） 釣合ねじり（静定構造）　（b） 釣合ねじり（不静定構造）　（c） 変形適合ねじり（不静定構造）

図 7.3　釣合ねじりと変形適合ねじりの例[4)]

じりによる斜めひび割れや塑性変形がコンクリートに生じると大幅に低下するため，不静定構造物のコンクリート部材がこのような状態に達した場合には，その部材に作用するねじりモーメントは非常に小さくなる。したがって，終局限界状態では力の釣合計算において変形適合ねじりを無視できる（図 7.3（c））。

土木学会コンクリート標準示方書では，ねじりに対する安全性の照査は釣合ねじりに対して行うよう規定しているが，設計ねじりモーメント M_{td} とねじり補強鉄筋のない場合の設計ねじり耐力 M_{tud} が，式 (7.1) を満足する場合には，ねじり補強鉄筋のある場合の設計ねじり耐力の照査を省略してよい，としている。

$$\gamma_i \cdot M_{td} / M_{tud} \leqq 0.5 \tag{7.1}$$

ただしこの場合，式 (7.2)，(7.3) の最小ねじり補強鉄筋を**図 7.4** のように配置しなければならない。

$$\text{軸方向鉄筋量}\quad \sum A_{tl} = M_{tud} \cdot u / (3 \cdot A_m \cdot f_{ld}) \tag{7.2}$$

$$\text{横方向鉄筋量}\quad A_{tw} = M_{tud} \cdot s / (3 \cdot A_m \cdot f_{wd}) \tag{7.3}$$

ここに，M_{tud}：ねじり補強鉄筋のない場合の設計ねじり耐力，A_m：ねじり有効断面積（長方形断面；$b_0 d_0$，円形および円環断面；$\pi d_0^2/4$），f_{ld}, f_{wd}：軸方向鉄筋および横方向鉄筋の設計降伏強度，s：ねじり補強鉄筋として有効に作用する横方向鉄筋の軸方向間隔，u：横方向鉄筋の中心線の長さ（長方形断面；$2(b_0 + d_0)$，円形および円環断面；πd_0）。

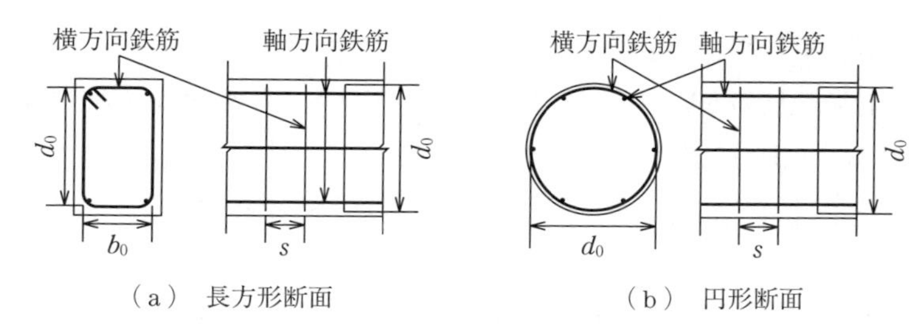

（a）　長方形断面　　　　（b）　円形断面

図 7.4　ねじり補強鉄筋の配置[4)]

7.3　純ねじりに対する耐力算定式

ねじりを受ける部材の力学的現象は複雑であり，それを理解するには曲げならびにせん断の挙動を理解した上で達成されるといっても過言でない。本書では，コンクリート構造の重要な力学特性であるねじりを，既往の図書類をも活用して簡潔に示すこととする。

7.3.1　ねじり補強鉄筋のない部材

〔1〕　基本的な考え方

ねじりひび割れ発生前におけるひずみ量は小さいので，鉄筋により分担されるねじり抵抗は，コンクリート断面のそれと比較すると一般に無視できる。したがって，ひび割れ発生前については，鉄筋の影響を無視したコンクリート断面に弾性理論式を適用する。

ねじりによる斜め引張応力度 f_1（$=\tau_{max}$）がコンクリートの引張強度 f_t に達してひび割れが発生するときのねじりモーメント M_{tc} が，ねじり補強鉄筋のないはり部材の**純ねじり耐力**（pure torsional capacity）と考えられ，式 (7.4) で表される。

$$M_{tc} = K_t f_t \tag{7.4}$$

〔2〕 **設　計　式**

ねじり補強鉄筋のない棒部材がねじりモーメントのみを受ける場合の設計ねじり耐力 M_{tud} は式 (7.5) で計算される。

$$M_{tud} = M_{tcd} = \frac{\beta_{nt} \cdot K_t \cdot f_{td}}{\gamma_b} \tag{7.5}$$

ここに，K_t：ねじり係数，β_{nt}：プレストレス力などの軸方向圧縮力に関する係数

$$\beta_{nt} = \sqrt{1 + \frac{\sigma'_{nd}}{1.5 f_{td}}}$$

f_{td}：コンクリートの設計引張強度（$= f_{tk}/\gamma_c$，引張強度の特性値 f_{tk}，材料係数 γ_c），σ'_{nd}：軸方向力による作用平均圧縮応力度，ただし，$7f_{td}$ を超えてはならない。γ_b：一般に 1.3 としてよい。

7.3.2 ねじり補強鉄筋のある部材

〔1〕 **基本的な考え方**

ねじりひび割れ発生後の耐荷機構のモデル化には，立体トラス理論によるものと斜め曲げ理論によるものとがある。

立体トラス理論（space truss theory）は，らせん状ひび割れが形成された状態を，軸方向鉄筋を弦材，横方向鉄筋を鉛直材，斜めひび割れ間のコンクリートを圧縮弦材と仮想した立体トラスに類似させ，力の釣合条件からねじり耐力を算定する方法である。

斜め曲げ理論（skew bending theory）は，部材軸に対して傾斜した破壊面を仮定するもので，破壊面を横切る鉄筋に作用する力と破壊面に作用するコンクリートの圧縮力の釣合いからねじり耐力を算定する方法である。

立体トラス理論による場合，ねじり補強鉄筋の降伏によるねじり耐力の算定が容易に行えることから，土木学会コンクリート標準示方書では，立体トラス理論に基づいた設計方法を規定している。

以下では，厚さ t の薄肉箱形断面の部材に終局ねじりモーメント M_{tu} が作用

する場合を考える。**ねじりひび割れ**（torsional crack）が発生した後は，**図 7.5** に示すような立体トラスが形成されると仮定する。中実断面を仮想の薄肉箱形断面に置き換え，ねじり補強鉄筋のまわりに一定のせん断流が生じるものとする。

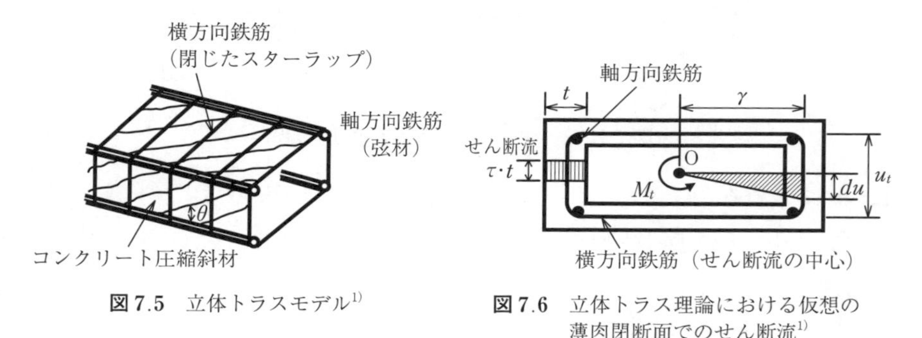

図 7.5　立体トラスモデル[1)]

図 7.6　立体トラス理論における仮想の薄肉閉断面でのせん断流[1)]

図 7.6 に示すように，横方向鉄筋を断面中心線とする微小要素 du におけるせん断力は，**せん断流**（shear flow）の仮想厚さ t の場合，$(\tau \cdot t)\ du$ となる。また，中心点 O のまわりのモーメントは

$$dM_t = (\tau \cdot t) du \cdot r \tag{7.6}$$

ただし，r：点 O から断面中心線までの鉛直距離。

そして，断面中心線の全長 u にわたって積分することで，式 (7.7) に示すように，ねじりモーメント M_t が求められる。

$$M_t = (\tau \cdot t) \int_0^u r du \tag{7.7}$$

なお，積分項 rdu は，微小三角形である斜線部の 2 倍（断面中心線を囲む面積の 2 倍）を表している。したがって，せん断流とねじりモーメント M_t の関係は式 (7.8) になる。

$$\tau \cdot t = \frac{M_t}{2A_m} \tag{7.8}$$

ここで，A_m：ねじり有効断面積（断面中心線を囲む面積）。

このせん断流（$\tau_{tu} \cdot t$）と釣合う立体トラス各材の断面力を**図 7.7** に示す 1 面

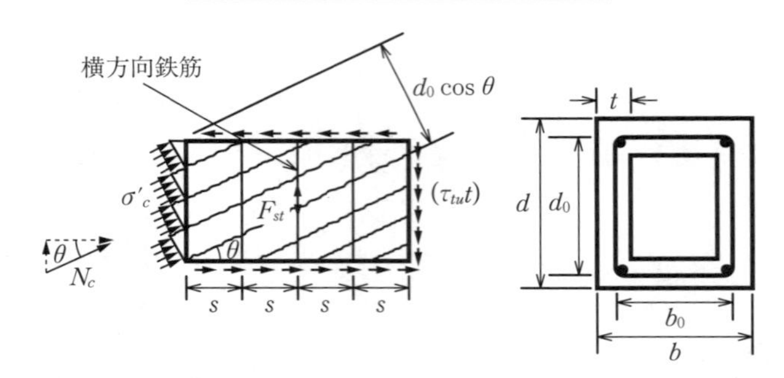

図 7.7　ねじりを受ける場合の各断面力[1)]

について求める。

コンクリートの圧縮斜材応力 σ'_c および，その合力 N_c は，式 (7.9)，(7.10) から求まる。

$$N_c \sin\theta = (\tau_{tu} \cdot t) d_0 \tag{7.9}$$

$$\sigma'_c = \frac{N_c}{t d_0 \cos\theta} = \frac{M_{tu}}{2A_m t} \cdot \frac{1}{\sin\theta \cdot \cos\theta} \tag{7.10}$$

横方向鉄筋の配置間隔を s，傾斜角を θ とすると，ひび割れ面を横切る横方向鉄筋は $d_0 \cdot \cot\theta / s$ 本となる。1 本の横方向鉄筋に作用する引張力 F_{st} は，鉛直方向の力の釣合条件

$$F_{st} \frac{d_0 \cot\theta}{s} = (\tau_{tu} \cdot t) d_0$$

より，式 (7.11) で求められる。

$$F_{st} = (\tau_{tu} \cdot t) s \cdot \tan\theta = \frac{M_{tu} \cdot s}{2A_m} \tan\theta \tag{7.11}$$

一方，軸方向鉄筋の全引張力 F は N_c の水平分力と釣り合い，式 (7.12) で表される。

$$F = N_c \cos\theta = \frac{M_{tu}}{2A_m} d_0 \cot\theta \tag{7.12}$$

したがって，断面の 4 面についての軸方向鉄筋の引張力 R は，式 (7.13) より

$$R = \sum F = \frac{M_{tu}}{2A_m} \cot\theta \sum d_0 = \frac{M_{tu} \cdot u}{2A_m} \cot\theta \tag{7.13}$$

ここに，u $(=2(b_0+d_0))$ は断面中心線の全長を表す。

圧縮弦材であるコンクリートが圧壊する前に，軸方向鉄筋および横方向鉄筋のすべてが降伏してねじり破壊が起こるものと仮定して M_{tu} を求める。

ここで，横方向鉄筋 1 本の断面積を A_w，降伏強度を f_{wy}，軸方向鉄筋の全断面積を A_l，降伏強度を f_{ly} とし，A_l は断面の周に沿って均等に配置しているものとすると，式 (7.11)，(7.13) においてそれぞれ，$F_{st}=A_w f_{wy}$，$R=A_l f_{ly}$ とすることで M_{tu} が求まる。

$$M_{tu}=2A_m\left(\frac{A_w}{s}\right)f_{wy}\cot\theta \tag{7.14}$$

$$M_{tu}=2A_m\left(\frac{A_l}{u}\right)f_{ly}\tan\theta \tag{7.15}$$

したがって，以下の基本式となる。

$$M_{tu}=2A_m\sqrt{\frac{A_l f_{ly}}{u}\cdot\frac{A_w f_{wy}}{s}} \tag{7.16}$$

$$\tan\theta=\sqrt{\frac{A_w f_{wy}}{s}\cdot\frac{u}{A_l f_{ly}}}$$

〔2〕 設　計　式

（1） 設計斜め圧縮破壊耐力

ねじり補強鉄筋の降伏前に斜め圧縮力によりコンクリートが圧壊する破壊形式は，脆性的であり適当でない。そのため，ねじり補強鉄筋量を釣合鉄筋量以下に制限することでこのような破壊を防止する。

土木学会コンクリート標準示方書では，ねじりに対する設計斜め圧縮破壊耐力 M_{tcud} として式 (7.17) を示している。

$$M_{tcud}=\frac{K_t\cdot f_{wcd}}{\gamma_b} \tag{7.17}$$

ここに，$f_{wcd}=1.25\sqrt{f'_{cd}}$〔N/mm^2〕ただし，$f_{wcd}\leqq 9.8$ N/mm^2，f'_{cd}：コンクリートの設計圧縮強度〔N/mm^2〕，K_t：ねじり係数（**表 7.1**）

γ_b：一般に 1.3 としてよい。

（2） 設計ねじり耐力

① 長方形，円形および円環断面

表 7.1　ねじりに関する諸係数[4)]

断面形状	K_t	備　考
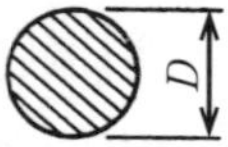	$\dfrac{\pi D^3}{16}$	
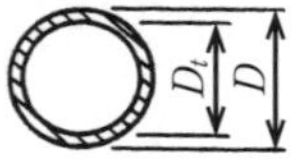	$\dfrac{\pi\left(D^4-D_t^4\right)}{16D}$	
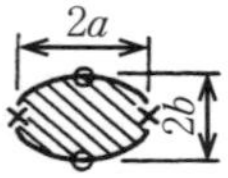	○点　$\pi ab^2/2$ ×点　$\pi a^2b/2$	
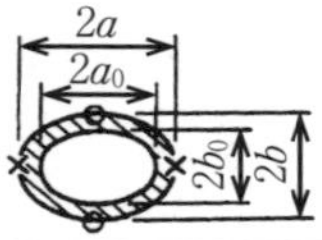	○点　$\pi ab^2(1-q^4)/2$ ×点　$\pi a^2b(1-q^4)/2$	$q=a_0/2$ $=b_0/2$
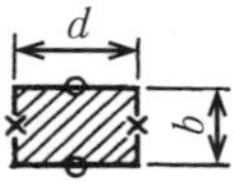	○点　b^2d/η_1 ×点　$b^2d/(\eta_1\eta_2)$	$\eta_1=3.1+\dfrac{1.8}{d/b}$ $\eta_2=0.7+\dfrac{0.3}{d/b}$
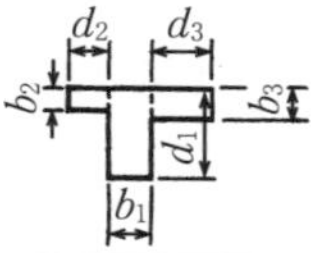 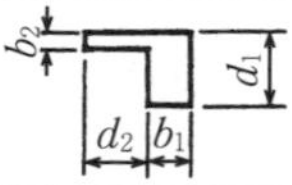	$\sum\dfrac{b_i^2 d_i}{\eta_{1i}}$ b_i，d_i はそれぞれ分割した長方形断面の短辺の長さおよび長辺の長さとする。	長方形への分割はねじり剛性が大きくなるような分割とする。
	$2A_mt_i$	A_m は壁厚中心で囲まれた面積，t_i はウェブ厚
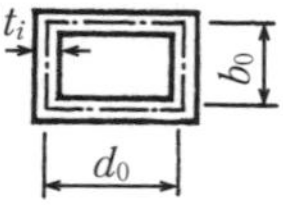	箱形断面の K_t は中空断面として求めるのが原則である。ただし，部材の厚さとその厚さ方向の箱形断面の全幅との比が 0.15 を超える場合は中実断面とみなして K_t を求めるのがよい。	

長方形，円形および円環断面の設計ねじり耐力 M_{tyd} は，式 (7.18) により求めてよい。

$$M_{tyd}=\frac{2A_m\sqrt{q_w\cdot q_l}}{\gamma_b} \tag{7.18}$$

ここに，A_m：ねじり有効断面積（長方形断面：b_0d_0，円形および円環断面：$\pi d_0^2/4$)，b_0：横方向鉄筋の短辺の長さ，d_0：長方形断面の場合は横方向鉄筋の長辺の長さ，円形および円環断面の場合は横方向鉄筋で取り囲まれているコンクリート断面の直径。

$$q_w = \frac{A_{tw} \cdot f_{wd}}{s}$$

$$q_l = \frac{\sum A_{tl} \cdot f_{ld}}{u}$$

ΣA_{tl}：ねじり補強鉄筋として有効に作用する軸方向鉄筋の断面積，A_{tw}：ねじり補強鉄筋として有効に作用する横方向鉄筋1本の断面積，f_{ld}, f_{wd}：軸方向鉄筋および横方向鉄筋の設計降伏強度，s：横方向鉄筋の軸方向間隔，u：横方向鉄筋の中心線の長さ（長方形断面：$2(b_0+d_0)$，円形および円環断面：πd_0)，γ_b：一般に1.3としてよい。

ただし，$q_w \geqq 1.25q_l$ の場合には $q_w = 1.25q_l$ とし，$q_l \geqq 1.25q_w$ の場合には $q_l = 1.25q_w$ とする。

②　その他の断面

T，L，およびI形断面を有する部材の設計ねじり耐力は，断面を長方形に分割して M_{tyd} を求め，それらの総和としてよい。なお，計算にあたっては，いくつかの条件があるので注意が必要である。また，箱形断面についてはつぎのとおりとする。すなわち，壁厚とその厚さ方向の箱形断面の全幅との比の最小値が1/4以上の場合，中実断面とみなして設計する。1/4未満の場合には，式(7.19)により設計ねじり耐力を求める。

$$M_{tyd} = 2A_m (V_{odi})_{\min} \tag{7.19}$$

ここに，A_m：箱形断面の壁厚中心線で囲まれる面積（ねじり有効断面積)，$(V_{odi})_{\min}$：各壁の単位長さ当りの面内せん断耐力の最小値。

箱形断面において壁厚が薄い場合，壁厚方向にねじりせん断応力が一様に生じるとしたせん断流理論が適用できるものと考えられる。そして，箱形断面の各壁には，ねじりせん断流による面内せん断力が作用することから，各壁の面内せん断耐力を求め，箱形断面としてのねじり耐力を求めることになる。

（3） 組合わせ断面力に対する耐力算定法

曲げモーメントとねじりモーメントが同時に作用する部材，あるいは，せん断力とねじりモーメントが同時に作用する部材に関しては，耐力の相関関係式が種々提案されている。

土木学会コンクリート標準示方書では，それらを踏まえ，安全性照査の考え方を示している。

例題 7.1

$b=450$ mm，$d=650$ mm，$b_0=360$ mm，$d_0=560$ mm である長方形断面の部材において，軸方向には D16 の鉄筋（SD345）を 10 本，横方向には D16 の鉄筋（SD345）を閉合スターラップとして 200 mm 間隔で配置する場合，設計ねじり耐力を求めよ。ただし，$f'_{ck}=24$ N/mm^2 とし，安全係数は $\gamma_c=1.3$，$\gamma_s=1.0$，$\gamma_b=1.3$ とする。

解答

$$A_m=b_0\times d_0=360\times560=201\,600\ \mathrm{mm}^2$$

$$u=2(b_0+d_0)=2\times(360+560)=1\,840\ \mathrm{mm}$$

横方向鉄筋 1 本の断面積 A_{tw} は

$$A_{tw}=\mathrm{D}\,16=198.6\ \mathrm{mm}^2,\quad f_{wd}=345\ \mathrm{N/mm}^2$$

軸方向鉄筋の総断面積 ΣA_{tl} は

$$\sum A_{tl}=10\mathrm{D}\,16=1\,986\ \mathrm{mm}^2,\quad f_{ld}=345\ \mathrm{N/mm}^2$$

$$q_w=\frac{A_{tw}\cdot f_{wd}}{s}=\frac{198.6\times345}{200}=342.6\ \mathrm{N/mm}$$

$$q_l=\frac{\sum A_{tl}\cdot f_{ld}}{u}=\frac{1\,986\times345}{1\,840}=372.4\ \mathrm{N/mm}$$

$q_w\geqq1.25q_l$ の場合には，$q_w=1.25q_l$，$q_l\geqq1.25q_w$ の場合には $q_l=1.25q_w$ とする必要があるが，今回は上記の計算値をそのまま使用する。

式 (7.18) より

$$M_{tyd}=\frac{2A_m\sqrt{q_w\cdot q_l}}{\gamma_b}=\frac{2\times201\,600\times\sqrt{342.6\times372.4}}{1.3}=110.8\times10^6\ \mathrm{N\cdot mm}$$

$$=110.8\ \mathrm{kN\cdot m}$$

ねじりに対する設計斜め圧縮破壊耐力 M_{tcud} を計算する。
表7.1より

$$K_t = 450^2 \times 650 / \{3.1 + 1.8 / (650/450)\} = 3.03 \times 10^7\ \mathrm{mm}^3$$

式 (7.17) より

$$M_{tcud} = \frac{K_t \cdot f_{wcd}}{\gamma_b} = 3.03 \times 10^7 \times 1.25\sqrt{24/1.3}/1.3 = 125.3 \times 10^6\ \mathrm{N \cdot mm}$$

$$= 125.3\ \mathrm{kN \cdot m}$$

なお，$f_{wcd} = 1.25\sqrt{f'_{cd}}$

以上より，$M_{tyd}(= 110.8\ \mathrm{kN \cdot m}) < M_{tcud}(= 125.3\ \mathrm{kN \cdot m})$ であるので，設計ねじり耐力は $M_{tyd} = 110.8\ \mathrm{kN \cdot m}$ となる。

■

演 習 問 題

〔**7.1**〕 $b = 450$ mm，$b_0 = 370$ mm，$d = 580$ mm，$d_0 = 500$ mm の長方形断面を有する部材の設計ねじり耐力を求めよ。なお，軸方向鉄筋は14D13，横方向鉄筋（閉合スターラップ）はD13を175 mm間隔で配置するものとする。また，$f'_{ck} = 24\ \mathrm{N/mm^2}$，$f_{yk} = 345\ \mathrm{N/mm^2}$ で，安全係数は $\gamma_c = 1.3$，$\gamma_s = 1.0$，$\gamma_b = 1.2$ とする。

8章 使用性の検討

◆本章のテーマ

コンクリート構造物は，一般に 50 年以上供用される。したがって，日常的に作用する荷重条件下において，ひび割れ幅を抑制して鋼材の腐食を防止し，耐久性を確保しなければならない。また，部材に生じる変位や変形が使用性に支障をきたすこともある。本章では，日常的に作用する荷重における断面内の応力算定法，剛性低下を踏まえた変位・変形算定法を説明する。また，耐久性を確保するための，環境条件を考慮した曲げひび割れ幅について紹介する。

◆本章の構成（キーワード）

◆本章を学ぶと以下の内容をマスターできます

☞ 日常的な荷重の作用時における曲げ応力ならびにせん断応力の算定方法

☞ 曲げひび割れ幅の算定方法

☞ ひび割れ進展を考慮した有効曲げ剛性とそれに基づく変位・変形の算定方法

8.1 ひび割れ幅の限界値

土木学会コンクリート標準示方書では，構造物の種類や要求性能をもとに，ひび割れ幅の限界値がいくつか規定されている。

(1) 鉄筋コンクリートの鋼材腐食に対するひび割れ幅の設計限界値は，0.005 c（c はかぶり〔mm〕）としてよい。ただし，0.5 mm を上限とする。

(2) プレストレストコンクリートの PC 鋼材の**腐食**（corrosion）に対するひび割れ幅の限界値は，PRC 構造の場合，一般に 0.004 c（c はかぶり）としてよい。なお，その他の鋼材のひび割れ幅の限界値は，一般的な鉄筋コンクリートと同様に，0.005 c としてよい。

(3) 一般的な鉄筋コンクリート構造，PRC 構造の桁では，外観に対するひび割れ幅の限界値は，0.3 mm 程度としてよい。

8.2 応 力 の 算 定

8.2.1 曲げ応力の算定

〔1〕 応力算定上の仮定

土木学会では，コンクリートの曲げ圧縮応力度および軸方向圧縮応力度の制限値を，永久荷重において，コンクリートの圧縮強度の特性値（＝設計基準強度）f'_{ck} の 40 %（永続作用），鉄筋の引張応力度の制限値を降伏強度の特性値 f_{yk} の値としている。なお，応力算定にあたっては，引張側のコンクリートにひび割れが発生しているものとして，つぎの仮定を設けている。

① 維ひずみは，断面の中立軸からの距離に比例する。

② コンクリートおよび鋼材は，弾性体とする。

③ コンクリートの引張応力は，一般に無視する。

④ コンクリートのヤング係数は，2 章の表 2.2 の値とする。鋼材のヤング係数は 200 kN/mm^2 とする。

曲げを受ける部材の断面破壊の限界状態に関する検討においても，同様の仮定を設けた。② 以外は，ここで示した仮定と同じである。使用性の検討では，断面破壊の限界状態の検討に比べて低い応力状態を対象にしており，① の仮定は，より現実的である。また，計算の簡素化のため，③ の仮定を適用する。

使用性の検討では，④ の仮定のように，鉄筋のヤング係数 E_s を種類に関係なく，200 kN/mm^2 とする。一方，コンクリートのヤング係数は，設計基準強度に対応させて，表 2.2 の値を用いる。鉄筋のヤング係数とコンクリートのヤング係数の比を，**ヤング係数比**（modular ratio）n と呼ぶ。鉄筋のヤング係数は一定とするので，ヤング係数比 n は，設計基準強度に応じて変化する。

なお，後述の許容応力度設計法では，鉄筋のヤング係数 E_s を 200 kN/mm^2，コンクリートのヤング係数 E_c を 13.3 kN/mm^2 とし，ヤング係数比を $n=15$ 一定とする。使用性の検討では，このヤング係数比が変化する点が違うだけで，応力の求め方は，基本的に同じである。

図 8.1 に長方形断面のはりを示す。曲げモーメントが正の場合，中立軸（N-N 軸）より上側のコンクリートには圧縮応力が発生する。仮定 ① に基づき，ひずみは中立軸からの距離 y に比例する。仮定 ② に従ってコンクリートを弾性体として取り扱うので，応力もまた中立軸からの距離に比例し，図 8.1 に示す応力分布となる。上縁のコンクリートの応力を σ'_c とすると，引張鉄筋の応力 σ_s と圧縮鉄筋の応力 σ'_s はつぎのように表される。

$$\sigma_s = n\sigma'_c \frac{d-x}{x}, \quad \sigma'_s = n\sigma'_c \frac{x-d'}{x}$$

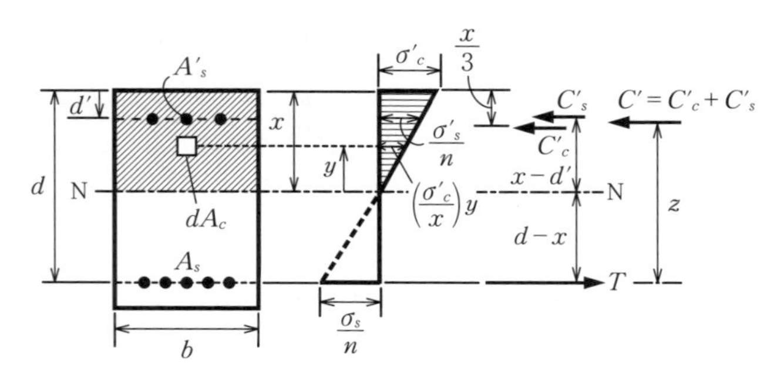

図 8.1　長方形はり断面の応力分布[5)]

ここで，n はヤング係数比（E_s/E_c）である。

コンクリートが負担する圧縮力 C'_c，圧縮鉄筋が負担する圧縮力 C'_s，および引張鉄筋が負担する引張力 T で水平方向の力の釣合いが保たれている。したがって

$$C'_c + C'_s - T = 0$$

中立軸から距離 y の位置のコンクリート応力 σ'_{cy} は

$$\sigma'_{cy} = \frac{\sigma'_c}{x} y$$

となり，この応力を受けるコンクリートの微小面積 dA を用いて，コンクリートの負担する圧縮力 C'_c はつぎのようになる。

$$C'_c = \int \frac{\sigma'_c}{x} y dA = \frac{\sigma'_c}{x} \int y dA = \frac{\sigma'_c}{x} G_c \tag{8.1}$$

ここで，G_c は中立軸より上側のコンクリートの中立軸に関する断面一次モーメント（$=bx^2/2$）である。

圧縮鉄筋の負担する圧縮力 C'_s および引張鉄筋の負担する引張力 T は

$$C'_s = \sigma'_s A'_s = \left(n\sigma'_c \frac{x-d'}{x}\right) A'_s = \frac{\sigma'_c}{x} n A'_s (x-d') = \frac{\sigma'_c}{x} n G'_s \tag{8.2}$$

$$T = \sigma_s A_s = \left(n\sigma'_c \frac{d-x}{x}\right) A_s = \frac{\sigma'_c}{x} n A_s (d-x) = \frac{\sigma'_c}{x} n G_s \tag{8.3}$$

ここで，G'_s および G_s は圧縮鉄筋および引張鉄筋の中立軸に関する断面一次モーメントである。また，$C'_c + C'_s - T = 0$ であるので

$$\frac{\sigma'_c}{x}\left(G_c + nG'_s - nG_s\right) = 0$$

すなわち

$$G_c + nG'_s - nG_s = 0 \tag{8.4}$$

この式を解くと中立軸の位置 x が求まる。

鉄筋はコンクリートの n 倍のヤング係数を有しているので，ひずみが同じであれば応力は n 倍となり，断面一次モーメントを n 倍して考える必要がある。

一方，C'_c，C'_s および T による中立軸に関するモーメントの和（内力のモー

メント）M_i はつぎのようになる。

$$M_i = C'_c \cdot \frac{2}{3}x + C'_s(x-d') + T(d-x)$$

$$= \frac{\sigma'_c}{x}\frac{bx^3}{3} + \frac{\sigma'_c}{x}nA'_s(x-d')^2 + \frac{\sigma'_c}{x}nA_s(d-x)^2$$

$$= \frac{\sigma'_c}{x}\left(I_c + nI'_s + nI_s\right) = \frac{\sigma'_c}{x}I_i$$

ここで，I_c，I'_s および I_s は，中立軸より上側のコンクリート，圧縮鉄筋および引張鉄筋の中立軸に関する断面二次モーメントである。

モーメントの釣合条件より，内力のモーメント M_i は作用荷重による曲げモーメント M に等しく，$M_i = M$ である。すなわち

$$\frac{\sigma'_c}{x}I_i = M \tag{8.5}$$

したがって次式となる。

$$\sigma'_c = \frac{M}{I_i}x$$

なお，$M = C'z = Tz$ であり，式 (8.1)，(8.3)，(8.5) より

$$z = \frac{I_i}{nG_s} = \frac{I_i}{G_c} \tag{8.6}$$

〔2〕 単鉄筋長方形断面

曲げモーメントにより引張応力が生じる側のみに鉄筋を配置したものを単鉄筋断面という。以下では，長方形断面を有する鉄筋コンクリート部材について述べる。

（1） 中立軸の算定

圧縮側上縁から中立軸までの距離を x，引張鉄筋の図心までの距離を d（有効高さ），鉄筋の総断面積を A_s で表すこととする（**図 8.2**）。

式 (8.4) より

$$G_c - nG_s = 0$$

$$\frac{bx^2}{2} - nA_s(d-x) = 0$$

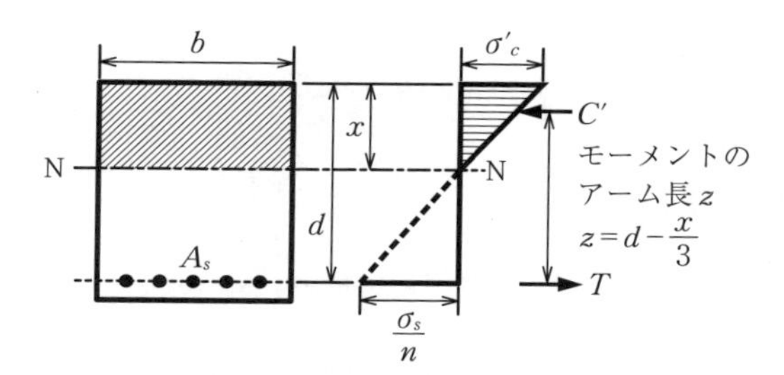

図 8.2　単鉄筋長方形断面の応力分布

これを x について解けば

$$x=\frac{nA_s}{b}\left(-1+\sqrt{1+\frac{2bd}{nA_s}}\right) \tag{8.7}$$

ここで，$p=A_s/(bd)$（**鉄筋比**（reinforcement ratio））を導入し，$x=kd$ とすれば

$$k=\sqrt{2pn+(pn)^2}-pn \quad (\text{中立軸比}) \tag{8.8}$$

となる。したがって，断面の形状と寸法，配置する鉄筋量が決まれば，中立軸位置は計算できることがわかる。

（2）　応 力 算 定

曲げモーメント M が作用した場合の，圧縮側上縁のコンクリート応力 σ'_c および鉄筋の応力 σ_s は，中立軸に関する断面二次モーメントを I_i として，以下のように表される。

$$\sigma'_c=\frac{M}{I_i}x \tag{8.9}$$

$$\sigma_s=n\frac{M}{I_i}(d-x) \tag{8.10}$$

ここで，$I_i=bx^3/3+nA_s(d-x)^2$ である。

なお，$M=C'\cdot z$ より次式となる。

$$\left.\begin{aligned} M&=\frac{bx}{2}\sigma'_c\left(d-\frac{x}{3}\right) \\ \sigma'_c&=\frac{2M}{bx\left(d-\frac{x}{3}\right)} \end{aligned}\right\} \tag{8.11}$$

また，$M=T\cdot z$ より次式となる。

$$\left.\begin{aligned} M &= A_s \cdot \sigma_s \cdot \left(d - \frac{x}{3}\right) \\ \sigma_s &= \frac{M}{A_s\left(d - \frac{x}{3}\right)} \end{aligned}\right\} \tag{8.12}$$

例題 8.1

$b = 400$ mm，$d = 700$ mm，$A_s = 5\text{D}29$（SD345），コンクリートの設計基準強度 $f'_{ck} = 24\ \text{N/mm}^2$ の単鉄筋長方形断面はりに，曲げモーメント $M = 200\ \text{kN}\cdot\text{m}$ が作用するとき，σ'_c および σ_s を求める。

解答

$f'_{ck} = 24\ \text{N/mm}^2$ であるので，表 2.2 より，$E_c = 25\ \text{kN/mm}^2$，また，$E_s = 200\ \text{kN/mm}^2$ であり，$n = 200/25 = 8.0$，$A_s = 3\,212\ \text{mm}^2$ より，$p = 3\,212/(400 \times 700) = 0.011\,47$，$pn = 0.011\,47 \times 8 = 0.091\,8$

式 (8.8) より

$$k = \sqrt{2 \times 0.091\,8 + 0.091\,8^2} - 0.091\,8 = 0.346$$

$$x = 0.346 \times 700 = 242\ \text{mm}$$

$$I_i = \frac{400 \times 242^3}{3} + 8 \times 3\,212 \times (700 - 242)^2 = 7.28 \times 10^9\ \text{mm}^4$$

式 (8.9) より

$$\sigma'_c = \frac{200 \times 10^6}{7.28 \times 10^9} \times 242 = 6.6\ \text{N/mm}^2$$

式 (8.10) より

$$\sigma_s = \frac{8 \times 200 \times 10^6}{7.28 \times 10^9} \times (700 - 242) = 101\ \text{N/mm}^2$$

また，$M = C' \cdot z$ から考えると

式 (8.11) より

$$\sigma'_c = \frac{2M}{bx\left(d - \frac{x}{3}\right)} = \frac{2 \times 200 \times 10^6}{400 \times 242 \times \left(700 - \frac{242}{3}\right)} = 6.6\ \text{N/mm}^2$$

式 (8.12) より

$$\sigma_s = \frac{M}{A_s\left(d - \frac{x}{3}\right)} = \frac{200 \times 10^6}{3\,212 \times \left(700 - \frac{242}{3}\right)} = 101\ \text{N/mm}^2$$

■

〔3〕 複鉄筋長方形断面

施工条件などで断面の有効高さが制限される場合や，荷重条件により曲げモーメントが正負に変化する場合においては，圧縮側にも鉄筋を配置した複鉄筋断面を用いる。

（1） 中立軸の算定

単鉄筋長方形断面の場合と同様に**図 8.3** において，中立軸に関する断面一次モーメントを0とすると

$$G_c + nG'_s - nG_s = 0$$

$$\frac{bx^2}{2} + nA'_s(x-d') - nA_s(x-d) = 0$$

これを x について解けば

$$x = \frac{n(A_s + A'_s)}{b}\left\{-1 + \sqrt{1 + \frac{2b(A_s d + A' d')}{n(A_s + A'_s)^2}}\right\} \qquad (8.13)$$

ここで，$p' = A'_s/(bd)$（圧縮鉄筋比）を導入して，$x = kd$ とすれば次式となる。

$$k = -n(p+p') + \sqrt{\{n(p+p')\}^2 + 2n\left(p + p'\frac{d'}{d}\right)} \qquad (8.14)$$

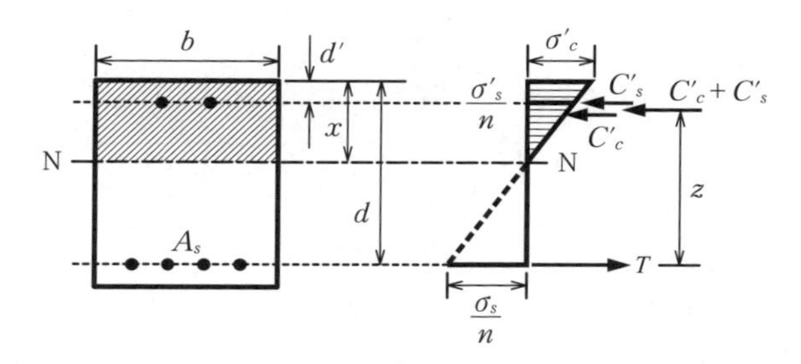

図 8.3 複鉄筋長方形断面

（2） 応 力 算 定

曲げモーメント M が作用した場合の，圧縮側上縁のコンクリート応力 σ'_c，引張鉄筋の応力 σ_s および圧縮鉄筋の応力 σ'_s は

$$\sigma'_c = \frac{M}{I_i}x \qquad (8.15)$$

$$\sigma_s = n\frac{M}{I_i}(d - x) \tag{8.16}$$

$$\sigma'_s = n\frac{M}{I_i}(x - d') \tag{8.17}$$

ここで，$I_i = bx^3/3 + nA'_s(x - d')^2 + nA_s(d - x)^2$ となる。

例題 8.2

曲げモーメント $M = 250$ kN·m が作用する複鉄筋長方形断面（$b = 400$ mm, $d = 700$ mm，$d' = 50$ mm，$h = 750$ mm，$A_s = 5\text{D}29$，$A'_s = 3\text{D}19$）における曲げ応力度 σ'_c，σ'_s および σ_s を求めよ。ただし，コンクリートの設計基準強度は $f'_{ck} = 30\ \text{N/mm}^2$ であり，鉄筋は引張および圧縮とも SD295 とする。

解答

鉄筋の断面積は，$A_s = 5\text{D}29 = 3\,212\ \text{mm}^2$，$A'_s = 3\text{D}19 = 859.6\ \text{mm}^2$

引張鉄筋比 $p = \dfrac{A_s}{bd} = 0.011\,47$，圧縮鉄筋比 $p' = \dfrac{A'_s}{bd} = 0.003\,07$，$f'_{ck} = 30\ \text{N/mm}^2$ より，$E_c = 28\ \text{kN/mm}^2$，したがって

$$n = \frac{E_s}{E_c} = 7.14$$

中立軸位置 x は，式 (8.13) より

$$x = \frac{n(A_s + A'_s)}{b}\left\{-1 + \sqrt{1 + \frac{2b(A_s d + A'd')}{n(A_s + A'_s)^2}}\right\}$$

$$= \frac{7.14(3\,212 + 859.6)}{400}\left\{-1 + \sqrt{1 + \frac{2 \times 400(3\,212 \times 700 + 859.6 \times 50)}{7.14(3\,212 + 859.6)^2}}\right\}$$

$$= 222.4\ \text{mm}$$

中立軸に関する換算断面二次モーメント I_i は

$$I_i = \frac{bx^3}{3} + nA'_s(x - d')^2 + nA_s(d - x)^2$$

$$= \frac{400 \times 222.4^3}{3} + 7.14 \times 859.6 \times (222.4 - 50)^2 + 7.14 \times 3\,212 \times (700 - 222.4)^2$$

$$= 6.88 \times 10^9\ \text{mm}^4$$

曲げ応力は，式 (8.15) ～ (8.17) より

$$\sigma'_c = \frac{M}{I_i}x = \frac{250 \times 10^6}{6.88 \times 10^9} \times 222.4 = 8.08\ \text{N/mm}^2$$

$$\sigma'_s = n\frac{M}{I_i}(x-d') = 7.14\times\frac{250\times10^6}{6.88\times10^9}\times(222.4-50) = 44.7\ \mathrm{N/mm^2}$$

$$\sigma_s = n\frac{M}{I_i}(d-x) = 7.14\times\frac{250\times10^6}{6.88\times10^9}\times(700-222.4) = 124\ \mathrm{N/mm^2}$$

■

〔4〕 単鉄筋T形断面

以上述べてきたように，耐力の算定にあたっては，中立軸より下のコンクリートは設計の段階では無視している。部材の幅が大きくなると，中立軸より下のコンクリートは部材の自重を増すほか，材料も増加することになる。したがって，引張側のコンクリートは，後述するせん断力に対して抵抗するのに必要な断面積を有し，引張鉄筋を所定の位置に配置して内力のモーメントに関係する z を確保できるよう，適当な幅とするのが合理的といえる。これらを考慮して，T形の断面とする場合がある。

（1） 中立軸の算定

図8.4における，フランジの幅 b を**有効幅**（effective width）とし，中立軸 x がフランジ厚 t より大きいと仮定し，中立軸に関する断面一次モーメントを0と置いて x を求める。なお，ウェブの圧縮領域のコンクリート［$b_w(x-t)$ 部分］はフランジ部に比べて面積が小さく，また応力も小さいので，それらの積である圧縮力を無視して計算するのが一般的である。すなわち，中立軸より上側のウェブ部分の圧縮域は，曲げ応力の算定にあたっては無視してよい。

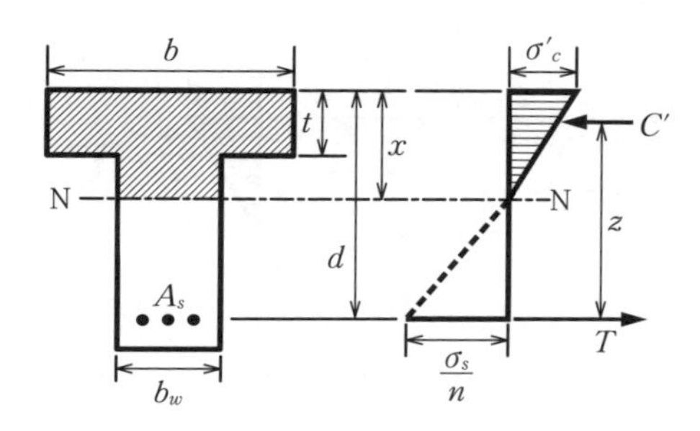

図8.4 単鉄筋T形断面

$$G_c - nG_s = 0$$

$$bt\left(x - \frac{t}{2}\right) - nA_s(d - x) = 0$$

これより，xを求めると

$$x = \frac{bt^2/2 + nA_s d}{bt + nA_s} \tag{8.18}$$

なお，上記の仮定より，$x>t$でなければならない。もし，$x \leqq t$であれば圧縮応力を受ける断面の形状が長方形であり，長方形断面として計算しなければならない。

（2） 応力算定

曲げモーメントMが作用した場合の，圧縮側上縁のコンクリート応力σ'_cおよび鉄筋の応力σ_sは，中立軸に関する断面二次モーメントをI_iとして以下のようになる。

$$\sigma'_c = \frac{M}{I_i}x \tag{8.19}$$

$$\sigma_s = n\frac{M}{I_i}(d - x) \tag{8.20}$$

ここで，$I_i = (b/3)\{x^3 - (x-t)^3\} + nA_s(d-x)^2$

〔5〕 複鉄筋T形断面

基本的には，単鉄筋の場合と同様に考えれば良い。ここでは，**図8.5**に示すような，複鉄筋T形断面を考える。

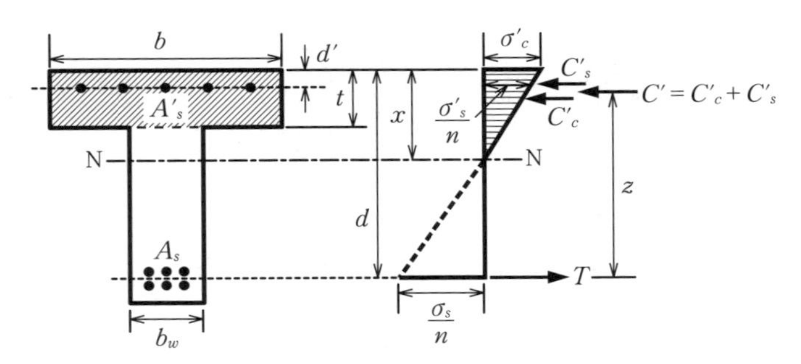

図8.5　複鉄筋T形断面の応力分布[5)]

（1） 中立軸の算定

ウェブの圧縮抵抗力を無視し，中立軸に関する断面一次モーメントを0とすると

$$G_c+nG'_s-nG_s=0$$

$$bt\left(x-\frac{t}{2}\right)+nA'_s(x-d')-nA_s(d-x)=0$$

であり，式を解いて x を求めると次式となる。

$$x=\frac{(bt^2/2)+n(A_sd+A'_sd')}{bt+n(A_s+A'_s)} \tag{8.21}$$

（2） 応 力 算 定

曲げモーメント M が作用した場合の，圧縮側上縁のコンクリート応力 σ'_c，引張鉄筋応力 σ_s および圧縮鉄筋応力 σ'_s は

$$\sigma'_c=\frac{M}{I_i}x \tag{8.22}$$

$$\sigma'_s=n\frac{M}{I_i}(x-d') \tag{8.23}$$

$$\sigma_s=n\frac{M}{I_i}(d-x) \tag{8.24}$$

であり，ここで $I_i=(b/3)\{x^3-(x-t)^3\}+nA'_s(x-d')^2+nA_s(d-x)^2$

8.2.2 せん断応力の算定

〔1〕 基 本 事 項

はりに作用する曲げモーメント M を距離 l で微分すると，せん断力 V が求まる（$dM/dl=V$）。すなわち，モーメントが変化する所にはせん断力が作用するといえる。

断面内に発生するせん断応力は，6章において以下のように表せることを示した。

$$\tau_v=\frac{G_y}{b_yI_i}\frac{dM}{dl}=\frac{G_yV}{b_yI_i} \tag{8.25}$$

〔2〕 長方形断面のせん断応力

長方形断面では断面の幅 b は一定であるので，単鉄筋の場合

$$G_y = \frac{b}{2}\left(x^2 - y^2\right)$$

$$\tau_v = \frac{\left(x^2 - y^2\right)V}{2I_i}$$

$$I_i = \frac{bx^3}{3} + nA_s(d - x)^2$$

である。これより，τ_v の最小値は $y = x$（断面の上縁）で生じ，最大値は $y = 0$（中立軸上）で生じる。それぞれの値は次のようになる。

$$\tau_{v\,\mathrm{min}} = 0, \quad \tau_{v\,\mathrm{max}} = \frac{Vx^2}{2I_i}$$

一方，中立軸より下側のコンクリートは無視するので，I_i および G_y に変化がなく

$$G_y = nG_s = nA_s\left(d - x\right)$$

となり，結局，中立軸より下側のせん断応力は τ の一定値となる。

なお

$$M = T \cdot z$$

$$T = n \cdot \frac{\sigma'_c}{x} \cdot G_s$$

$$\sigma'_c = \frac{M}{I_i}x$$

より

$$nG_s / I_i = 1/z$$

である。したがって

$$\tau_v\left(= \tau\right) = \frac{nG_s V}{bI_i} = \frac{V}{bz} \tag{8.26}$$

であり，単鉄筋長方形断面のせん断応力分布は**図 8.6**（a）のようになる。

一方，複鉄筋長方形断面では，断面一次モーメント G_y は以下のとおりである。

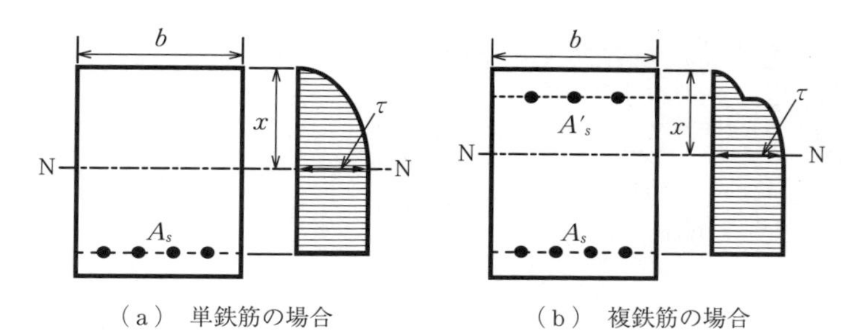

（a） 単鉄筋の場合　　（b） 複鉄筋の場合

図 8.6　長方形断面のせん断応力の分布

$$0<y\leqq(x-d')\text{において，}\quad G_y=\frac{b}{2}(x^2-y^2)+nG'_s$$

$$(x-d')\leqq y\leqq x\text{において，}\quad G_y=\frac{b}{2}(x^2-y^2)$$

また，中立軸以下では $G_y=nG_s$ であるので

$$\tau=\frac{VG_y}{bI_i}=\frac{V}{bz}$$

となり，応力分布は図（b）のようになる。なお，計算にあたっては，$z=\frac{7}{8}d$ とした近似式を用いてもよい。

例題 8.3

$b=400$ mm，$d=600$ mm で，鉄筋量 $A_s=5\text{D}25$ の単鉄筋長方形断面ばりにおいて，支点せん断力 150 kN が作用する場合，せん断応力 τ を求めよ。なお，$f'_{ck}=24$ N/mm^2 とする。

解答

$$A_s=5\text{D}\,25=2\,534\ \text{mm}^2,\quad p=\frac{A_s}{bd}=0.010\,6$$

$$n=E_s/E_c=200/25=8.0$$

$$pn=0.010\,6\times 8.0=0.084\,8$$

$$k=\sqrt{2pn+(pn)^2}-pn=\sqrt{2\times 0.084\,8+0.084\,8^2}-0.084\,8=0.336$$

$$j=1-k/3=0.888$$

したがって

$$\tau=\frac{V}{bz}=\frac{V}{bjd}=\frac{150\,000}{400\times0.888\times600}=0.704\ \mathrm{N/mm^2}$$

なお，$z=\dfrac{7}{8}d$を用いた近似式を適用すると

$$\tau=\frac{v}{bz}=\frac{150\,000}{400\times\dfrac{7}{8}\times600}=0.714\ \mathrm{N/mm^2}$$

■

〔3〕 **T形断面のせん断応力**

T形断面では，一般に中立軸はウェブ内にあるので，中立軸より上側の，ウェブのせん断応力は式(8.25)のb_yにウェブの幅b_wを，フランジではフランジの幅bを代入して求められる。また，中立軸以下では

$$\tau=\frac{V}{b_w z} \qquad (8.27)$$

となる。なお，コンクリートの全圧縮力がフランジの高さの中央に作用すると仮定し，式(8.27)で$z=d-t/2$として近似的に計算してよい。また，応力分布は**図8.7**のようになる。

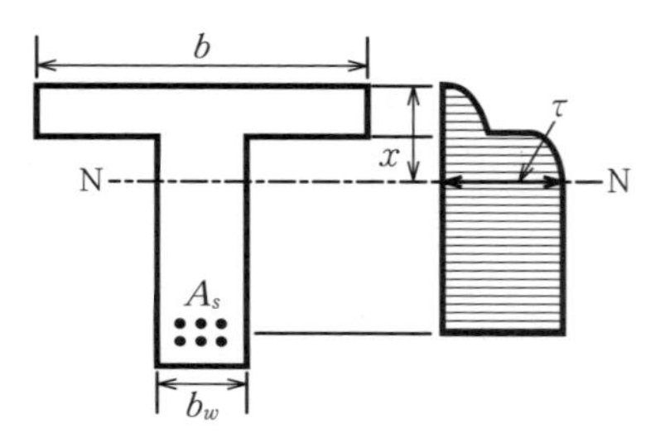

図8.7　T形断面のせん断応力の分布[5)]

〔4〕 **高さが変化する場合のせん断応力**

はりに作用する曲げモーメントの変化に対応して，はりの有効高さを変化させることも多い。この場合，**図8.8**に示すように，距離dlの変化によりモーメントのアーム長zも変化する。すなわち，有効高さdおよびzは距離lによって変化する。

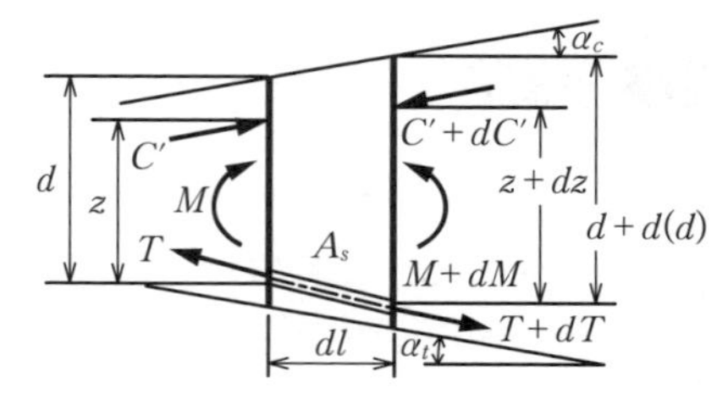

図8.8　高さの変化するはり[5)]

引張側の水平力の釣合いより

$$\tau\cdot b\cdot dl=dT\cdot\cos\alpha_t \qquad (8.28)$$

一方，モーメントの釣合いより

$$M = T\cos\alpha_t \cdot z$$

$$T \cdot \cos\alpha_t = \frac{M}{z}$$

$$\frac{dT}{dl}\cos\alpha_t = \frac{1}{z}\cdot\frac{dM}{dl} - \frac{M}{z^2}\cdot\frac{dz}{dl}$$

$$\frac{dz}{dl} = \frac{d}{dl}\left(\frac{z}{d}d\right) = j\cdot\frac{dd}{dl} = j\cdot\frac{dd_c + dd_t}{dl} = j\cdot(\tan\alpha_c + \tan\alpha_t)$$

したがって

$$\frac{dT}{dl}\cos\alpha_t = \frac{V}{z} - \frac{1}{z}\cdot\frac{M}{d}(\tan\alpha_c + \tan\alpha_t) \tag{8.29}$$

式 (8.28)，(8.29) より

$$\tau = \frac{1}{b\cdot z}\left\{V - \frac{M}{d}(\tan\alpha_c + \tan\alpha_t)\right\} = \frac{V_1}{b\cdot z} \tag{8.30}$$

となる。このように，高さが変化するはりでは，高さが一定の場合のせん断力 V のかわりに，V_1 を用いればよい（**図 8.9**）。

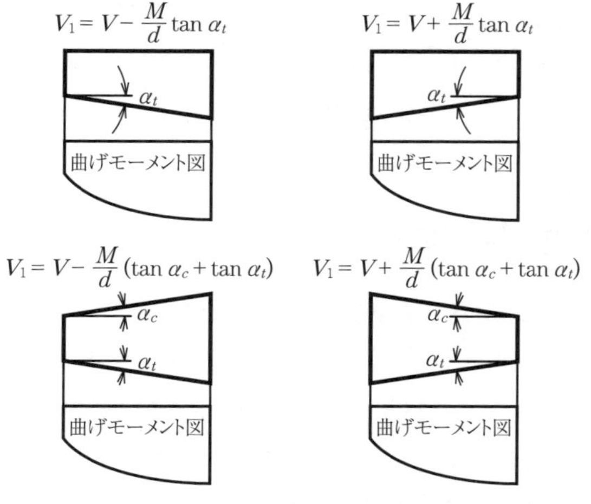

図 8.9 はりの高さの増減に対する V_1 のとり方[5)]

ところで，図 8.8 では，曲げモーメントの増加にともなって有効高さが増加する場合を示したが，逆に有効高さが減少する場合もある。この場合，z も減少するので次式となる。

$$\tau = \frac{V + \dfrac{M}{d}(\tan\alpha_c + \tan\alpha_t)}{bz} = \frac{V_1}{bz}$$

8.2.3　付着応力の算定

鉄筋コンクリート部材が成立するには，前提条件となる“鉄筋とコンクリートとの付着力が十分に存在する”ことが重要である。

6章の図6.1に示したように，微少距離 dl だけ離れた箇所での曲げモーメントの変化量 dM に対応して鉄筋の引張力は dT だけ変化する。この dT によって鉄筋とコンクリートとの間に滑りが生じないようにするため，両者の界面に dT と釣合う付着力が働く（**図8.10**）。**付着応力**（bond stress）を τ_0，微小距離 dl の鉄筋の周長を U とすると

$$\tau_0 U dl = dT = \frac{dM}{z}$$

$$\therefore\quad \tau_0 = \frac{dM}{U\cdot z\cdot dl} = \frac{V}{Uz} = \frac{V}{Ujd} \tag{8.31}$$

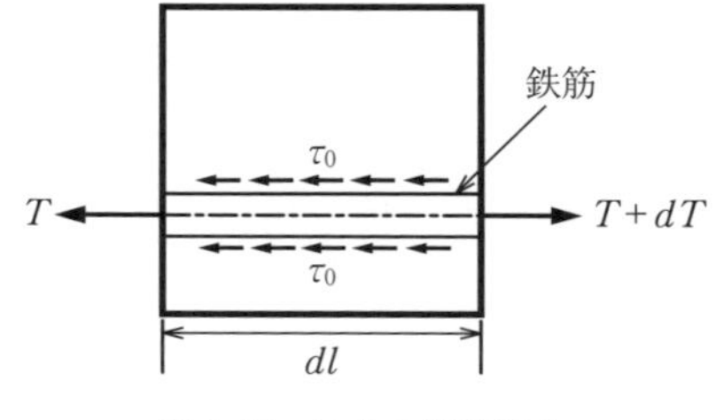

図8.10　はりの付着応力

8.3　ひび割れ幅の検討

8.3.1　曲げモーメントによるひび割れの検討

日常の使用状態であっても，引張鉄筋のひずみは，設計上，800×10^{-6} 程度になる可能性がある。この値は，コンクリートの伸び能力 $(100\sim200)\times10^{-6}$ の数倍である。したがって，コンクリートは鉄筋の伸びに追随できず，ひび割れが発生すると考えておくのが妥当である。さらに，コンクリートは一般に乾燥収縮を生じるので，鉄筋のひずみ以外にも乾燥収縮ひずみも考慮しなければならない。

作用モーメントがあるレベル（ひび割れ発生モーメント）に達すると，はり

の場合では引張側下縁にひび割れが発生する。さらにモーメントが増加すると新たなひび割れが生じる。なお，ひび割れがある程度発生すると，曲げモーメントが増加してもひび割れの本数は増加せず，ひび割れ幅が増大する。

ひび割れ位置では鉄筋のみが引張力を負担するが，ひび割れ間では鉄筋とコンクリートで引張力を負担し，両者の応力分布は**図 8.11** のようになる。鉄筋応力はひび割れ間の中央部で最も小さくなり，逆にコンクリートの引張応力はひび割れ間の中央部で最も大きくなる。この引張応力が，コンクリートの引張強度を超えると新たにひび割れを生じることになり，**ひび割れ間隔**（crack spacing）が大きい場合には，荷重の増加にともない，ひび割れ間の中央部に順次，新たなひび割れが発生する。

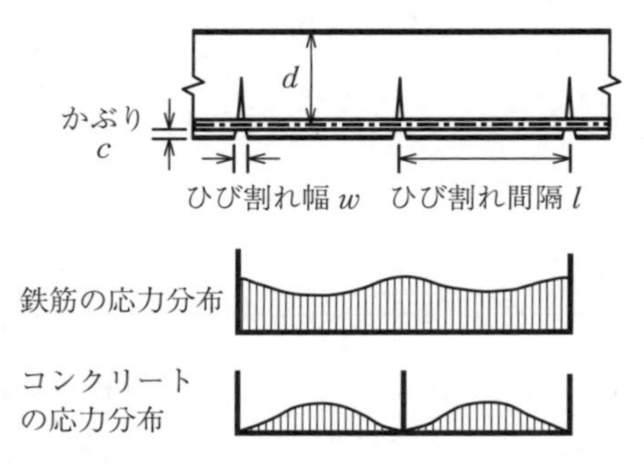

図8.11 はりの曲げ応力とひび割れ[5)]

ひび割れ幅 w は，隣り合うひび割れの中央を原点とし，鉄筋の伸び量とコンクリートの伸び量の差により表される。ひび割れ間隔を l，鉄筋およびコンクリートの平均ひずみを ε_{sav} および ε_{cav} とすると，以下のようになる。

$$w = l(\varepsilon_{sav} - \varepsilon_{cav})$$

なお，土木学会コンクリート標準示方書では，鉄筋の種類やコンクリートの品質，鉄筋の配置方法を要因として，曲げひび割れ幅を式 (8.32) で計算することとしている。

$$w = 1.1k_1k_2k_3\left\{4c + 0.7(c_s - \phi)\right\}\left(\frac{\sigma_{se}}{E_s} + \varepsilon'_{csd}\right) \tag{8.32}$$

ここに，k_1：鉄筋の表面形状の影響を考慮した係数で，異形鉄筋の場合

1.0，普通丸鋼の場合 1.3，k_2：コンクリートの品質の影響を考慮した係数で，$k_2=\{15/(f'_c+20)\}+0.7$ としてよい。k_3：引張鋼材の段数 n の影響を考慮した係数で，$k_3=5(n+2)/(7n+8)$ としてよい。c：かぶり〔mm〕，c_s：鉄筋の中心間隔〔mm〕，ϕ：鉄筋径〔mm〕，σ_{se}：鉄筋位置のコンクリートの応力度が 0 の状態からの鉄筋応力度の増加量〔N/mm^2〕，E_s：鉄筋のヤング係数〔N/mm^2〕，ε'_{csd}：コンクリートの収縮およびクリープによるひび割れ幅の増加を考慮した値で，標準的な値として**表 8.1** に示す値としてよい。

表 8.1　収縮およびクリープ等の影響によるひび割れ幅の増加を考慮するための数値

環境条件	常時乾燥環境（雨水の影響を受けない桁下面等）	乾湿繰返し環境（桁上面，海岸や川の水面に近く湿度が高い環境等）	常時湿潤環境（土中部材等）
自重でひび割れが発生（材齢 30 日を想定）する部材	450×10^{-6}	250×10^{-6}	100×10^{-6}
永続作用時にひび割れが発生（材齢 100 日を想定）する部材	350×10^{-6}	200×10^{-6}	100×10^{-6}
変動作用時にひび割れが発生（材齢 200 日を想定）する部材	300×10^{-6}	150×10^{-6}	100×10^{-6}

ひび割れ幅は，永続作用と変動作用とで，部材の劣化に及ぼす影響が異なり，全作用に対する永続作用の比率が大きい場合に問題となる。一般の環境で，永続作用による鉄筋応力度が**表 8.2** に示す制限値を満足することにより，ひび割れ幅の検討を満足するとしてよい。

表 8.2　ひび割れ幅の検討を省略できる部材における永続作用による鉄筋応力度の制限値 σ_{sl1}〔N/mm^2〕

常時乾燥環境（雨水の影響を受けない桁下面等）	乾湿繰返し環境（桁上部，海岸や川の水面に近く湿度が高い環境等）	常時湿潤環境（土中部材等）
140	120	140

例題 8.4

図 8.12 の単鉄筋長方形断面のはり部材において，曲げモーメント $M=250$ kN·m が作用するとき，曲げひび割れ幅 w を求めよ。なお，鉄筋は 5D29

(SD345) で一段配置 (n＝1) とする。また，その値を鋼材の腐食に対するひび割れ幅の設計限界値 w_a と比較して耐久性を検討せよ。ただし，コンクリートの設計基準強度 $f'_{ck}=30\ \mathrm{N/mm^2}$，$\varepsilon'_{csd}=150\times10^{-6}$ とし，材料の安全係数はすべて 1.0 とする。

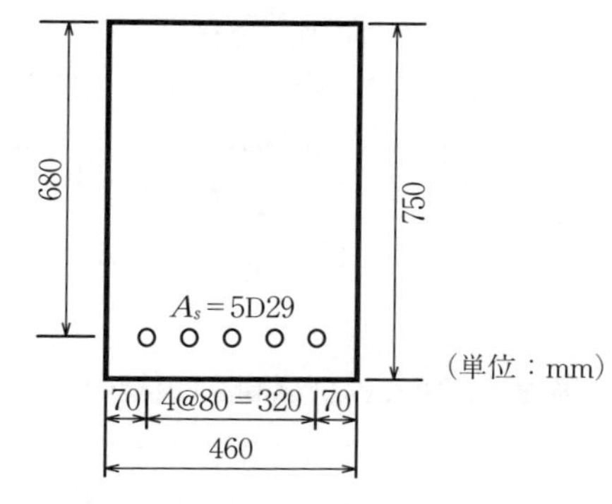

図 8.12　単鉄筋長方形断面のはり部材

解答

鉄筋の応力度を計算する。

$$A_s=5\mathrm{D}29=3\,212\ \mathrm{mm^2}$$

$$p=\frac{A_s}{bd}=\frac{3\,212}{460\times680}=0.010\,27$$

$f'_{ck}=30\ \mathrm{N/mm^2}$ であり，表 2.2 より，$E_c=28\ \mathrm{kN/mm^2}$，$n=E_s/E_c=200/28=7.14$，$pn=0.010\,27\times7.14=0.073\,3$

中立軸比は式 (8.8) より

$$k=\sqrt{2pn+(pn)^2}-pn=\sqrt{2\times0.073\,3+0.073\,3^2}-0.073\,3$$
$$=0.317$$

$$j=1-k/3=0.894$$

したがって，鉄筋応力 σ_s は

$$\sigma_s=M/A_sjd=250\times10^6/(3\,212\times0.894\times680)=128.0\ \mathrm{N/mm^2}$$

かぶり c の値は

$$c=h-d-\phi/2=750-680-29/2=55.5\ \mathrm{mm}$$

k_1，k_2，k_3 は

$$k_1=1.0$$

$$k_2=\{15/(f'_c+20)\}+0.7=\{15/(30/1.0+20)\}+0.7=1.0$$

$$k_3=5(n+2)/(7n+8)=5(1+2)/(7\times1+8)=1.0$$

$$w=1.1k_1k_2k_3\{4c+0.7(c_s-\phi)\}\left(\frac{\sigma_{se}}{E_s}+\varepsilon'_{csd}\right)$$

$$=1.1\times1.0\times1.0\times1.0\times\{4\times55.5+0.7(80-29)\}\left(\frac{128.0}{200\times10^3}+150\times10^{-6}\right)$$

$$=0.224\ \mathrm{mm}$$

つぎに，耐久性の検討を行う。

ひび割れ幅の設計限界値 w_a を計算する。

$$w_a = 0.005c = 0.005 \times 55.5 = 0.278\ \mathrm{mm} > w = 0.224\ \mathrm{mm}$$

したがって，ひび割れ幅の限界値を下回り，耐久性を満足すると判断できる。

■

8.3.2　せん断ひび割れの検討

土木学会コンクリート標準示方書では，せん断力を受ける部材の，設計せん断力 V_d がコンクリートのせん断耐力 V_{cd} の 70 %より小さい場合，せん断ひび割れによる鋼材腐食への影響は考慮しなくてもよいとしている。ただし，この場合，γ_b，γ_c は一般に 1.0 とする。

せん断ひび割れは，その発生および進展のメカニズムが曲げひび割れと異なる。一般にせん断ひび割れの影響については，せん断補強鉄筋の応力を制限値以下に抑えることにより，ひび割れの悪影響が生じないことを間接的に確認されている。棒部材の場合，スターラップのひずみが $1\,000 \times 10^{-6}$ 以下および使用時荷重が終局時荷重の 0.5 ～ 0.7 倍程度ならば，せん断ひび割れ幅は問題にならない。一般に永続作用によるせん断補強鉄筋の応力度が表 8.3 の値よりも小さいことを確認すれば，詳細な検討を行わなくてもよい。

鉛直スターラップと折曲鉄筋を併用する場合のスターラップの応力 σ_{wpd} および折曲鉄筋の応力 σ_{bpd} は式 (8.33)，(8.34) により求める。

$$\sigma_{wpd} = \frac{V_{pd} + V_{rd} - k_r V_{cd}}{A_w z / s + A_b z (\cos\theta_b + \sin\theta_b)^3 / s_b} \times \frac{V_{pd} + V_{cd}}{V_{pd} + V_{rd} + V_{cd}} \tag{8.33}$$

$$\sigma_{bpd} = \frac{V_{pd} + V_{rd} - k_r V_{cd}}{A_w z / \left\{ s (\cos\theta_b + \sin\theta_b)^2 \right\} + A_b z (\cos\theta_b + \sin\theta_b) / s_b} \times \frac{V_{pd} + V_{cd}}{V_{pd} + V_{rd} + V_{cd}} \tag{8.34}$$

ここで，V_{pd}：永続作用による設計せん断力，V_{rd}：変動作用による設計せん断力，V_{cd}：せん断補強鉄筋を用いない棒部材の設計せん断力，A_w：区間 s におけるスターラップ一組の総断面積，s：スターラップの配置間隔，A_b：区間 s_b

における折曲鉄筋の総断面積，s_b：折曲鉄筋の配置間隔，θ_b：折曲鉄筋が部材軸となす角度，z：圧縮応力の合力の載荷位置から引張鋼材の図心までの距離で一般に $d/1.15$ とする，d：有効高さ，k_r：変動作用の頻度の影響を考慮するための係数で一般に 0.5 としてよい（変動作用の繰返しが問題にならない場合は 1.0)。

8.3.3 水密性とひび割れ幅の設計限界値

一般に，コンクリート構造物の水密性を確保するためには，ひび割れの発生を防止すればよい。やむを得ず，ひび割れの発生を許す場合でも，ひび割れからの透水が著しくならないよう，構造物の使用条件や作用荷重の特性等を考慮してひび割れ幅の限界値を定める必要がある。土木学会コンクリート標準示方書では，卓越する断面力と要求される**水密性**（watertightness）の程度に応じた，ひび割れ幅の限界値の目安を**表 8.3** のように示している。なお，曲げモーメントが卓越して作用する場合，圧縮域が確保されひび割れが貫通しないので，水密性を確保しやすい。

表 8.3 水密性に対するひび割れ幅の設計限界値の目安〔mm〕[4)]

要求される水密性の程度		高い水密性を確保する場合	一般の水密性を確保する場合
卓越する断面力	軸引張力	—†	0.1
	曲げモーメント††	0.1	0.2

† 断面力によるコンクリート応力は全断面において圧縮状態とし，最小圧縮応力度を $0.5\mathrm{N/mm^2}$ 以上とする。なお，詳細解析により検討を行う場合には，別途定めるものとする。
†† 交番荷重を受ける場合には，軸引張力が卓越する場合に準じることとする。

8.4 変位・変形の検討

■ ひび割れによる剛性低下

無筋コンクリートでは，1 本のひび割れが発生すると脆性的に破壊を生じる。一方，鉄筋コンクリートは，最初のひび割れが発生したあとも鉄筋が機能してさらに高い荷重に抵抗し，順次新たなひび割れが発生する。

ひび割れ間の領域では，鉄筋とコンクリートとの付着作用により，設計の前提条件とは異なり，コンクリートも引張力に対して抵抗する。

したがって，ひび割れを有する鉄筋コンクリート部材の**剛性**（stiffness）は，実際には，鉄筋とコンクリートの両者を考慮した全断面有効の状態と，設計で仮定しているような引張側コンクリートを無視した状態との中間に位置する。変位・変形の検討にあたっては，この点に注意する必要がある。

〔1〕 曲げ剛性の変化

図 8.13 は，ひび割れの進展による曲げモーメント M と曲率 ϕ との関係（M–ϕ 関係）を示しており，この勾配を曲げ剛性 EI と考える。ひび割れを生じた曲げ部材は，ひび割れ位置とひび割れ間で剛性は異なるが，部材の変形を検討する場合，一般に，平均的な剛性をもととする。すなわち，ひび割れ幅の検討ではひび割れ発生位置に着目するが，変形の検討では，部材の剛性として部材軸方向の全域を考慮した平均値を用いる。

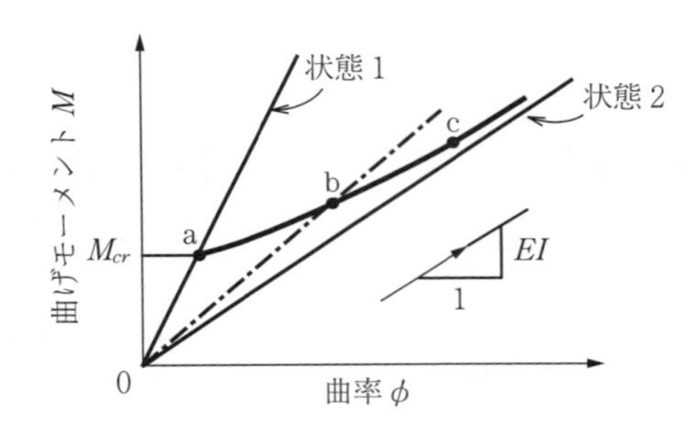

図 8.13 曲げひび割れを有するはりの変形挙動（$M-\phi$ 関係）と曲げ剛性の変化[6)]

曲げ剛性は，載荷初期段階においては一定とみなされ，ひび割れ発生（図中点 a：$M=M_{cr}$）とともに急激に変化し，その後ひび割れの進展により徐々に低下する。ここで，図中の状態 1 はひび割れがまったくない全断面有効の状態，状態 2 はひび割れによってコンクリートにより抵抗する引張力がすべて失われた状態を示す。したがって，ひび割れの発生によって，状態 1 から離れ，荷重の増大とともに状態 2 に漸近する（点 a → 点 b → 点 c）。

〔2〕 コンクリートの換算断面二次モーメント

土木学会コンクリート標準示方書においては，曲げひび割れによる剛性低下を考慮して短期の変位・変形を算定する場合，式 (8.35) または式 (8.36) に示す換算断面二次モーメントを用いてよいこととしている[4)]。

(i) 断面剛性を部材断面ごとで曲げモーメントの大きさにより変化させる場合：

$$I_e = \left(\frac{M_{crd}}{M_d}\right)^4 I_g + \left\{1 - \left(\frac{M_{crd}}{M_d}\right)^4\right\} I_{cr} \tag{8.35}$$

(ii) 断面剛性を部材全長にわたって一定とする場合：

$$I_e = \left(\frac{M_{crd}}{M_{d\,\max}}\right)^3 I_g + \left\{1 - \left(\frac{M_{crd}}{M_{d\,\max}}\right)^3\right\} I_{cr} \tag{8.36}$$

ここで，M_{crd}：断面に曲げひび割れが発生する限界の曲げモーメント，M_d：変位・変形算定時の設計曲げモーメント，$M_{d\,\max}$：変位・変形算定時の設計曲げモーメントの最大値，I_g：全断面の断面二次モーメント，I_{cr}：引張応力を受けるコンクリートを除いた断面二次モーメント。

式 (8.35) は，断面ごとの曲げモーメント M_d の大きさをもとに換算断面二次モーメント I_e を求め，各断面の曲率（M_d/E_cI_e）を数値積分することにより変位・変形を求めるのに対して，式 (8.36) は，はり部材の最大曲げモーメント $M_{d\,\max}$ をもとに部材全長に同一の換算断面二次モーメントを求め，近似的に変位・変形を算出するものである。正確には，式中のべき乗を曲げモーメントの分布形状によって変化させる必要があるが，3 乗としても誤差が少ないため，数値は固定されている。

また，長期の変位・変形を簡易的に算定する場合は，つぎのとおりとする。具体的には，部材断面を力学抵抗と環境条件（湿度，温度）を考慮した複数の部位に分割し，その部位ごとの環境条件に応じたコンクリートの収縮やクリープの影響を入力値として与え，以下の (i) ～ (iii) によって断面内の収縮差により生じる曲率による変位・変形を考慮して算定すればよい。

(i) コンクリート部材の長期変位は，外力，コンクリートの収縮の影響，およびクリープの影響を考慮して算定することとし，一般に，式 (8.37) で算定してよい。

$$\delta_t=\delta_L\cdot\phi_t+\delta_{SH} \tag{8.37}$$

ここに，δ_t：長期変位，δ_L：外力による変位，δ_{SH}：収縮による変位，ϕ_t：長期変位算定に用いるクリープ係数。

(ii) コンクリートの収縮による変位は，断面の各部位の乾燥条件や鋼材の拘束条件の差異による断面内の材齢に応じた収縮ひずみの差異によって生じる曲率を二階積分して変位を算定する。一般に，式 (8.38) で算定してよい。

$$\delta_{SH}=\iint\phi_{SH}dxdx \tag{8.38}$$

ここに，δ_{SH}：収縮ひずみによる変位，ϕ_{SH}：収縮ひずみによる曲率。

(iii) コンクリートのクリープには，構造物に応じた水分移動と逸散の影響を考慮する。一般に，式 (8.39) で算定してよい。

$$\phi_t=\alpha\cdot\phi \tag{8.39}$$

ここに，ϕ_t：長期変位算定に用いるクリープ係数，ϕ：クリープ係数，α：構造物の乾燥状態に応じた，長期的進行を考慮するための係数で，1.0 以上とするのがよい。

演習問題

〔**8.1**〕 $b=420$ mm，$d=700$ mm，$A_s=6$D22 の単鉄筋長方形断面に $M=170$ kN·m が作用するとき，曲げ応力 σ'_c および σ_s を求めよ。ただし，$f'_{ck}=24$ N/mm^2，$f_{yk}=$ 295 N/mm^2 とする。

〔**8.2**〕 $b=420$ mm，$d=700$ mm，$d'=50$ mm，$A_s=6$D22，$A'_s=4$D19 の複鉄筋長方形断面に $M=170$ kN·m が作用するとき，応力 σ'_c，σ_s，σ'_s を求めよ。ただし，$f'_{ck}=$ 24 N/mm^2，$f_{yk}=295$ N/mm^2 とする。

〔**8.3**〕 $b=1\,000$ mm，$b_\omega=400$ mm，$t=150$ mm，$d=600$ mm，$A_s=8$D29 の単鉄筋 T 形断面に $M=400$ kN·m が作用するとき，σ'_c と σ_s を求めよ。ただし，$f'_{ck}=24$ N/mm^2，$f_{yk}=295$ N/mm^2 とする。

9章 繰返し荷重を受ける部材の検討

◆本章のテーマ

コンクリート構造物は，さまざまな種類の荷重を受けている。構造物自体の重量に起因する死荷重などの永続作用，自動車などの通行に起因する変動作用，さらには地震力などの偶発作用を，適宜，構造物の設計において考慮しなければならない。本章では，変動作用，すなわち，繰り返し作用する荷重に対する安全性の検討方法について説明する。なお，実構造物においては作用荷重の大きさが変化してさまざまな変動応力が生じることとなり，それを考慮した疲労寿命の算定方法についても紹介する。

◆本章の構成（キーワード）

9.1　繰返し荷重
　変動応力，最大応力，最小応力

9.2　疲労破壊
　S-N 線図，疲労限界，疲労強度，グッドマン線図，上限応力比，下限応力比

9.3　設計疲労強度
　疲労寿命，疲労係数 K，応力振幅

9.4　疲労破壊の検討方法
　直線被害則（マイナー則），累積損傷度，等価繰返し回数

◆本章を学ぶと以下の内容をマスターできます

☞　コンクリートおよび鉄筋の疲労特性
☞　予定供用年数を確保するための設計疲労強度
☞　疲労寿命の算定方法

9.1 繰返し荷重

9.1.1 荷重の種類

作用は，持続性，変動の程度，発生頻度により，永続作用，変動作用，偶発作用に分類できる。

構造物が**繰返し荷重**（repeated loading）によって疲労破壊しないようにするためには，設計耐用期間中に作用する変動作用（表3.3参照。活荷重，温度変化の影響，風荷重，雪荷重など）の特性と大きさ，およびその回数を予測する必要がある。

9.1.2 疲労破壊に対する照査

作用の中で変動作用の占める割合が大きい場合には，疲労破壊に対する安全性の照査を行う必要がある。

はりでは一般に曲げおよびせん断に対して，またスラブでは一般に曲げおよび押抜きせん断に対して疲労破壊に対する安全性を検討する。

なお，柱では，曲げモーメントあるいは軸方向引張力の影響が特に大きい場合を除いて，一般に検討を省略してよい。

疲労に対する断面破壊の限界状態の照査は，一般に繰返し引張応力を受ける主鉄筋およびせん断補強鉄筋の疲労破壊について行えばよい。しかし，軽量骨材コンクリートや湿潤状態にあるコンクリートについては，普通コンクリートや気乾状態のコンクリートに比べ疲労強度が低下することから，コンクリートの疲労についても照査を行う必要がある。また，水中にある部材ではせん断耐力が低下するため，せん断補強鉄筋の応力度の照査のほか，せん断補強鉄筋のない部材としての疲労耐力も照査する必要がある。

せん断補強鉄筋のない棒部材の設計せん断疲労耐力 V_{rcd} は，一般に式(9.1)により求める。

$$V_{rcd}=V_{cd}\left(1-\frac{V_{pd}}{V_{cd}}\right)\left(1-\frac{\log N}{11}\right)\Big/\gamma_b \tag{9.1}$$

ここに，$V_{cd}=\beta_d \cdot \beta_p \cdot f_{vcd} \cdot b_w \cdot d/\gamma_b$（式（6.5）参照），$N$：疲労寿命，$\gamma_b$：一般に1.0としてよい。

面部材としての鉄筋コンクリートスラブの設計押抜きせん断疲労耐力 V_{rpd} は，一般に式(9.2)により求める。

$$V_{rpd}=V_{pcd}\left(1-\frac{V_{pd}}{V_{pcd}}\right)\left(1-\frac{\log N}{14}\right)\Big/\gamma_b \tag{9.2}$$

ここに，$V_{pcd}=\beta_d \cdot \beta_p \cdot \beta_r \cdot f_{pcd} \cdot u_p \cdot d/\gamma_b$（式（6.8）参照）。

なお，式(9.2)は荷重点が固定されている場合の実験結果に基づくものである。道路橋床版のように移動する荷重が繰返して作用する場合，押抜きせん断疲労耐力が著しく低下することが明らかにされており，実験など適切な方法によって耐力を推定する必要がある。

9.1.3 変　動　応　力

鉄筋コンクリート構造物には，**図9.1**に示すように，死荷重による応力に活荷重による応力が加わることになる。なお，活荷重は一定ではないので，**変動応力**（stress amplitude）としてもさまざまな大きさの応力が発生することになる。変動応力に対する検討は，日常的な使用状態である弾性領域が問題となる。

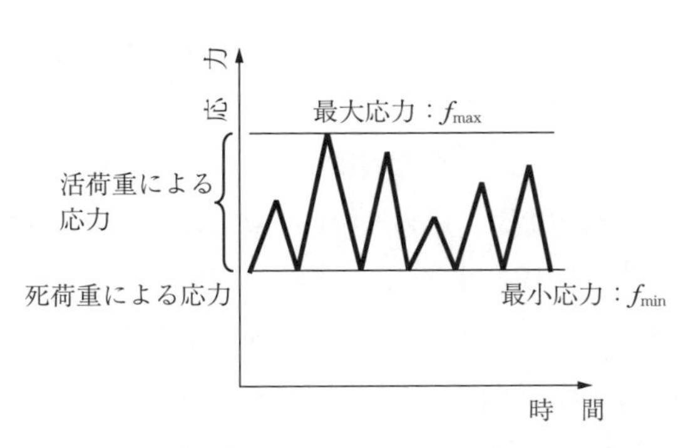

図9.1　活荷重による発生応力の概念

9.2　疲　労　破　壊

9.2.1 疲　労　限　界

ある繰返し回数で疲労破壊を生じるときの応力を**疲労強度**（fatigue strength

of member）といい，想定する破壊時の繰返し回数をもとに，例えば，200万回疲労強度などという。

材料の疲労強度は，縦軸に応力を，横軸に疲労破壊する繰返し回数の対数をプロットしたS–N線図で表され，**図9.2**のような直線となる。繰返し回数，すなわち**疲労寿命**（fatigue life）は応力振幅に逆比例し，また変動応力（応力振幅）が静的強度に対してある程度小さい場合，一般に無限回繰り返して載荷しても破壊しなくなる。このときの応力の大きさを**疲労限度**（fatigue limit）という。

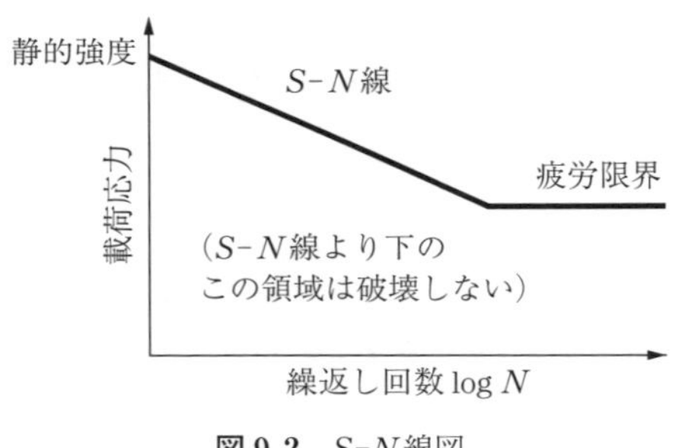

図9.2　S–N線図

9.2.2　グッドマン線図

疲労寿命は，応力振幅ならびに最小応力の影響を強く受ける。**図9.3**はグッドマン線図と呼ばれるもので，所定の繰返し回数に耐える応力振幅を下限応力比$S_{min}(=f_{min}/f_d)$と上限応力比$S_{max}(=f_{max}/f_d)$との関係で表している。この図は200万回で疲労破壊を生じる場合を仮定したものであるが，**下限応力**（lower limit stress）が大きくなるほど応力振幅は小さくなることがわかる。

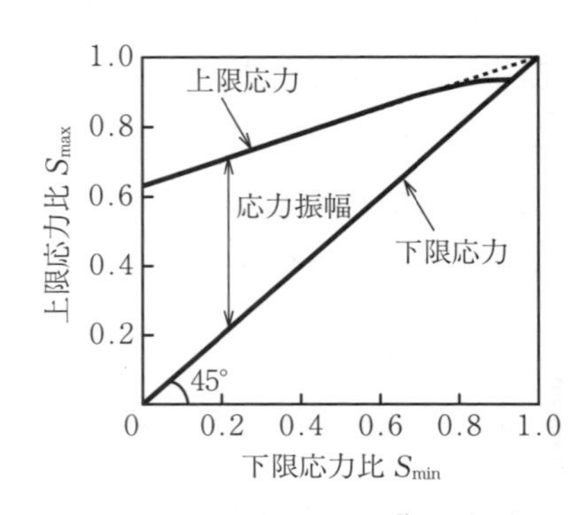

図9.3　グッドマン線図[5)]
（200万回での疲労破壊）

また，下限応力が0の場合，200万回

疲労強度は $0.63f_d$ 程度，下限応力が $0.2f_d$ の場合，200万回疲労強度は $0.7f_d$ 程度であるといえる。

9.3 設計疲労強度

9.3.1 コンクリートの設計疲労強度

設計基準強度 f'_{ck} が 50 N/mm^2 以下のコンクリートの圧縮，曲げ圧縮，引張および曲げ引張の設計疲労強度 f_{rd} は式 (9.3) によって求める。なお，f'_{ck} が 50 N/mm^2 を超える場合，50 N/mm^2 に対する設計疲労強度を用いてよい。

$$f_{rd} = k_{1f} f_d \left(1 - \frac{\sigma_p}{f_d}\right)\left(1 - \frac{\log N}{K}\right) \tag{9.3}$$

ただし，N：疲労寿命（$\leqq 2\times 10^6$）。

ここに，f_d：コンクリートのそれぞれの設計強度で材料係数 γ_c を 1.3 として求める，$k_{1f}=0.85$（圧縮，曲げ圧縮）または 1.0（引張，曲げ引張），K：疲労に関する係数（一般に 17 とする，水で飽和または軽量骨材コンクリートの場合は 10 とする），σ_p：永続作用による応力で，交番荷重を受ける場合は 0 とする。

曲げ引張応力および引張応力を受けるコンクリートの疲労強度は，圧縮応力を受ける場合に比較して一般にばらつきは大きいが，静的強度のばらつきも大きいので，式 (9.3) を適用してよいこととしている。

また，水中あるいは絶えず湿潤状態にあるコンクリートの圧縮疲労強度は，大気中での気乾状態のコンクリートの圧縮疲労強度の 2/3 程度であることが明らかにされており，$K=10$ とする。また，軽量骨材は吸水量が大きいため，軽量骨材コンクリート中に多量の水分を含んでいると考えられ，軽量骨材コンクリートの圧縮疲労特性は，絶えず湿潤状態にある普通コンクリートと同等に扱う。

交番荷重を受ける場合の疲労強度については，圧縮疲労強度の場合，引張応力を無視した完全片振り繰返し応力として，また引張疲労強度の場合，圧縮応力を無視した片振り繰返し応力として，それぞれ疲労強度を算定する。

普通コンクリートの圧縮疲労条件下における，変動応力と疲労寿命 N との

関係は式 (9.4) で表すことができる。

$$\log N = K\frac{1-S_{\max}}{1-S_{\min}} = K\left(1-\frac{S_r}{1-S_{\min}}\right) \tag{9.4}$$

ここに，$S_{\max}$：最大（上限）応力と静的強度との比（$=f_{\max}/f_d$），$S_{\min}$：最小（下限）応力と静的強度との比（$=f_{\min}/f_d$），S_r：応力振幅と静的強度との比（$=S_{\max}-S_{\min}$），N：疲労寿命（ただし，$N \leqq 2\times10^6$）。

これより，期待する寿命（疲労回数）を設定すると，それを満足する応力振幅 f_{rk} は式 (9.5) から得られる。

$$\begin{aligned} f_{rk} &= f_{\max} - f_{\min} \\ &= (f_d - f_{\min})\left(1-\frac{\log N}{K}\right) \end{aligned} \tag{9.5}$$

9.3.2 鉄筋の設計疲労強度

鋼材の疲労強度の特性値は，鋼材の種類，形状および寸法，作用応力の大きさや作用頻度等の影響を受けるので，試験を行い定めるのが原則である。

なお，異形鉄筋の設計疲労強度 f_{srd} は，疲労寿命 N と永続作用による鋼材の応力度 σ_{sp} の関数として，式 (9.6) により求めてよい。

$$f_{srd} = 190\frac{10^a}{N^k}\left(1-\frac{\sigma_{sp}}{f_{ud}}\right)\Big/\gamma_s \tag{9.6}$$

ただし，$N \leqq 2\times10^6$。

ここに，f_{ud}：鉄筋の設計引張強度（材料係数を 1.05 として求めてよい），a：実験係数（$a=k_{of}(0.81-0.003\phi)$），ϕ：鉄筋直径〔mm〕，k_{of}：鉄筋のふしの形状に関する係数（一般に 1.00，**表 9.1** 参照），$k=0.12$，γ_s：鉄筋に対する材料係数（一般に 1.05）。

表 9.1　k_{of} の値[4)]

ふしの根元の円弧の有無	ふしと鉄筋軸とのなす角度	k_{of}
なし	60° 以上	1.00
なし	60° 未満	1.05
あり	—	1.10

例題 9.1

$b=400$ mm, $d=700$ mm, $A_s=$5D29（SD345（$f_{uk}=490$ N/mm^2 とする），コンクリートの設計基準強度 $f'_{ck}=24$ N/mm^2 の単鉄筋長方形断面はりに，永久荷重による曲げモーメント $M=100$ kN・m が作用するとき，コンクリートおよび鉄筋の 200 万回設計疲労強度を求めよ。なお，安全係数 $\gamma_c=1.3$, $\gamma_s=1.05$ とする。

解答

まず，例題 8.1 と同様にして応力を計算する。

$f'_{ck}=24$ N/mm^2 より，$E_c=25$ kN/mm^2

また，$E_s=200$ kN/mm^2 であり，$n=200/25=8.0$

$A_s=3\,212$ mm^2 より，$p=3\,212/(400\times700)=0.011\,47$, $pn=0.011\,47\times8=0.091\,8$

式 (8.8) より，$k=\sqrt{2\times0.091\,8+0.091\,8^2}-0.091\,8=0.346$

$$x=0.346\times700=242\text{ mm}$$

$$I_i=\frac{400\times242^3}{3}+8\times3\,212\times(700-242)^2=7.28\times10^9\text{ mm}^4$$

式 (8.9) より

$$\sigma'_c=\frac{100\times10^6}{7.28\times10^9}\times242=3.3\text{ N/mm}^2$$

式 (8.10) より

$$\sigma_s=\frac{8\times100\times10^6}{7.28\times10^9}\times(700-242)=50\text{ N/mm}^2$$

つぎに，設計疲労強度を計算する。

コンクリートの 200 万回疲労強度は式 (9.3) より

$$f_{rd}=k_{1f}f_d\left(1-\frac{\sigma_p}{f_d}\right)\left(1-\frac{\log N}{K}\right)$$

$$=0.85\times(24/1.3)\times\left(1-\frac{3.3}{(24/1.3)}\right)\left(1-\frac{\log 200\times10^4}{17}\right)$$

$$=8.1\text{ N/mm}^2$$

鉄筋の 200 万回疲労強度は式 (9.6) より

$$f_{srd}=190\frac{10^a}{N^k}\left(1-\frac{\sigma_{sp}}{f_{ud}}\right)\Big/\gamma_s$$

$$=190\frac{10^{0.735}}{(200\times10^4)^{0.12}}\left(1-\frac{50}{490/1.05}\right)\Big/1.05$$

$=154\ \mathrm{N/mm^2}$

■

9.4 疲労破壊の検討方法

9.4.1 マイナー則

コンクリートおよび鉄筋の疲労強度は，一定の応力振幅での疲労試験により得られたS-N線図にもとづいて決定できるが，コンクリート構造物が受ける活荷重は不規則に変動する。したがって，不規則な変動作用を受ける場合にも疲労強度式が適用できるようにしなければならない。そこで，一般に直線被害則（これを**マイナー則**（Miner's law）と呼ぶ）が用いられる。

変動作用によって部材断面に作用する変動断面力は複雑である。マイナー則では，それを独立な変動断面力（S_{r1}，S_{r2}，…，S_{rm}）とその繰返し回数（n_1，n_2，…，n_m）の集合に分解し，ある応力の繰返し回数n_iとその応力振幅における疲労寿命N_iとの比を被害度と定義し，式(9.7)に示すように，それらの総和である累積損傷度Mが1.0になると破壊すると考える。

$$M=\frac{n_1}{N_1}+\frac{n_2}{N_2}+\frac{n_3}{N_3}+\cdots=\sum_{i=1}^{m}\frac{n_i}{N_i}=1.0 \tag{9.7}$$

9.4.2 等価繰返し回数

不規則な変動断面力（応力）にマイナー則を適用し，単一の設計変動断面力S_{rd}（応力σ_{rd}）に対する**等価繰返し回数**（transformed repeated number）Nの作用に置き換えることで，疲労寿命を検討することができる。

部材断面の耐力が鋼材の疲労強度により定まり，そのS-N線図の勾配が式(9.6)により表される場合，設計変動断面力S_{rd}に対する等価繰返し回数Nは，マイナー則を適用し，曲げモーメント（M_{rd}，M_{ri}）に対しては式(9.8)から，せん断力（V_{rd}，V_{ri}）に対しては式(9.9)から，それぞれ求めることができる。なお，疲労に対する安全性の評価では，部材断面力と材料の疲労強度に比例関係があれば，設計変動応力 σ_{rd} を用いて検討しても同じ結果となる。

$$N=\sum_{i=1}^{m} n_i (M_{ri}/M_{rd})^{1/k} \tag{9.8}$$

$$N=\sum_{i=1}^{m} n_i \left[\frac{V_{ri}}{V_{rd}} \cdot \frac{V_{ri}+V_{pd}-k_2 V_{cd}}{V_{rd}+V_{pd}-k_2 V_{cd}}\right]^{1/k} \tag{9.9}$$

ここに，k：鋼材の S-N 線の勾配を表す定数で，9.3.2 項の式 (9.6) 等による。V_{pd}：永続作用による設計せん断力，V_{cd}：せん断補強鋼材を用いない棒部材の設計せん断耐力，k_2：変動作用の頻度の影響を考慮するための係数（一般に 0.5 としてよい）

また，部材断面の耐力がコンクリートの疲労強度により定まり，その設計疲労強度が式 (9.3) により与えられる場合，設計変動断面力 S_{rd} に対する等価繰返し回数 N は，マイナー則を適用し，式 (9.10) から求めることができる。

$$N=\sum_{i=1}^{m} n_i \cdot 10^{\frac{K(S_{ri}-S_{rd})}{k_{1f} S_d (1-\sigma_p/f_d)}} \tag{9.10}$$

ここに，S_d：応力度が f_d に達するときの断面力，σ_p：永続作用による応力度，k_{1f}，f_d および K は 9.3.1 項の式 (9.3) 等による。

安全性の検討にあたっては，以上で求めた設計変動応力 σ_{rd}（または断面力 S_{rd}）に対する等価繰返し回数を計算し，それを設計疲労強度（または耐力）と繰返し回数との関係式である式 (9.6) 等に代入して設計疲労強度 f_{rd}（または耐力 R_{rd}）を求める。そして，安全性は，以下の関係式により照査する。

① 応力による照査

$$\gamma_i \sigma_{rd}/(f_{rd}/\gamma_b) \leqq 1.0 \tag{9.11}$$

ここに，γ_i は構造物係数，f_{rd} は材料の疲労強度の特性値 f_{rk} を材料係数 γ_m で除した値，γ_b は一般に 1.0 〜 1.3 としてよい。

② 断面力による照査

$$\gamma_i S_{rd}/R_{rd} \leqq 1.0 \tag{9.12}$$

ここに，S_{rd} は変動断面力 S_r（F_{rd}）に構造解析係数 γ_a を乗じた値，R_{rd} は疲労耐力 R_r（f_{rd}）を部材係数 γ_b で除した値。

例題 9.2

変動作用を以下の 4 段階（M_i）で決められた回数（n_i）コンクリート構造物に載荷した場合の，曲げモーメント 200 kN・m に換算した鉄筋の等価繰返し回数（N_{eq}）を求めよ。

$M_1 = 150$ kN・m，$n_1 = 10^7$ 回

$M_2 = 200$ kN・m，$n_2 = 10^6$ 回

$M_3 = 250$ kN・m，$n_3 = 10^5$ 回

$M_4 = 300$ kN・m，$n_4 = 10^4$ 回

解答

式 (9.8) により，等価繰返し回数を算定することができる。なお，式中の k は $k=0.12$ とする。

$$N = \sum_{i=1}^{m} n_i (M_{ri}/M_{rd})^{\frac{1}{k}}$$

したがって，曲げモーメント 200 kN・m（M_2）に換算した鉄筋の等価繰返し回数（N_{eq}）は

$$N_{eq} = 10^7\left(\frac{150}{200}\right)^{\frac{1}{0.12}} + 10^6\left(\frac{200}{200}\right)^{\frac{1}{0.12}} + 10^5\left(\frac{250}{200}\right)^{\frac{1}{0.12}} + 10^4\left(\frac{300}{200}\right)^{\frac{1}{0.12}}$$

$$= 10^6(0.910 + 1.0 + 0.642 + 0.293) = 2.85 \times 10^6$$

■

演 習 問 題

〔**9.1**〕 疲労強度あるいは疲労回数に関する以下の問いに答えよ。ただし，$f'_{ck} = 24$ N/mm^2，$f_{yk} = 295$ N/mm^2（これより $f_{uk} = 440$ N/mm^2 とする），鉄筋直径 $\phi = 22$ mm とする。また，$\gamma_c = 1.3$，$\gamma_s = 1.05$ とする。

（1） 永続作用によるコンクリートの圧縮応力が $\sigma_p = 3$ N/mm^2 の場合，コンクリートの 200 万回疲労強度 f_{rd} を求めよ。

（2） コンクリートの圧縮疲労条件下において，最小（下限）応力を 5 N/mm^2，最大（上限）応力を 14 N/mm^2 とした場合の疲労寿命 N を求めよ。

（3） 永続作用による鉄筋の引張応力が $\sigma_{sp} = 70$ N/mm^2 の場合，鉄筋の 200 万回疲労強度 f_{srd} を求めよ。

10章 一般構造細目

◆本章のテーマ

コンクリート構造物の設計にあたっては，各設計者が荷重条件や環境条件を考慮して設計を行う事になるが，構造物の安全性や品質の確保を目的に，一般構造細目と呼ばれる，必ず守るべき決まり事がある。本章では，鉄筋の配置に関する規定，すなわち，コンクリート表面から鉄筋までの距離を表すかぶり，鉄筋どうしのあき，曲げ形状，定着方法，有害なひび割れを抑制するための用心鉄筋などについて説明する。

◆本章の構成（キーワード）

◆本章を学ぶと以下の内容をマスターできます

- ☞ 鉄筋のかぶりおよび鉄筋のあき
- ☞ 最小ならびに最大の鉄筋量，用心鉄筋や配力鉄筋などの配置
- ☞ 鉄筋の曲げ形状と加工方法
- ☞ 定着長の算定方法
- ☞ 鉄筋の継手の種類と配置

10.1 か　ぶ　り

コンクリート構造物の設計においては，さまざまな決まり事がある。過去の経験をも踏まえたその決まり事を，**一般構造細目**（structural details）と呼ぶ。本節のかぶりに関する構造細目もそのうちの一つである。なお，以降の各節の記載も含め基本的に土木学会コンクリート標準示方書の規定を紹介するので，詳細については適宜，そちらを参照されたい。

かぶり（cover）は，コンクリート構造物の各部材中において，最も外側縁に配置された鋼材あるいはPC用シースの表面と，コンクリート表面との最短距離と定義される（**図10.1**）。かぶりは

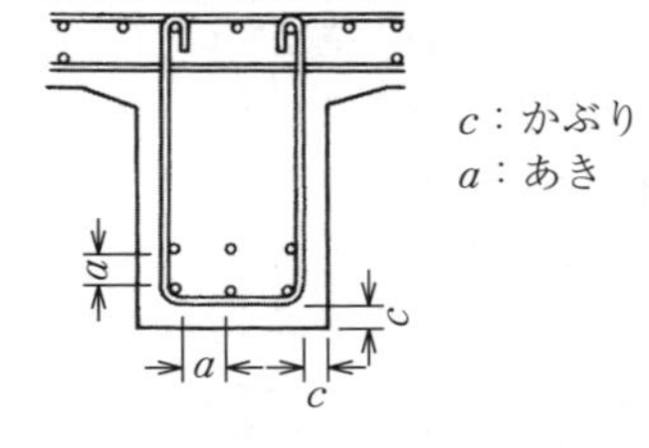

図10.1　鉄筋のかぶりおよびあき[4)]

① 鋼材の腐食防止

② 鋼材の火災からの保護

③ 鉄筋とコンクリートとの十分な付着強度の確保

のために必要である。

したがって，コンクリートの品質，鉄筋の直径，構造物がおかれる環境，構造物の重要度，**施工誤差**（construction tolerance）などを考慮して適当なかぶりを定めなければならない。

10.1.1 かぶりの最小値

鉄筋のかぶりの最小値は，**図10.2**に示すように，鉄筋の直径または耐久性

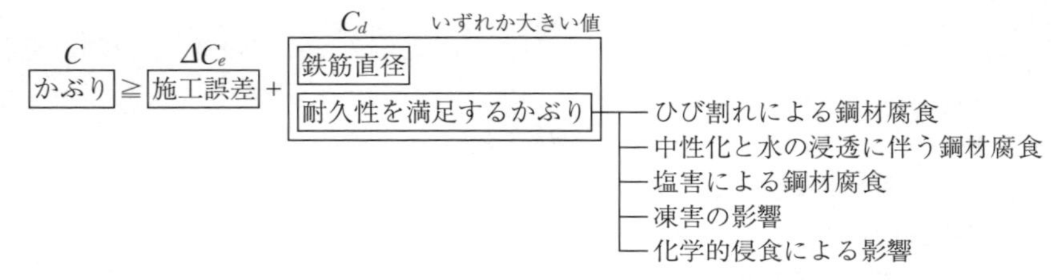

図10.2　かぶりの算定（耐火性を要求しない場合）[4)]

を満足するかぶりのいずれか大きい値（耐火性を要求しない場合）に施工誤差を加えた値とする。

$$c \geqq c_d + \Delta c_e$$

ここに，c：かぶり，c_d：鉄筋の直径または耐久性を満足するかぶりのいずれか大きい値（異形鉄筋の場合は，その公称径を鉄筋の直径とする），Δc_e：施工誤差。

異形鉄筋を束ねて配置する場合，**図 10.3** に示すように，束ねた鉄筋をその断面積の和に等しい断面積の1本の鉄筋と考えて，鉄筋直径を求める。ただし，かぶりは束ねた鉄筋自体が満足しなければならない。

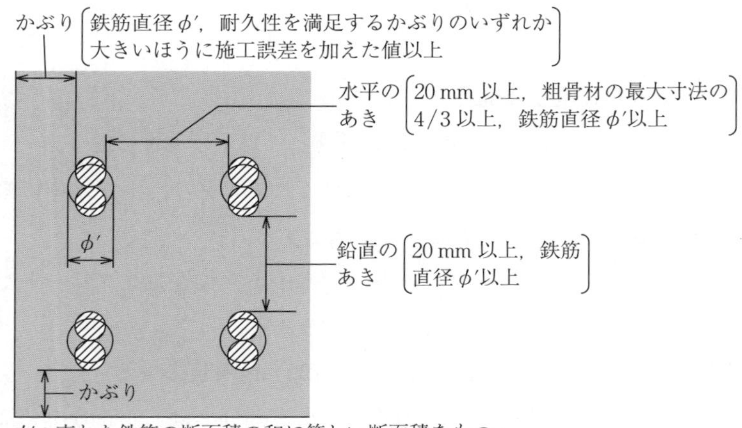

図 10.3　束ねた鉄筋のかぶりおよびあき[4)]

また，飛来塩分による塩害，凍害，化学的侵食のおそれのない「一般の環境」下において建設される通常のコンクリート構造物では，原則として中性化と水の浸透に伴う鋼材腐食を考慮する。なお，**表 10.1** に示すコンクリートのかぶりと水セメント比を満足し，かつひび割れ幅が鋼材の腐食に対するひび割れ幅の限界値以下である場合，要求された耐久性を満足していると考えてよい。

表 10.1 耐久性†を満足する構造物の最小かぶりと最大水セメント比[4)]

	W/C††の最大値〔%〕	かぶり c の最小値〔mm〕	施工誤差 Δc_e〔mm〕
柱	50	45	15
はり	50	40	10
スラブ	50	35	5
橋脚	55	55	15

† 設計耐用年数 100 年を想定　　†† 普通ポルトランドセメントを使用

上記の表は，一般環境下にあっても完成後の点検および補修が困難な場合，施工条件が厳しい場合，プレキャスト部材を用いる場合などは想定していない。これらの場合は，要求された耐久性を満足することを，別途，適切な手法を用いて確認しなければならない。

10.1.2 かぶりに関する補足

かぶりの設計においては，環境条件を考慮し，以下の項目に従う。

① フーチングおよび構造物の重要な部材で，コンクリートが地中に直接打ち込まれる場合，かぶりは 75 mm 以上とする。

② 水中で施工する鉄筋コンクリートで，水中不分離性コンクリートを用いない場合のかぶりは，100 mm 以上とする。

③ 場所打ち杭などの場合には，かぶりを 150 mm 程度とする。

④ 流水その他によるすりへりのおそれのある部分では，かぶりを普通より 10 mm 以上増す。

⑤ 厳しい化学的侵食環境下では，混合セメントや混和材の適用，コンクリート表面保護工の併用等も検討するのがよい。

⑥ 一般的な環境下において耐久性を満足するかぶりの値に，20 mm 程度を加えた値を最小値とすれば，耐火性に対する照査は省略してよい。

10.2 鉄筋のあき

あき（clear distance）は，たがいに隣り合う鉄筋，PC 鋼材あるいはシースの水平方向および鉛直方向の純間隔と定義される。

コンクリートが鉄筋の周囲に確実に行き渡り，十分に付着力が発揮できるよう，土木学会コンクリート標準示方書では，あきについて以下のように定めている（図 10.3 参照）。

① はりにおける軸方向鉄筋の水平のあきは 20 mm 以上，粗骨材の最大寸法の 4/3 倍以上，鉄筋の直径以上とする。また，コンクリートの締固めに用いる内部振動機を挿入できるように水平のあきを確保する。

② 2 段以上に軸方向鉄筋を配置する場合，一般にその鉛直のあきは 20 mm 以上，鉄筋直径以上とする。

③ 柱における軸方向鉄筋のあきは，40 mm 以上，粗骨材の最大寸法の 4/3 倍以上，鉄筋直径の 1.5 倍以上とする。

④ 直径 32 mm 以下の異形鉄筋を用いる場合で，複雑な鉄筋の配置により，十分な締固めが行えない場合は，はりおよびスラブ等の水平の軸方向鉄筋は 2 本ずつを上下に束ね，柱および壁等の鉛直軸方向鉄筋は，2 本または 3 本ずつ束ねて，これを配置してもよい。

⑤ 鉄筋は，上記に示すあきを確保し，かつコンクリートの打込みや締固め作業を考慮して配置を定める。

10.3 鉄 筋 の 配 置

10.3.1 軸方向鉄筋の配置

土木学会コンクリート標準示方書では，鉄筋の配置について，つぎのように規定している。

〔1〕 **最小鉄筋量**

① 軸方向力の影響が支配的な鉄筋コンクリート部材には，計算上必要なコンクリート断面積の 0.8 %以上の軸方向鉄筋を配置する。なお，コンクリート部材では，コンクリートの収縮や温度勾配等によりひび割れが生じる可能性がある。このひび割れの大きさを有害でない程度に抑えるため

に，耐力上必要な断面より大きなコンクリート断面を有する場合でも，コンクリート断面積の0.15％以上の鉄筋を配置するのが望ましい。

② 曲げモーメントの影響が支配的な棒部材の**引張鉄筋比**（tension reinforcement ratio）は，0.2％以上を原則とする。ただし，T形断面の場合には，圧縮突縁の有効幅を考慮して定める。一般には，軸方向引張鉄筋をコンクリート有効断面積（断面の有効高さdに腹部の幅b_wを乗じたもの）の0.3％以上配置する。

引張鉄筋比が極端に小さくなると，ひび割れ発生荷重よりも，降伏荷重や最大荷重が小さくなり，ひび割れが発生するとただちに鉄筋が降伏あるいは破断し，脆性的な破壊性状を示す。また，ひび割れが1カ所に集中し，無筋コンクリートのような破壊性状を示す場合もある。したがって，通常の鉄筋（350 N/mm^{2}程度）とコンクリート（30 N/mm^{2}程度以下）とを用いた場合，引張鉄筋比を0.2％以上としてこの種の破壊を避ける。

鉄筋コンクリート棒部材の脆性的な破壊を防止するためには，曲げひび割れ発生と同時に部材が破壊しないだけの鉄筋量が必要となる。設計曲げ降伏耐力が設計曲げひび割れ耐力を超えるようにするための最小鉄筋比を式(10.1)で求めてよい。

$$p_{\min} = 0.058\left(\frac{h}{d}\right)^2 \frac{{f'_c}^{2/3}}{f_{sy}} \tag{10.1}$$

〔2〕 最大鉄筋量

① 軸方向力の影響が支配的な鉄筋コンクリート部材の軸方向鉄筋量は，コンクリート断面積の6％以下とする。

② また，曲げモーメントの影響が支配的な棒部材の軸方向引張鉄筋量は，釣合鉄筋比の75％以下とする。曲げに対する軸方向鉄筋量があまりに多いと，配置しにくいばかりでなく，断面破壊時にコンクリートの破壊が先行し，脆性的な破壊を生じる危険性がある。そこで，引張鉄筋量の最大値

を釣合鉄筋比に対して余裕を持たせる。終局状態における釣合鉄筋比は，式(10.2)により求めてよい。なお，同式中の係数αはコンクリートの応力ひずみ関係として図2.4を用いた場合の近似値である。

$$p_b=\alpha\frac{\varepsilon'_{cu}}{\varepsilon'_{cu}+f_{yd}/E_s}\cdot\frac{f'_{cd}}{f_{yd}} \tag{10.2}$$

ここに，p_b：釣合鉄筋比，$\alpha=0.88-0.004f'_{ck}$　ただし，$\alpha\geqq 0.68$

ε'_{cu}：コンクリートの終局ひずみであり，図2.4で示された値としてよい。

f_{yd}：鉄筋の設計引張降伏強度〔N/mm^2〕，E_s：鉄筋のヤング係数で，一般に200 kN/mm^{2}としてよい。

〔3〕 用心鉄筋

コンクリート部材では，コンクリートの温度変化，収縮，応力集中等により構造物の耐久性に有害な影響を及ぼすひび割れが発生することがある。そこで，部材の表面部，打継部等には，計算により求めるのではなく，決められた量の**用心鉄筋**（additional reinforcement）を配置し有害なひび割れを制御する。

ひび割れ幅は，鉄筋比が一定の場合，鉄筋径または鉄筋間隔が小さいほど小さくなる。そこで，ひび割れの悪影響を軽減するためのひび割れ制御鉄筋は，できるだけ細い鉄筋を小さい間隔で配置する。なお，軸方向鉄筋およびこれと直交する各種の横方向鉄筋の配置間隔は，ひび割れの分散性等から，原則として300 mm以下とする。

擁壁等では，壁の露出面近くの水平方向に，壁の高さ1 m当り500 mm^{2}以上の断面積の鉄筋を，中心間隔が300 mm以下となるように配置する。

スラブ，壁等の開口部周辺には，応力集中その他によってひび割れが生じやすい。その程度は場合によって相当異なり，近似計算や実情に適した実験，過去における構造物のひび割れ状況等を参考にして，補強方法を定めるのがよい。補強のために配置する用心鉄筋は，**図10.4**のように配置するのが一般的である。これらの鉄筋は，開口部の隅から十分な定着が得られるまで延ばして配置する。

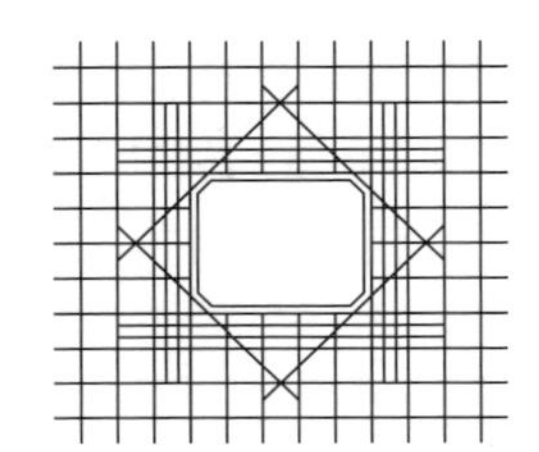

図 10.4　開口部付近の用心鉄筋[4)]

なお，開口部を設けたために配置できなくなった主鉄筋および**配力鉄筋**（distribution reinforcement）は，各断面において所要鉄筋量を満足するように，開口部の周辺に配置しなければならない。ここで，配力鉄筋とは，応力を分布させる目的で正鉄筋または負鉄筋と直角に配置される鉄筋をいう。

10.3.2　横方向鉄筋の配置

〔1〕 スターラップ

① せん断補強鉄筋のない部材では，斜めひび割れが発生すると同時に，急激に耐力低下することが多い。部材の急激な破壊が構造物全体の性状に影響を与える場合には，部材のじん性を増すよう適切に対処する必要がある。そこで，せん断補強鉄筋が不要とされる場合でも，コンクリートの乾燥収縮や温度差等により斜めひび割れが発生し，急激な破壊に至るのを防ぐため，棒部材には，0.15％以上のスターラップを部材全長にわたって配置する（式 (10.3) 参照）。また，その間隔は，部材有効高さの 3/4 倍以下，かつ 400 mm 以下とする。

$$A_{w\min}/(b_w s) = 0.0015 \tag{10.3}$$

ここに，$A_{w\min}$：最小鉛直スターラップ量，b_w：腹部幅，s：スターラップの配置間隔。

ただし，この量は異形鉄筋を用いることが前提であり，降伏強度および付着強度の小さい丸鋼を用いる場合には，この 1.5 倍程度の量を配置する。

② 計算上，せん断補強鉄筋が必要な場合において，スターラップが有効に働くためには，腹部コンクリートに発生する斜めひび割れと必ず交わるよ

う，スターラップの間隔を定めて配置する必要がある。この間隔は，斜めひび割れの発生する角度を45°と想定して部材断面の有効高さの1/2倍以下とし，さらに収縮等によるひび割れの発生を防ぐために用心鉄筋としても有効となるよう，300 mm以下とする。

また，せん断ひび割れが部材軸に対して斜めに生じることを考慮し，安全のため，スターラップは，計算上必要な区間の外側の有効高さに等しい区間にも，これと同量のせん断補強鉄筋を配置する。

〔2〕 帯　鉄　筋

① 帯鉄筋やらせん鉄筋などの横方向鉄筋は，斜めひび割れの進展を抑止してせん断耐力を向上させるとともに，軸方向鉄筋の座屈を防止し，コアコンクリートを拘束する役割も果たす。したがって，帯鉄筋の部材軸方向の間隔は，一般に，軸方向鉄筋の直径の12倍以下，かつ部材断面の最小寸法以下とする。塑性ヒンジとなる領域は，軸方向鉄筋の直径の12倍以下，かつ部材断面の最小寸法の1/2以下とする。なお，帯鉄筋は，軸方向鉄筋を取り囲むように配置する（**図10.5**）。

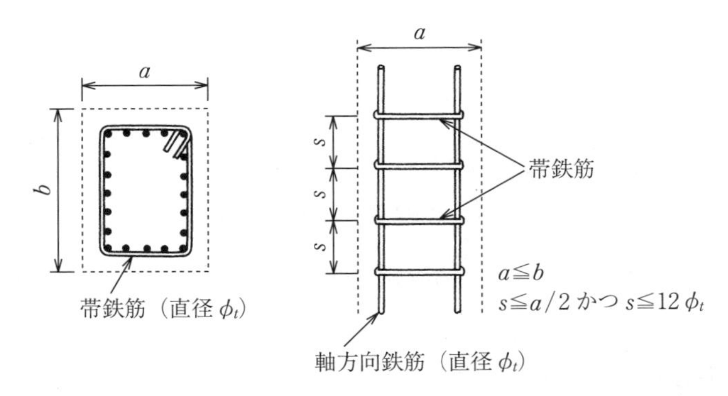

図10.5　軸方向鉄筋すべてを取り囲んで配置する帯鉄筋の間隔[4)]

② 矩形断面の部材で断面寸法が大きくなると，断面の隅角部から離れた箇所では帯鉄筋の拘束効果が低下する。したがって，帯鉄筋の1辺の長さは，帯鉄筋直径の48倍以下かつ1 m以下とする。

10.4　鉄筋の曲げ形状

鉄筋は，引抜き抵抗力を増すために端部を折り曲げて**フック**（hook）を設けたり，スターラップなどのように曲げ加工して使用される場合がある。

このような場合，曲げ内半径rが小さすぎると鉄筋自体の亀裂や損傷の恐れがあり，所要の引張力を負担できなかったり，内部コンクリートに大きな支圧力を作用させることとなる。そのため，鉄筋の曲げ内半径についてはつぎのように定められている。

〔1〕　標準フック

標準フック（standard hook）として，**半円形フック**（semicircular hook），**鋭角フック**（acute angle hook），**直角フック**（right angle hook）がある（**図10.6**）。

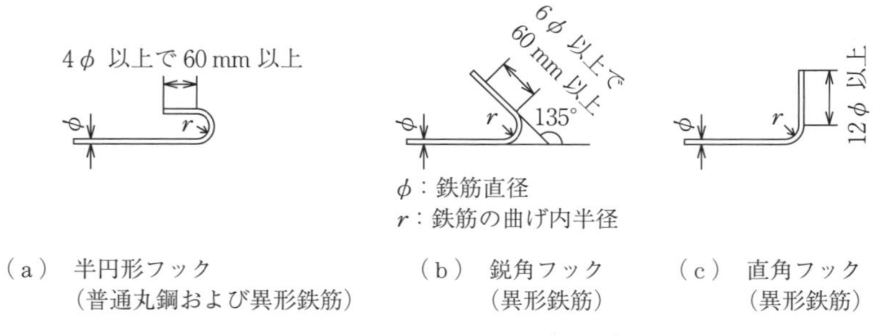

図10.6　鉄筋端部のフックの形状[4)]

これらのフックの形状は，用途（軸方向鉄筋，スターラップ，帯鉄筋）や鉄筋の種類（異形鉄筋，普通丸鋼）により適切に選定される。

〔2〕　軸方向鉄筋のフック

① 普通丸鋼とコンクリートとの付着強度は，異形鉄筋に比べてかなり小さく，また，その表面性状や周囲のコンクリートの品質等によっても変化する。したがって，軸方向引張鉄筋に普通丸鋼を用いる場合には，半円形フックとしなければならない。

② 軸方向鉄筋のフックの曲げ内半径は，**表10.2**の値以上とする。

表 10.2 フックの曲げ内半径4)

種 類		曲げ内半径 r	
		軸方向鉄筋	スターラップおよび帯鉄筋
普通丸鋼	SR 235	2.0ϕ	1.0ϕ
	SR 295	2.5ϕ	2.0ϕ
異形鉄筋	SD 295	2.5ϕ	2.0ϕ
	SD 345	2.5ϕ	2.0ϕ
	SD 390	3.0ϕ	2.5ϕ
	SD 490	3.5ϕ	3.0ϕ
	SD 590 A，B	—	2.5ϕ（90°まで）
	SD 685 R	—	2.0ϕ（90°まで）
	SD 785 R	—	2.0ϕ（90°まで）

〔3〕 スターラップおよび帯鉄筋のフック

① 普通丸鋼の場合，スターラップおよび帯鉄筋ともに半円形フックとしなければならない。

② 異形鉄筋の場合，スターラップには半円形フック，鋭角フックまたは直角フックのどれを用いてもよい。また，帯鉄筋には原則として半円形フックまたは鋭角フックを設ける。

③ スターラップおよび帯鉄筋の**フックの曲げ内半径**（inside radii of bend for hook）は，表 10.2 の値以上とする。ただし，SD 590 A，B，SD 685 R，SD785R の値は直角フックの場合とし，90° より大きく曲げる場合は，鉄筋の亀裂，破損がないことを実験により確認する。また，$\phi \leqq 10$ mm のスターラップは 1.5ϕ の曲げ内半径としてよい。なお，各種フックが適用可能な補強筋を**表 10.3** にまとめて示す。

表 10.3 フックの適用

種 類		半円形フック	鋭角フック	直角フック	フックなし
普通丸鋼		○	×	×	×
異形鉄筋	軸方向鉄筋*1	○	○	○	○
	スターラップ*2	○	○	○	×
	帯鉄筋*2	○	○	×	×

＊1：SD 295，345，390，490 について規定している。
＊2：SD 590 A，B，SD 685 R，SD 785 R は直角フック 90° の場合。90° より大きい場合は実験で確認。

〔4〕 その他の鉄筋

① 折曲鉄筋の曲げ内半径は，コンクリートに大きい支圧力を加えないようにするため，鉄筋直径の5倍以上とする（**図10.7**）。ただし，コンクリート部材の側面から $2\phi + 20$ mm 以内の距離にある折曲鉄筋は，折曲部のコンクリートの支圧強度が内部のコンクリートよりも小さいので，その曲げ内半径を鉄筋直径の7.5倍以上にする。

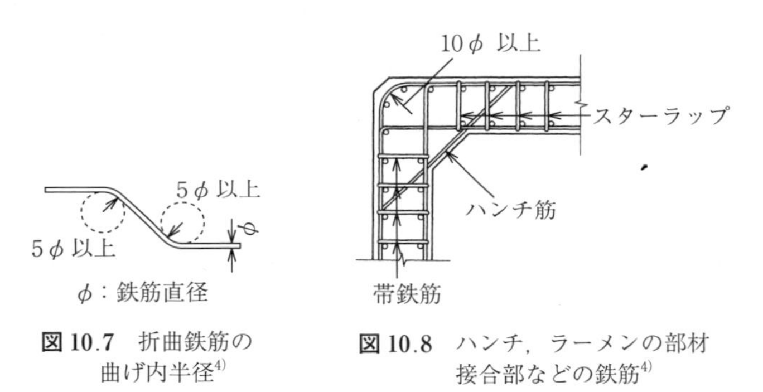

図10.7 折曲鉄筋の曲げ内半径[4)]

図10.8 ハンチ，ラーメンの部材接合部などの鉄筋[4)]

② ラーメン構造の部材接合部の外側に沿う鉄筋の曲げ内半径は，鉄筋直径の10倍以上とする（**図10.8**）。

10.5 鉄筋の定着

鉄筋コンクリートにおいては，外力に対して鉄筋とコンクリートとが一体となって働く。そのため，外力が作用したときの鉄筋端部の**定着**（anchor）はきわめて重要であり，鉄筋の能力を十分に発揮させるためには，鉄筋端部がコンクリートから抜け出さないよう適当な**定着長**（development length）をとるか，フックまたは定着具を設けてコンクリート中に確実に定着しなければならない。

異形鉄筋の場合には，その定着箇所によってはフックを設けなくてもよいが，これと直角方向に鉄筋を配置し，確実な定着が得られるようにする。

10.5.1 軸方向鉄筋の定着

軸方向鉄筋が適切に機能し，構造物の安全性を確保するため，以下のきまりを守らなければならない。

〔1〕 一 般 事 項

① スラブまたははりの正鉄筋の少なくとも1/3は，これを曲げ上げないで支点を超えて定着する。

② スラブまたははりの負鉄筋の少なくとも1/3は，反曲点を超えて延長し，圧縮側で定着するか，あるいはつぎの負鉄筋と連続させる。

③ 折曲鉄筋は，その延長を正鉄筋または負鉄筋として用いるか，または折曲鉄筋端部をはりの上面または下面に所要のかぶりを残して水平に延ばし，圧縮側のコンクリートに定着する。

ただし，支点の桁上縁付近では無応力あるいは引張応力の状態になるので，端支点部は支点から0.8 h，中央支点部では，支点を中心に1.6 hの範囲で定着してはならない（**図10.9**）。

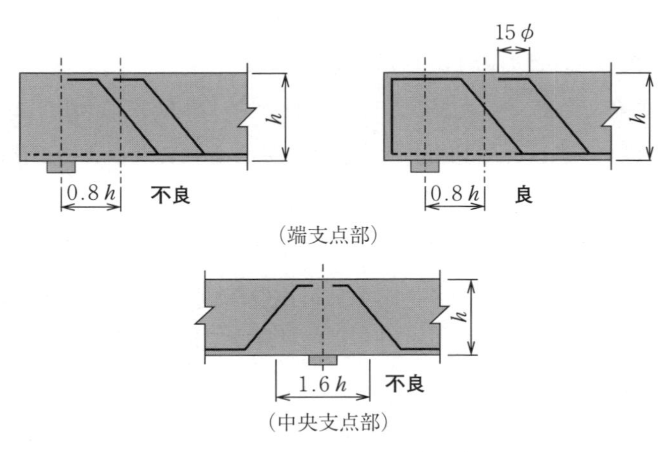

図10.9 折曲鉄筋の配筋例[4)]

〔2〕 軸方向引張鉄筋の定着長の算定

土木学会コンクリート標準示方書では，曲げ部材における軸方向引張鉄筋の定着長の算定にあたって，以下の条件1）～10）を定めている。なお，l_sは，部材断面の有効高さとする。

1) 曲げモーメントが極値をとる断面から l_s だけ離れた位置を起点とし，低減定着長 l_o 以上の定着長をとる。

2) 計算上鉄筋の一部が不要となる断面で折曲鉄筋とする場合は，曲げモーメントに対して計算上鉄筋の一部が不要となる断面から，曲げモーメントが小さくなる方向へ l_s だけ離れた位置で折り曲げる。

3) 折曲鉄筋をコンクリートの圧縮部に定着する場合の定着長は，フックを設けない場合は 15 ϕ 以上，フックを設けた場合は 10 ϕ 以上とする。なお，ϕ は鉄筋直径である。

4) 引張鉄筋は，引張応力を受けないコンクリートに定着するのを原則とするが，つぎの（i）あるいは（ii）のいずれかを満足する場合には，引張応力を受けるコンクリートに定着してもよい。この場合の引張鉄筋の定着部は，計算上不要となる断面から（l_d+l_s）だけ余分に延ばさなければならない。なお，l_d は基本定着長とする。

（i）鉄筋切断点から計算上不要となる断面までの区間では，設計せん断耐力が設計せん断力の 1.5 倍以上あること。

（ii）鉄筋切断部での連続鉄筋による設計曲げ耐力が設計曲げモーメントの 2 倍以上あり，かつ切断点から計算上不要となる断面までの区間で，設計せん断耐力が設計せん断力の 4/3 倍以上あること。

5) スラブまたははりの正鉄筋を，端支点を超えて定着する場合，その鉄筋は支承の中心から l_s だけ離れた断面位置の鉄筋応力に対する低減定着長 l_0 以上を支承の中心からとり，さらに部材端まで延ばさなければならない。

6) 片持ばり等の固定端では，原則として引張鉄筋の端部が定着部において上下から拘束されている場合には，断面の有効高さの 1/2 または鉄筋直径の 10 倍のいずれか小さい値だけ，また，引張鉄筋の端部が定着部において上下から拘束されていない場合には，断面の有効高さだけ定着部内に入った位置を起点として，それぞれ低減定着長以上の定着長をとる。

7) 柱の下端では，柱断面の有効高さの 1/2 または鉄筋直径の 10 倍のいずれか小さい値だけフーチング内側に入った位置を起点として，基本定着長 l_d 以上の定着長をとる。

8)　定着する部材の厚さあるいは高さが定着される部材のそれより小さい場合は，定着する部材の端まで鉄筋を延ばして定着する。この場合，定着部が定着される部材に作用している応力を定着する部材に確実に伝えるように，鉄筋の定着方法，接合部の補強鉄筋の配置方法等を検討する。

9)　定着する部材の厚さあるいは高さが定着される部材のそれよりも十分大きい場合は，示方書の「定着破壊に対する照査」により鉄筋定着長を算定してよい。

10)　変断面の場合の l_s は，1）においては曲げモーメントが極値をとる断面の有効高さ d とし，2）においては曲げモーメントに対して計算上鉄筋の一部が不要となる断面の有効高さ d とする。

なお，上記の条件に対して，**図 10.10** を例に，定着長の算定位置が具体的に

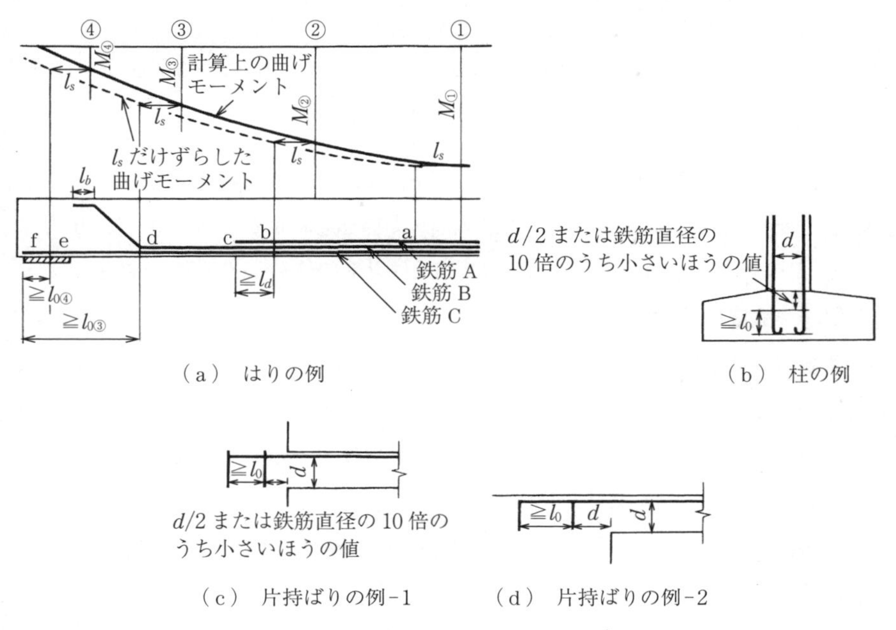

（a）　はりの例　　（b）　柱の例

（c）　片持ばりの例-1　　（d）　片持ばりの例-2

図 10.10　鉄筋定着長算定位置の例[4)]

説明されている。

鉄筋Aは，引張応力を受けるコンクリートに定着する鉄筋である。鉄筋は断面①で応力度が最大となるため，断面①から条件1）に従ってl_sだけ離れた点aから，$l_0$①以上の定着長が必要である。しかし，この鉄筋は引張を受けるコンクリートに定着され，条件4）により，点cが，計算上鉄筋Aが不要となる断面②から（l_d+l_s）以上離れていることから，上の条件は必ず満足される。

鉄筋Bは，折曲鉄筋の例である。鉄筋の折曲点dは計算上鉄筋Bが不要となる断面③から条件2）に従ってl_s離れたところである。また，鉄筋Bの応力度が計算上極大となる点bからl_0以上の定着長がなければならないが，この条件は満足されていることが多く，この検討は一般には不要である。なお，折曲鉄筋の定着方法としては，異形鉄筋の場合，**図10.11**などが考えられる。

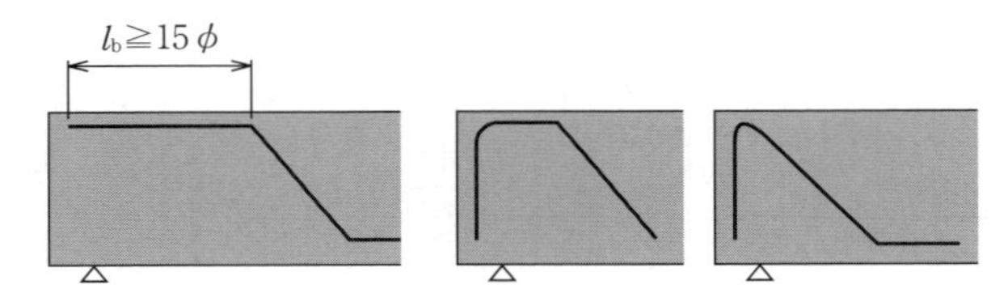

図10.11　折曲鉄筋の定着方法

鉄筋Cは，支点を超えて延ばす鉄筋の例である。鉄筋端部の点fと，鉄筋Cの応力が極大となる点dとの間に，$l_0$③以上の定着長が必要であり，また条件5）によって，点fと点eの間には，$l_0$④以上の定着長が必要である。

〔3〕 鉄筋の基本定着長

鉄筋の定着長は，鉄筋の種類，コンクリートの強度，かぶり，横方向鉄筋の状態等によって異なるので，これらを考慮して基本定着長を定める必要がある。ただし，計算の繁雑さをともなうことから，一般には係数αを導入して式の簡素化を図っている。

引張鉄筋の**基本定着長**（basic development length）l_dは，式(10.4)による算定値をつぎの1）～3）により補正する。

$$l_d=\alpha\cdot\frac{f_{yd}}{4f_{bod}}\cdot\phi \tag{10.4}$$

ここに，ϕ：鉄筋の直径〔mm〕，f_{yd}：鉄筋の設計引張降伏強度〔N/mm^2〕，f_{bod}：コンクリートの設計付着強度〔N/mm^2〕で，γ_c を 1.3 とし，$f_{bok}=0.28f'_{ck}{}^{2/3}$ より求めてよい。ただし，$f_{bod}\leqq 3.2$ N/mm^2，普通丸鋼の付着強度は異形鉄筋の場合の 40 %とし，鉄筋端部に半円形フックを設ける。

$\alpha=1.0$（$k_c\leqq 1.0$ の場合）
$=0.9$（$1.0<k_c\leqq 1.5$ の場合）
$=0.8$（$1.5<k_c\leqq 2.0$ の場合）
$=0.7$（$2.0<k_c\leqq 2.5$ の場合）
$=0.6$（$2.5<k_c$ の場合）

ここに，$k_c=c/\phi+15A_t/s\phi$，c：鉄筋の下側のかぶりの値と定着する鉄筋のあきの半分の値のうちの小さいほう〔mm〕，A_t：仮定される割裂破壊断面に垂直な横方向鉄筋の断面積〔mm^2〕，s：横方向鉄筋の中心間隔〔mm〕。

1）引張鉄筋の基本定着長は，式（10.4）による算定値とする。ただし，標準フックを設ける場合には，この算定値から 10ϕ だけ減じることができる。

2）圧縮鉄筋の基本定着長は，式（10.4）による算定値の 0.8 倍とする。ただし，標準フックを設ける場合でも，これ以上減じてはならない。

3）定着を行う鉄筋がコンクリートの打込みの際に，打込み終了面から 300 mm の深さより上方の位置で，鉄筋の下側におけるコンクリートの打込み高さが 300 mm 以上ある場合，かつ水平から 45° 以内の角度で配置されている場合，引張鉄筋または圧縮鉄筋の基本定着長は，1）または 2）で算定される値の 1.3 倍とする。

4）上記 1）～3）で補正した値 l_d は 20ϕ 以上とする。

〔4〕 鉄筋の定着長

実際に配置する鉄筋の定着長は，その使用状態を考慮し，基本定着長 l_d を修正して定める。

1）実際に配置される鉄筋量 A_s が計算上必要な鉄筋量 A_{sc} より大きい場合，低減定着長 l_0 を式（10.5）により求める。

$$l_0 \geqq l_d \cdot \frac{A_{sc}}{A_s} \qquad (10.5)$$

ただし，$l_0 \geqq l_d/3$，$l_0 \geqq 10\,\phi$　ここに，ϕ：鉄筋直径〔mm〕。

2)　定着部が曲がった鉄筋の定着長のとり方は，つぎのとおりとする。

① 曲げ内半径が鉄筋直径の 10 倍以上の場合は，折り曲げた部分も含み鉄筋の全長を有効とする（**図 10.12**（a））。

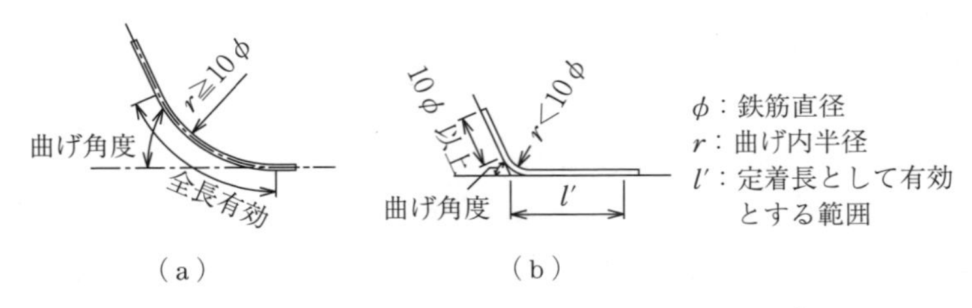

図 10.12　定着部が曲がった鉄筋の定着長のとり方[4)]

② 曲げ内半径が鉄筋直径の 10 倍未満の場合は，折り曲げてから鉄筋直径の 10 倍以上まっすぐに延ばしたときに限り，直線部分の延長と折り曲げ後の直線部分の延長との交点までを定着長として有効とする（図（b））。

図 10.13 に，種々の形状の鉄筋定着長を示す。なお，l_{do} は基本定着長とする。

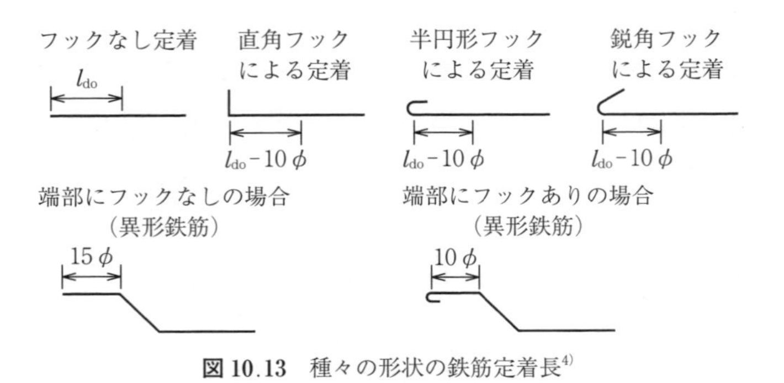

図 10.13　種々の形状の鉄筋定着長[4)]

10.5.2　横方向鉄筋の定着

せん断破壊を防止し，構造物の安全性を確保するため，以下のきまりを守らなければならない。

〔1〕 **一 般 事 項**

① スターラップは，正鉄筋または負鉄筋を取り囲み，その端部を圧縮側のコンクリートに定着する。

② 帯鉄筋の端部には，軸方向鉄筋を取り囲んだ半円形フックまたは鋭角フックを設ける。

③ らせん鉄筋は，1巻半余分に巻き付け，らせん鉄筋に取り囲まれたコンクリート中に定着する。ただし，塑性ヒンジ領域では，その端部を重ねて2巻き以上とする。

〔2〕 **横方向鉄筋の配置**

スターラップはその端部にフックを設けて，これを圧縮側の鉄筋にかけて確実に定着する。スターラップで圧縮鉄筋を取り囲むことにより，スターラップの定着を確保し，圧縮鉄筋の座屈を防止する（**図 10.14**）。

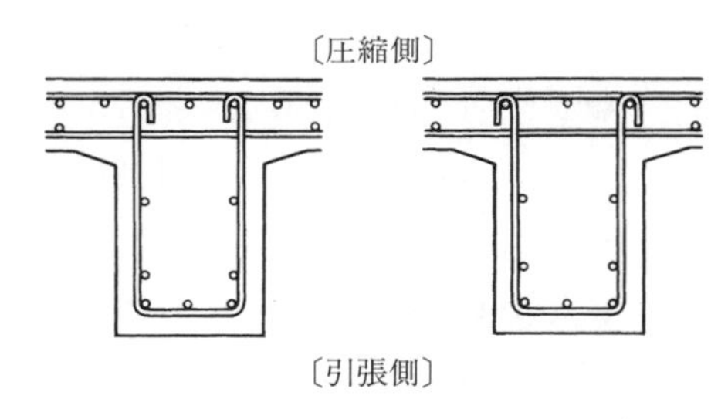

図 10.14　スターラップの端部形状[4)]

帯鉄筋および中間帯鉄筋は，軸方向鉄筋の座屈防止，じん性の確保，せん断補強などの目的で配置される。これに重ね継手のようなものを用いると，曲げひび割れの発生時やかぶりコンクリートが剥落した場合に機能を失う場合がある。したがって，帯鉄筋および中間帯鉄筋の端部には必ずフックを設け，これで軸方向鉄筋を囲んで定着する（**図 10.15**）。

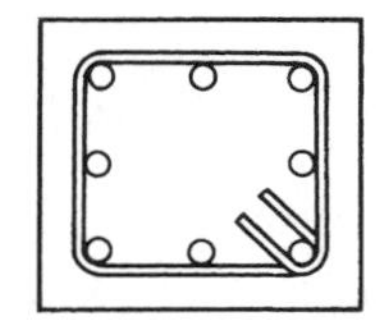

図 10.15　帯鉄筋の端部形状

塑性ヒンジ領域において，らせん鉄筋の端部は，定着が不十分になる可能性があるため，2巻き以上を重ね，かつ，端部はたがいに機械的に接合するか，先端を鋭角フックとして内部コンクリートに定着する。

10.6 鉄筋の継手

部材が長く，1本の鉄筋のみでは所要の長さを確保できない場合，鉄筋をつないで，1本の鉄筋と同じと考え設計・施工を行う。このように鉄筋をつないだ箇所を**継手**（splice）と呼ぶ。なお，継手部は構造上の弱点になりやすいので，つぎの点に留意しなければならない。

〔1〕 一般事項

① 鉄筋の継手は，鉄筋の種類，直径，応力状態，継手位置等を考慮して選定する。

② 鉄筋の継手位置は，できるだけ応力の大きい断面を避ける。

③ 継手を同一断面としない場合，同一断面に設ける継手の数は2本の鉄筋につき1本以下とし，継手位置を軸方向に相互にずらす距離は，継手の長さに鉄筋直径の25倍を加えた長さ以上とする。

④ 継手部と隣接する鉄筋とのあき，または継手部相互のあきは，粗骨材の最大寸法以上とする。

〔2〕 重ね継手

鉄筋の重ね継手部での応力伝達機構は鉄筋の定着部に似ており，重ね合わせ長さlは，定着部での基本定着長l_dに基づいて定める。

重ね継手（lap splice）は**機械式継手**（mechanical splice）など他の継手に比べて施工が容易であるが，コンクリートが継手部に十分行き渡らなかった場合や継手部のコンクリートに分離が生じた場合，また継手部周囲のコンクリートが劣化した場合には，継手の強度が大きく低下する。そのため，重ね継手はなるべく応力の小さい部分に設けるとともに，継手部を横方向鉄筋で十分に補強する必要がある。

（1） 軸方向鉄筋

軸方向鉄筋に重ね継手を用いる場合には，つぎの①～⑦の規定に従う。

① 配置する鉄筋量が計算上必要な鉄筋量の2倍以上，かつ同一断面での継

手の割合が1/2以下の場合には，重ね継手の重ね合わせ長さは基本定着長 l_d 以上とする。

② ① の条件のうち，一方が満足されない場合には，重ね合わせ長さは基本定着長 l_d の 1.3 倍以上とし，継手部を横方向鉄筋などで補強する。

③ ① の条件の両方が満足されない場合には，重ね合わせ長さは基本定着長 l_d の 1.7 倍以上とし，継手部を横方向鉄筋などで補強する。

④ 重ね継手の重ね合わせ長さは，鉄筋直径の 20 倍以上とする。

⑤ 重ね継手部の帯鉄筋および中間帯鉄筋（帯鉄筋の拘束効果が低下しないように帯鉄筋の中間に配置する鉄筋）の間隔は，100 mm 以下とする（**図 10.16**）。

⑥ 水中コンクリート構造物の重ね合わせ長さは，原則として鉄筋直径の 40 倍以上とする。

⑦ 交番応力を受ける塑性ヒンジ領域には，重ね継手を用いない。

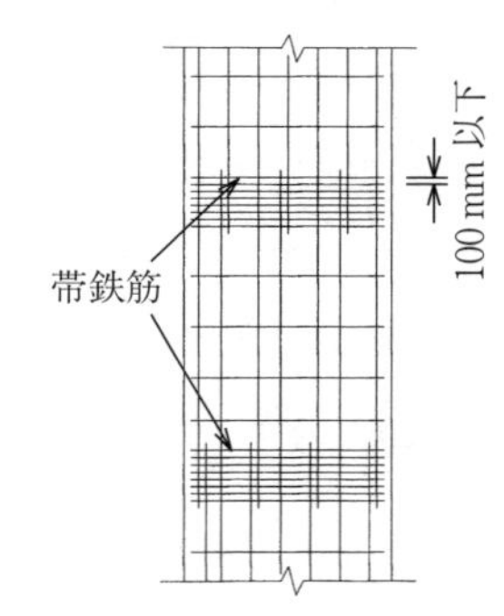

図 10.16 重ね継手部の帯鉄筋および中間帯鉄筋の間隔[4)]

（2） 横方向鉄筋

原則として，スターラップに重ね継手を用いてはならない。これは，スターラップに沿ってひび割れが生じる場合があること，スターラップはコンクリート表面に近い位置に配置されるため，重ね継手を用いた場合，ひび割れやかぶりコンクリートの剥落によって鉄筋とコンクリートの付着が失われ応力の伝達に影響することなどが考えられるためである。

ただし，大断面の部材等でやむを得ない場合は，重ね合わせ長さを基本定着長 l_d の 2 倍以上，もしくは基本定着長 l_d をとり端部に直角フックまたは鋭角フックを設けることで重ね継手を用いてもよい。なお，重ね継手の位置は圧縮域またはその近くにしなければならない。スターラップの端部にフックを設ける場合，**図 10.17** のようにフックの内側にスターラップと直角に D13 以上の鉄筋を配置し，またスターラップのフックは部材の内側に向ける。しかし，ス

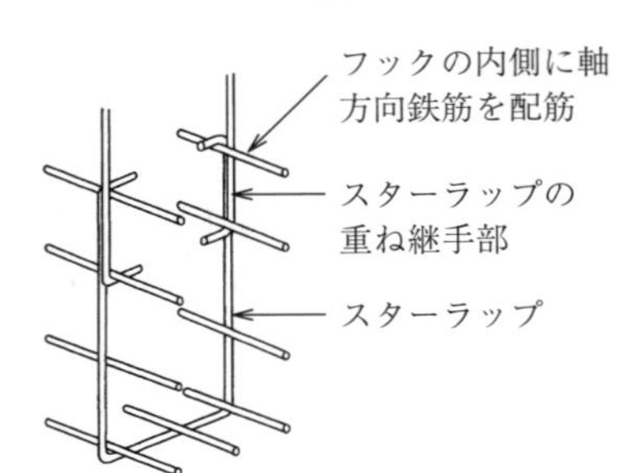

図 10.17　スターラップの重ね継手の配筋[4)]

ターラップに重ね継手を用いることは，安易に行わないことが重要である。

大変形時にかぶりコンクリートが剥落する領域の軸方向鉄筋すべてを取り囲むように配置する帯鉄筋は，かぶりコンクリートが剥落してもその全強が発揮される必要がある。その条件を満たす継手としては，フレア溶接，突合せ抵抗溶接（**図 10.18**）あるいは機械式継手が挙げられる。

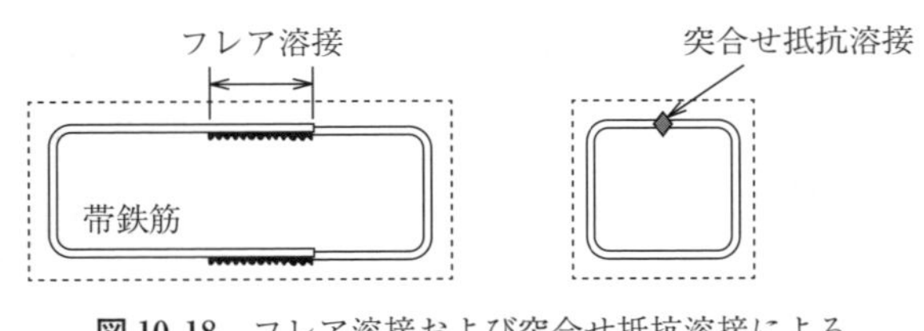

図 10.18　フレア溶接および突合せ抵抗溶接による帯鉄筋の継手[4)]

なお，継手部が内部コンクリート中にある場合には，帯鉄筋の端部を標準フックとした重ね継手としてもよい（**図 10.19**）。

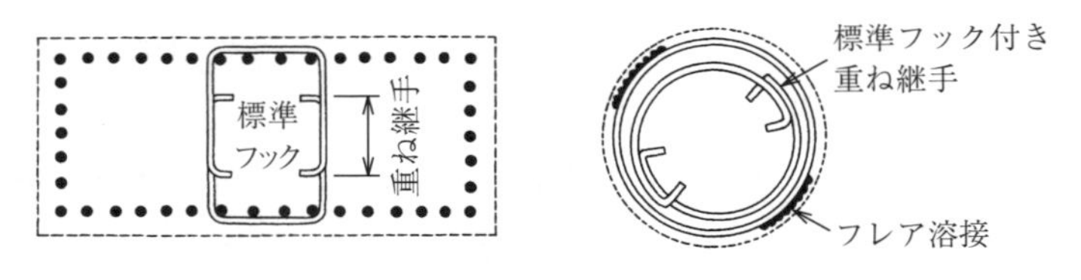

図 10.19　帯鉄筋の重ね継手

鉄筋の継手部は，鉄筋単体部に比べて信頼性に劣り，また，施工上からも弱点になりやすい。したがって，部材軸方向において継手位置がそろわないよう，相互にずらす必要がある。例えば，円形断面の部材では，帯鉄筋の継手位

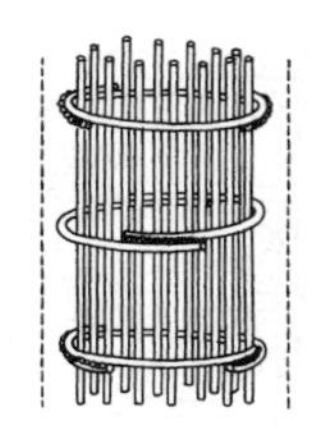
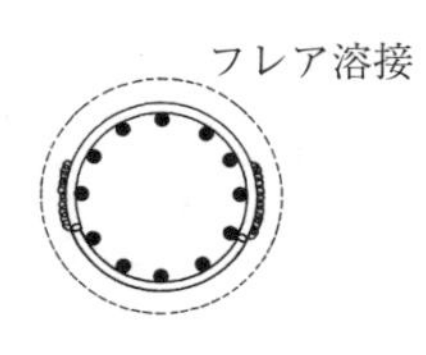

図 10.20　帯鉄筋の継手位置[4)]

置を**図 10.20** のようにする。

10.7　はりまたは柱の配筋

土木学会コンクリート標準示方書では，各種部材の配筋の詳細を示している。以下では，代表的なはりおよび柱の配筋について紹介する。

10.7.1　は り の 配 筋

① 圧縮鉄筋のある場合のスターラップの間隔は，圧縮鉄筋の座屈を防ぐため，圧縮鉄筋直径の 15 倍以下，かつスターラップ直径の 48 倍以下とする。

② はりの高さが大きい場合には，はりの腹部に，ひび割れ幅を制御するための水平用心鉄筋を配置する。この場合，腹部の断面積の 0.2 %以上の断面積の鉄筋を中心間隔 300 mm 以下で配置する。

③ 支点付近には，支点反力の集中等の影響によって鉛直に近いひび割れが生じることがあるので，水平および鉛直の用心鉄筋を十分に配置する。

10.7.2　帯鉄筋柱の配筋

① 軸方向鉄筋の直径は 13 mm 以上，その数は 4 本以上，その断面積は計算上必要なコンクリート断面積の 0.8 %以上，かつ 6 %以下とする。

② 帯鉄筋およびフープ鉄筋の直径は 6 mm 以上，その間隔は，柱の最小横寸法以下，軸方向鉄筋の直径の 12 倍以下，かつ帯鉄筋の直径の 48 倍以下

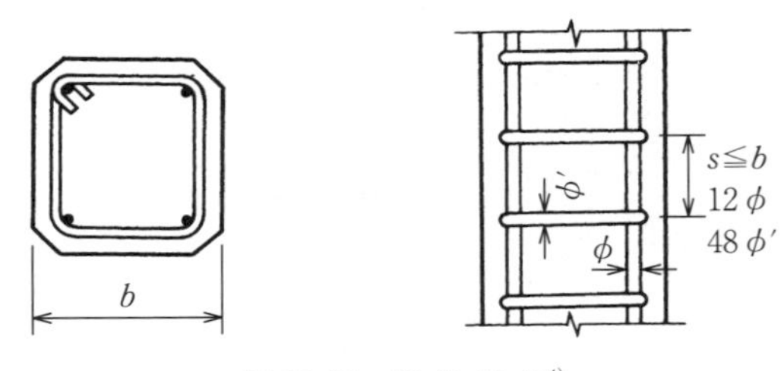

図 10.21　帯鉄筋柱[4)]

とする（**図 10.21**）。なお，一辺における帯鉄筋の長さが大きいと帯鉄筋の目的が達せられないので，断面内では，帯鉄筋の一辺の長さ c_i が帯鉄筋直径の 48 倍以下かつ 1 m 以下となるように**中間帯鉄筋**（intermediate tie）を配置し，拘束効果が著しく低下しないようにする（**図 10.22**）。

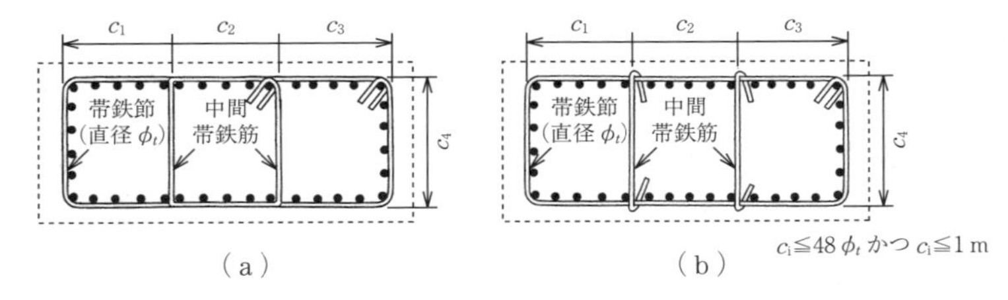

図 10.22　大型断面における帯鉄筋および中間帯鉄筋の配置例[4)]

演習問題

〔**10.1**〕以下を説明せよ。

（1）　鉄筋のかぶりとあきの最小値

（2）　軸方向鉄筋について最小鉄筋量と最大鉄筋量が定められている理由

（3）　用心鉄筋と配力鉄筋，およびスターラップと帯鉄筋，中間帯鉄筋

（4）　標準フックのそれぞれにおける，鉄筋種類ごとの適用の可否

（5）　軸方向鉄筋の定着に関する規定（一般事項）および定着長の算定方法

（6）　鉄筋の基本定着長と低減定着長の算定式

（7）　横方向鉄筋の定着に関する規定（一般事項）および配置方法

（8）　鉄筋の継手の配置に関する規定（一般事項）および重ね継手の重ね合わせ長さに関する規定

11章 プレストレストコンクリート

◆本章のテーマ

プレストレストコンクリート（PC）は，基本的に全断面を有効として計算する。その結果，断面をスレンダーにして軽量化し，鉄筋コンクリートの場合よりも部材の支間を長くすることができる。反面，設計においては，導入プレストレス力の経時的変化を考慮して断面内の応力を検討する必要があり，鉄筋コンクリートと比べて設計が多少煩雑となる。本章では，プレストレスの導入方法や断面内応力の状態によるPCの種類，ならびにPC特有の材料や定着方法を紹介し，プレストレス力の算定方法，安全性および使用性に関する照査方法を説明する。

◆本章の構成（キーワード）

11.1　プレストレストコンクリートの分類
　プレテンション，ポストテンション，フルプレストレス，パーシャルプレストレス

11.2　材料
　緊張材，PC鋼より線，PC鋼棒，シース，グラウト

11.3　定着方法
　くさび式，ねじ式，ボタン式，ループ式，合金式

11.4　プレストレス力の算定
　導入直後のプレストレス力，摩擦係数，セット，有効プレストレス力

11.5　安全性に関する照査
　曲げ耐力，せん断耐力，内ケーブル，外ケーブル，アンボンドPC鋼材

11.6　使用性に関する照査
　プレストレス力導入直後の応力，全設計荷重作用時の応力，応力度の制限値

◆本章を学ぶと以下の内容をマスターできます

☞　プレストレストコンクリートの種類
☞　緊張材や定着具など，PC特有の材料・治具の使用方法
☞　導入直後のプレストレス力および供用期間におけるプレストレス力の算定方法
☞　供用時における応力，および曲げ耐力とせん断耐力の算定方法

11.1 プレストレストコンクリートの分類

図 11.1 に示すように，コンクリート構造部材の軸方向に，図心から e だけ離れた位置に荷重 P を与える。偏心させて荷重を作用させるのは，死荷重や活荷重などにより発生する断面内の応力に対して効率的に働くためである。

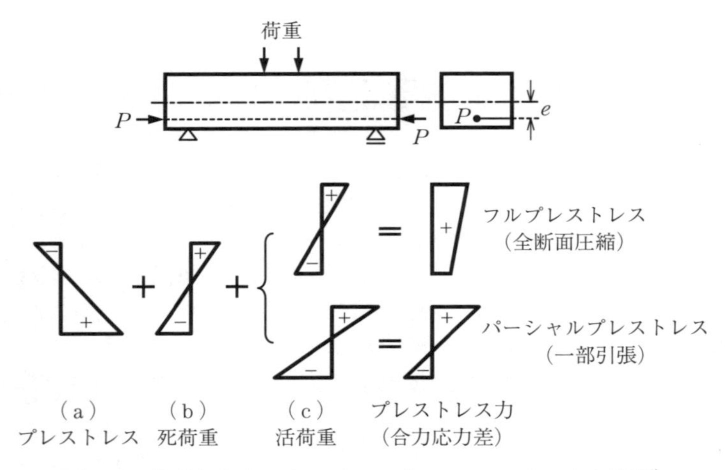

図 11.1　曲げを受けるプレストレストコンクリートの応力状態[9)]
（＋は圧縮，－は引張）

偏心荷重の結果，断面内に発生するプレストレス（図中（a））は上縁側よりも下縁側のほうが大きくなる。

合成応力は，プレストレス（a）と作用（死荷重（b）と活荷重（c））によって生ずる曲げ応力との和となり，下縁の引張応力が小さくなる。

・分　　類

プレストレストコンクリート（PC）構造は，コンクリートにプレストレスを与える時期，PC 鋼材の配置方法等によって，つぎのように分類される。

（1）　施工上の分類

① プレテンション方式

プレテンション方式は，**図 11.2** のように支柱間に配置した PC 鋼材に

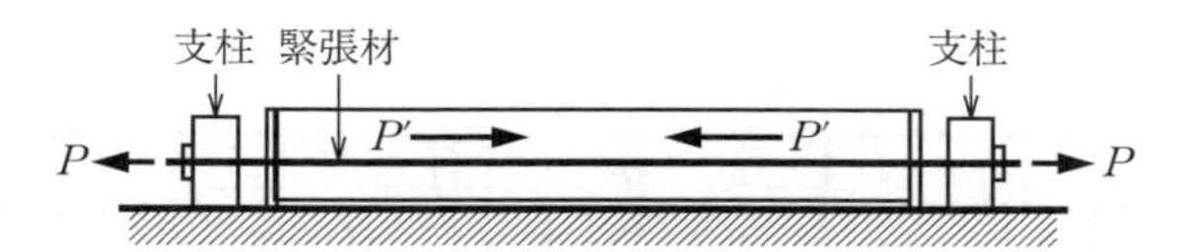

図 11.2 プレテンション方式[5)]

引張力 P を与えておいて型枠の組立て，コンクリートの打設を行い，コンクリートの硬化後に PC 鋼材を切断して，その引張力を PC 鋼材とコンクリートの付着によってコンクリートに圧縮力 P' を与える方法である。この方式では，PC 鋼材をあらかじめ引張っておくための設備が必要で，一般に工場において製作される。なお，製品となった部材を現場に運搬することになるので，比較的小さい部材に対してこの方式が用いられる。

② ポストテンション方式

ポストテンション方式は，**図 11.3** のようにコンクリートの硬化後に PC 鋼材に引張力 P を与え，その鋼材をコンクリートに定着させてプレストレス P' を与える方法である。この方式は，現場でコンクリートを打設して構造物を構築する場合でも比較的容易にプレストレスを与えることができるので，広く用いられている。

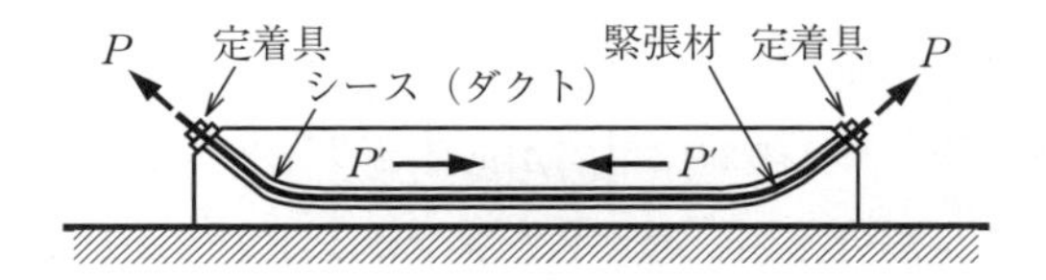

図 11.3 ポストテンション方式[5)]

（2） 設計上の分類

使用状態における曲げひび割れの発生状態により，つぎの 2 種類に分類される。

① PC 構造

PC 構造は，使用性に関する照査においてひび割れの発生を許さないことを前提とし，プレストレスの導入により，コンクリートの縁応力および斜め引張応力を制御する構造である。**図 11.4** の合成応力（a）は合成縁応

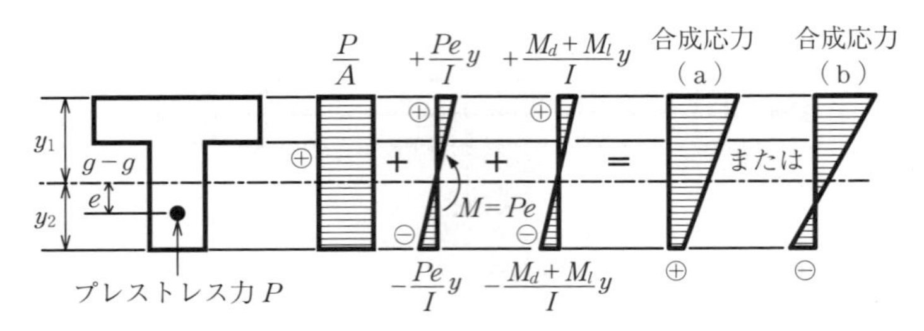

図 11.4　合成応力の考え方[5)]

力が引張応力にならないように設計した場合で，**フルプレストレス**（full prestressing）という。また，図中の合成応力（b）のように部分的に引張応力が発生することを認める場合を**パーシャルプレストレス**（partial prestressing）という。

② PRC 構造

PRC 構造は，使用性に関する照査においてひび割れの発生を許容し，異形鉄筋の配置とプレストレスの導入により，ひび割れ幅を制御する構造である。鉄筋コンクリート構造と同様に，異形鉄筋のひび割れ分散作用によりひび割れ間隔およびひび割れ幅を制御し，またプレストレスにより鉄筋応力度の増加量を抑制する。

（3）　付着による分類

コンクリートと PC 鋼材の間に付着があるボンド PC と，グリースや高分子材料などによって付着の無い状態としたアンボンド PC に分類される。なお，アンボンド PC は，平面保持の仮定が適用できず，曲げひび割れ幅の増大や曲げ耐力の減少などに注意が必要である。

また，硬化時間が著しく遅い高分子材料を利用した**アフターボンド PC**（after bonding PC）もある。

（4）　内ケーブルと外ケーブル

内ケーブル（inner cable）方式は，緊張材（PC 鋼材ほか）がコンクリート部材内に配置されたものであり，**PC グラウト**（PC grout）によりコンクリート部材と PC 鋼材を一体化させた構造と，コンクリート部材との付着がないアンボンドPC鋼材を用いた構造の2種類がある。

一方，**外ケーブル**（outer cable）方式（**図11.5**）は，恒久的な防錆・防食処理を施した緊張材をコンクリート部材の外側に配置し，定着部あるいは偏向部を介して部材にプレストレスを与える。外ケーブルとすることにより，死荷重の軽減が図られ，緊張材の管理が容易であり，場合によっては再緊張が可能であるなどの特徴がある。

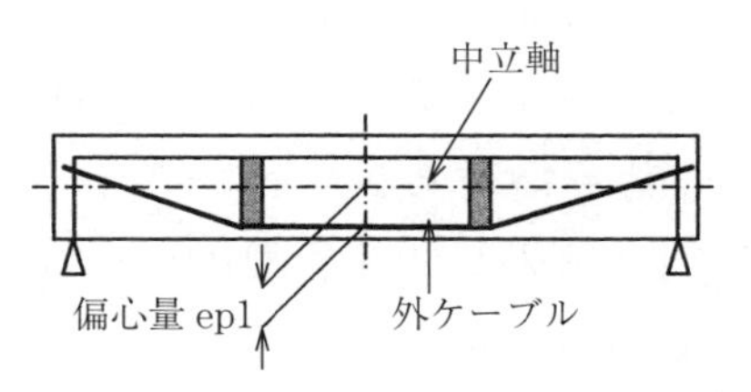

図11.5　外ケーブルを用いた部材[4)]

11.2　材　　　　料

〔1〕 コンクリート

PC部材に用いるコンクリートは，一般に通常のコンクリートよりも高い圧縮強度（設計基準強度が40 N/mm^{2}を超える）を有する。これは，プレストレスを導入するための緊張を行う材齢が比較的短いこと，高強度のコンクリートのほうが大きいプレストレスを導入できること，緊張材定着部に大きい支圧力が生じることなどを考慮しているためである。

〔2〕 緊　張　材

PC部材に用いる緊張材に要求される性質は

① 引張強度および降伏強度が高いこと

② 適当な伸び能力を有すること

③ リラクセーションが小さいこと

④ 一般に，コンクリートとの付着性に優れていること

などである。なお，緊張材としてはPC鋼線，PC鋼より線，およびPC鋼棒など，鋼製のものだけでなく，炭素繊維などのいわゆる新素材を用いたものもあり，土木学会コンクリート標準示方書では，緊張材とPC鋼材の両用語が使われている。ただし，リラクセーションなど緊張材（特にPC鋼材）特有の性

質を踏まえた説明を理解しやすいように，本書ではPC鋼材の用語を基本的に使用する。

PC鋼材の形状や機械的性質は，鉄筋のそれとは相違する。PC鋼材の降伏強度（または耐力）は800～1 550 N/mm^{2}で鉄筋の3～5倍が見込まれ，高い強度レベルにある。

PC鋼材は，素材，製造方法，形状，機械的性質などによってPC鋼線，PC鋼より線，PC鋼棒に分けられる。

PC鋼線は，直径9 mm程度までの高強度鋼線であり，ピアノ線材を加熱，急冷した後，室温で引き，ブルーイングして製造される。

PC鋼より線には，2本より線，7本より線，19本より線などがある。

PC鋼棒は，キルド鋼を熱間圧延した後，ストレッチング，冷間引抜き，熱処理などのうち，一つまたは複数の処理を行って製造される。

そのほか，低リラクセーションPC鋼材，PC硬鋼線などがある。

〔3〕 シ ー ス

ポストテンション方式のPC部材では，一般にPC鋼材を厚さ0.20～0.35 mmの薄鋼板を用いて製造される導管のシースに通して配置する。

PRC構造を用いる場合には，腐食促進物質の遮へい効果を有するプラスチック製シースを用いることが原則となる。また，腐食性環境においてPC構造を適用する場合についても，PC鋼材の腐食抵抗性を向上させるため，プラスチック製シースを用いることが推奨される。

プラスチック製シースを用いる場合，シースと同等の遮塩効果を有するグラウトキャップ等を用いて定着具を腐食から保護することも重要である。

〔4〕 グラウト

ボンドPC部材では，プレストレス導入後，コンクリートとPC鋼材との付着を確保して一体化すること，PC鋼材を腐食から保護することを目的に，シース内にグラウトを充てんする。

なお，つぎの点に留意して，使用するシースの配置方法や直径，また中間排気口の設置位置などを選定する。

① 空隙(げき)率に関係するシースの直径や中間排気口の設置位置を適切に定め，有害な残留空気が生じないようにする。

② PC 鋼材の定着端部まで充てん可能な構造の定着具を使用する。

③ 必要に応じて，充てん状況の確認や PC グラウトの再注入ができるようにする。

11.3 定着方法

ポストテンション方式の場合，PC 鋼材を部材端部において確実に定着することが重要である。定着の方法は数多くあり，構造形態や断面寸法，環境条件などの条件を考慮して適切な方法を選ばなければならない。代表的なポストテンション定着工法を**表 11.1** に示す。くさびの摩擦によるくさび式や，ナットでねじ止めするねじ式などがある。

表 11.1 代表的なポストテンション定着工法の分類[10)]

	定着方式	工法名
1	くさび式	アンダーソン*，CCL，FKK フレシネー*，フープコーン◎，FSA ◎，KCL ◎，KTB ◎，OBC ◎ *，SK ◎，SM ◎，SWA ◎，スリーストランド，ストロングホールド，TNC ◎，VSL *
2	ねじ式	ディビダーク*，FAB ◎，SEEE *，NAPP ◎
3	ボタン式	BBR *，OSP ◎*
4	ループ式	バウル・レオンハルト*，プレロード
5	合金式	安部ストランド◎

*：土木学会の「設計施工指針」に規定されたものを示す（9 工法）。
◎：国内で考案されたものを示す。

11.4 プレストレス力の算定

11.4.1 導入直後のプレストレス力

PC 部材の設計では，設計荷重に対して安全かつ経済的な部材寸法およびプレストレス量を決定する。PC 部材においては，プレストレス導入時の緊張力が時間の経過にともなって減少するが，設計荷重作用時において所要のプレストレスが導入されていなければならない。また，設計荷重作用時とは別に架設時やPC鋼材の緊張時にも構造物の安全性について検討する必要がある。

PC鋼材の導入力は，つぎの理由により，緊張作業直後においても，PC鋼材端で与えた緊張力と等しくならない。

① コンクリートの弾性変形

② 緊張材とシースの摩擦

③ 緊張材を定着する際のセット

④ その他

また，プレストレス力は設計荷重作用時までに経時的に減少するため，設計断面におけるプレストレス力は，式(11.1)により算出される。

$$P(x)=P_i-\left\{\Delta P_i(x)+\Delta P_t(x)\right\} \tag{11.1}$$

ここに，$P(x)$：考慮している設計断面におけるプレストレス力，P_i：緊張材端に与えた引張力による緊張作業中のプレストレス力，$\Delta P_i(x)$：緊張作業中および直後に生じるプレストレス力の減少量で，上記①～④の影響を考慮して求める。$\Delta P_t(x)$：プレストレス力の経時的減少量で，つぎのⅰ）～ⅳ）の影響を考慮して求める。

ⅰ）PC鋼材のリラクセーション

ⅱ）コンクリートのクリープ

ⅲ）コンクリートの収縮

ⅳ）鉄筋の拘束

〔1〕 コンクリートの弾性変形によるプレストレス力の減少

プレテンション方式では，PC鋼材を切断して緊張力をコンクリートに伝える際，コンクリートの弾性変形を生じる。それによるPC鋼材の引張応力度の減少量は，式(11.2)で計算される。

$$\Delta\sigma_p=n_p\sigma'_{cpg} \tag{11.2}$$

ポストテンション方式では，PC鋼材を1本またはグループごとに順次緊張するため，PC 鋼材を緊張するたびにコンクリートが弾性変形し，先に緊張したPC 鋼材の引張力はその影響を受けて順次減少する。内ケーブルおよびアンボンドPC 鋼材の場合，その平均引張応力度の減少量は，式 (11.3) で計算してよい。

$$\Delta\sigma_p = \frac{1}{2} n_p \sigma'_{cpg} \frac{(N-1)}{N} \quad (11.3)$$

ここに，$\Delta\sigma_p$：PC 鋼材の引張応力度の減少量，n_p：ヤング係数比（$=E_p/E_c$），σ'_{cpg}：緊張作業によるPC 鋼材図心位置のコンクリートの圧縮応力度，N：PC 鋼材の緊張回数（PC 鋼材の組数）。

〔2〕 PC 鋼材とシースの摩擦によるプレストレス力の減少

図 11.6 に示すように，PC 鋼材が配置されたポストテンション方式PC 部材で，設計断面（A-A）におけるPC 鋼材の引張力は，式 (11.4) で表すことができる。

$$P_x = P_i \cdot e^{-(\mu\alpha + \lambda x)} \quad (11.4)$$

ここに，P_x：設計断面におけるPC 鋼材の引張力，P_i：PC 鋼材のジャッキ位置の引張力，μ：角変化1ラジアンあたりの**摩擦係数**（friction coefficient），α：角変化（ラジアン），λ：PC 鋼材の単位長さあたりの摩擦係数，x：PC 鋼材の引張端から設計断面までの長さ（投影面の長さとしてよい）。

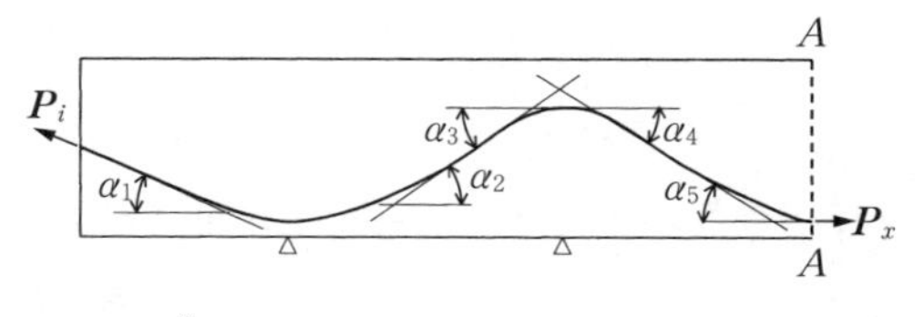

図 11.6　PC 鋼材図心線の角変化[4)]

PC 鋼材の長さが 40 m 程度以下，その角変化が 30° 程度以下の場合には，式 (11.5) を近似式として計算してよい。

$$P_x = P_i(1 - \mu\alpha - \lambda x) \quad (11.5)$$

μ および λ の値は，一般には試験によって定めなければならないが，鋼製およびポリエチレン製のシースを用いる場合は，**表 11.2** に示す値を用いてよい。

表 11.2　摩擦係数[4)]

種　類	μ	λ〔m^{-1}〕
PC 鋼線，PC 鋼より線	0.30	0.004
PC 鋼棒	0.30	0.003

〔3〕 PC 鋼材を定着する際のセットによるプレストレス力の減少

PC 鋼材を定着具に定着する際，PC 鋼材がくさび等とともに定着具に引き込まれる現象を**セット**（set）という。特に，くさび式定着具では比較的大きいセット量を生じる。

セットによる PC 鋼材のプレストレス力の減少量は，つぎのようにして求められる。

（1） PC 鋼材とシースに摩擦がない場合

$$\Delta P = \frac{\Delta l}{l} E_p A_p \tag{11.6}$$

ここに，ΔP：セットによる PC 鋼材引張力の減少量，Δl：セット量，l：PC 鋼材の長さ，E_p：PC 鋼材のヤング係数，A_p：PC 鋼材の断面積。

（2） PC 鋼材とシースに摩擦がある場合

緊張作業中の摩擦と，セットが生じて PC 鋼材がゆるむ際の摩擦が同じであると仮定し，以下に示す①～④の手順に従い，図解法により PC 鋼材の引張力の減少量を求めてよい。

① 緊張材とシースの摩擦を考慮して，式 (11.4) より，緊張端の初期緊張力を P_i としたときの定着直前の PC 鋼材引張力の分布 a′b′o′ を求める。

② セットの影響が及ぶ位置 c を仮定し，水平軸 ce に対して a′b′c と対称となる a″b″c を求める。

③ a′b′cb″a″ に囲まれる面積を計算し，その面積が $A_{ep} = E_p A_p \cdot \Delta l$（式 (11.7) 参照）となる位置 c を求め，定着直後の PC 鋼材引張力の分布 a″b″co′ を定める。

④ この分布 a″b″co′ より，任意の設計断面における PC 鋼材の引張力を求める。緊張端の定着直後の PC 鋼材引張力は P_t となる。

$$\Delta l = \frac{A_{ep}}{E_p A_p} \quad (11.7)$$

ここに，A_{ep}：a′b′cb″a″ に囲まれる面積（**図 11.7** に示す網かけ部の面積）。

通常，Δl の値はくさび定着の場合 3 ～ 4 mm，ナット定着の場合 1 mm 以下である。

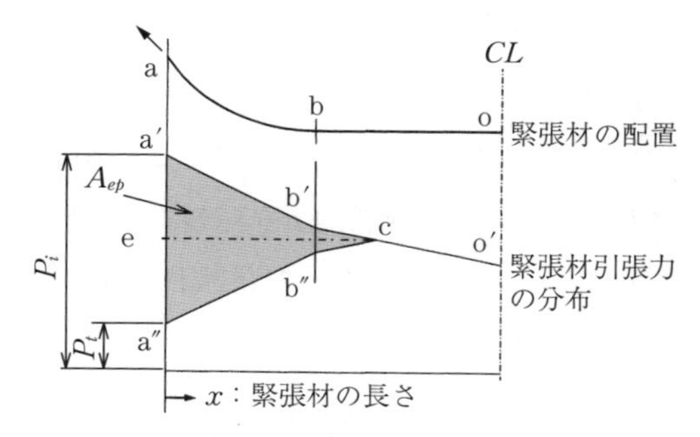

図 11.7 PC 鋼材の引張力の分布[4]（摩擦がある場合）

11.4.2 設計荷重作用時の有効プレストレス力

設計断面に導入されたプレストレス力は，つぎの原因により，時間の経過とともにしだいに減少する。

① PC 鋼材のリラクセーション

② コンクリートのクリープ

③ コンクリートの収縮

プレストレスを導入してから任意の時間が経過した時点における，設計断面のプレストレス力は，導入直後のプレストレスから上記の原因によるプレストレスの損失量を減じて求める。

リラクセーションによる PC 鋼材の引張応力度の減少量は，式 (11.8) により求める。

$$\Delta\sigma_{pr} = \gamma\sigma_{pt} \qquad (11.8)$$

ここに，$\Delta\sigma_{pr}$：PC 鋼材のリラクセーションによる PC 鋼材引張応力度の減少量，γ：PC 鋼材の見掛けのリラクセーション率（**表 11.3**），σ_{pt}：導入直後の

表 11.3 PC 鋼材の見掛けのリラクセーション率 γ[4]

PC 鋼材の種類	見掛けのリラクセーション率 γ〔%〕
PC 鋼線および PC 鋼より線	5
PC 鋼棒	3
低リラクセーション PC 鋼線および PC 鋼より線	1.5

PC 鋼材の引張応力度。

PC 構造の永続作用によるコンクリートおよび鋼材の応力度の減少量の算定には，鉄筋拘束の影響を考慮することが原則であるが，PC 構造の場合，配置されている鉄筋は比較的少ないので，一般には鉄筋の拘束の影響を考慮しなくてもよい。コンクリートの収縮および PC 鋼材の引張応力度の減少量は，式 (11.9) を用いて計算する。

$$\Delta\sigma_{pcs}=\frac{n_p\phi\left(\sigma'_{cpt}+\sigma'_{cdp}\right)+E_p\varepsilon'_{cs}}{1+n_p\dfrac{\sigma'_{cpt}}{\sigma_{pt}}\left(1+\dfrac{\phi}{2}\right)} \tag{11.9}$$

ここに，$\Delta\sigma_{pcs}$：コンクリートのクリープおよび収縮による PC 鋼材の引張応力度の減少量，ϕ：コンクリートのクリープ係数，ε'_{cs}：コンクリートの収縮ひずみ，σ_{pt}：緊張作業直後の PC 鋼材の引張応力度，σ'_{cpt}：緊張作業直後のプレストレス力による PC 鋼材位置のコンクリートの圧縮応力度，σ'_{cdp}：永続作用による PC 鋼材位置のコンクリートの圧縮応力度，E_p：PC 鋼材のヤング係数 (200 kN/mm^2)，n_p：PC 鋼材のコンクリートに対するヤング係数比 $n_p=E_p/E_c$。

以上より，設計荷重作用時の有効プレストレス力 $P_e(x)$ は，PC 鋼材緊張端での引張力 P_i から，導入直後のプレストレス力の減少量 $\Delta P_i(x)$，およびクリープ・収縮ならびにリラクセーションによる経時的なプレストレス力の減少量 $\Delta P_t(x)$ を引いた値であり，前出の式 (11.1) になる。

$$P_e(x)=P_i-\Delta P_i(x)-\Delta P_t(x)$$

ここに，$\Delta P_t(x)=(\Delta\sigma_{pcs}+\Delta\sigma_{pr})\cdot A_p$。

なお，緊張作業直後のプレストレス力（$P_t(x)=P_i-\Delta P_i$）に対する**有効プレストレス力**（effective pre-stressing force）$P_e(x)$ の割合をプレストレスの有効率といい，式 (11.10) で表す。

$$\eta=\frac{P_e(x)}{P_t(x)} \tag{11.10}$$

ここに，η：有効率。

通常，プレテンションでは $\eta=0.80$，ポストテンションでは $\eta=0.85$ である。

11.5 安全性に関する照査

11.5.1 曲げに対する検討

〔1〕 曲げ耐力の計算

曲げモーメントに対する安全性の照査においては，鋼材の降伏が先行すれば，引張鋼材にPC鋼材を用いた場合の検討も，鉄筋を用いた場合と同様に行ってよい。

なお，アンボンドPC鋼材や外ケーブルなどの付着のない緊張材については，平面保持の仮定が適用できないため，破壊状態における緊張材の引張応力度の増加量は，内ケーブルと比較して小さくなる。また，外ケーブル方式では，偏向部で支持されていない自由長部の外ケーブルの有効高さが部材の変形の増加にともなって相対的に減少するため，曲げ耐力は一般に小さくなる。したがって，それぞれに適した算定方法に従って曲げ耐力を求める必要がある。

曲げモーメントを受けるPC構造および曲げモーメントと軸方向力を受けるPC構造において，内ケーブルを用いた部材の設計曲げ耐力は，以下の①～④の仮定に基づいて求める。

① 維ひずみは，部材断面の中立軸からの距離に比例する。

② コンクリートの引張応力は無視する。

③ コンクリートの応力-ひずみ曲線は，図2.4による。なお，設計では図4.3に示す等価応力ブロックを用いる。

④ PC鋼材の応力-ひずみ曲線は，図2.10による。

付着のある内ケーブルを用いた部材の曲げ耐力M_uは，**図11.8**に基づき，つぎの1)～4)に示す方法により算定すればよい。ただし，中立軸が部材断面内にある場合とする。また，側方鉄筋がある場合については，その影響を別途考慮する。

1) 中立軸の位置を仮定し，圧縮縁のコンクリートひずみをコンクリートの終局圧縮ひずみε'_{cu}として，①の仮定により部材断面のひずみ分布を求める。

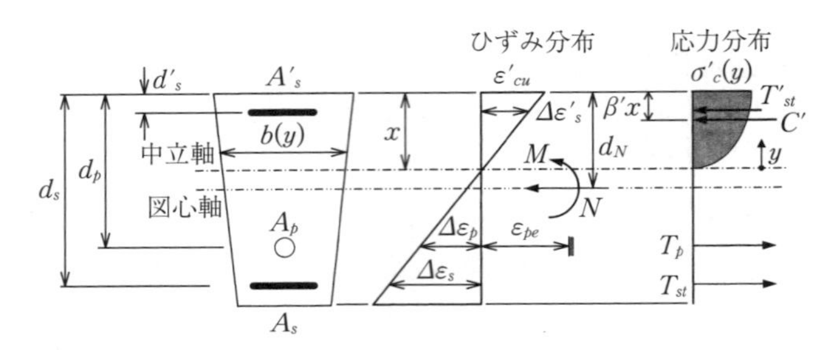

図 11.8　内ケーブルを用いた部材の曲げ耐力 M_u の算定方法[4)]

2)　部材断面のひずみ分布に基づいて，③ の仮定により，コンクリートの圧縮応力度の合力 C' を式 (11.11) から求める。同様に $\Delta\varepsilon'_s$，$\Delta\varepsilon_p+\varepsilon_p$ および $\Delta\varepsilon_s$ を算定し，④ の仮定により，圧縮鉄筋の圧縮合力 T'_{st}，内ケーブルの引張合力 T_p および引張鉄筋の引張合力 T_{st} を式 (11.12) ～ (11.14) から求める。ただし，ε_p は内ケーブルの有効プレストレスによるひずみである。

$$C'=\int_0^x \sigma'_c(y)\cdot b(y)\cdot dy \tag{11.11}$$

$$T'_{st}=A'_s\cdot\sigma'_s \tag{11.12}$$

$$T_p=A_p\cdot\sigma_p \tag{11.13}$$

$$T_{st}=A_s\cdot\sigma_s \tag{11.14}$$

ここに，A'_s, A_p, A_s：圧縮鉄筋，内ケーブル，引張鉄筋の断面積

3)　部材断面内の力の釣合条件より，式 (11.15) が得られる。この式は，一般に中立軸の位置 x を未知数とした 2 次方程式となり，これを解いて中立軸の位置を求める。

$$N'_d=C'+T'_{st}-T_p-T_{st} \tag{11.15}$$

ここに，N'_d：設計軸方向圧縮力。

4)　中立軸の位置 x を用いて，C', T'_{st}, T_p および T_{st} を求める。また，コンクリートの圧縮応力度の合力 C' の作用位置 $\beta'\cdot x$ が式 (11.16) により定まるため，部材断面の曲げ耐力を式 (11.17) により算定する。

$$\beta' \cdot x = x - \frac{\int_0^x \sigma'_c(y) \cdot b(y) \cdot y \cdot dy}{C'} \tag{11.16}$$

$$M_u = C'(d_N - \beta' \cdot x) + T'_{st}(d_N - d'_s) + T_p(d_p - d_N) + T_{st}(d_s - d_N) \tag{11.17}$$

なお，部材断面のひずみがすべて圧縮となる場合以外は，コンクリートの圧縮応力度の合力 C' を等価応力ブロックの仮定に基づいて算定してよい。

以下では，一般的な T 形断面を対象として，曲げ耐力 M_u の計算手順を具体的に示す。

① 圧縮域の等価応力ブロックがフランジ内にある（$a \leqq t$）と仮定する（**図 11.9**（a））。

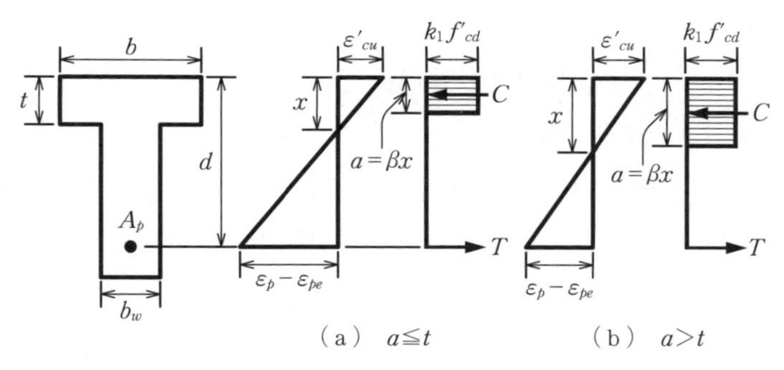

図 11.9 曲げ耐力 M_u の計算法[1)]

② PC 鋼材のひずみが図 2.10（a）の $\varepsilon_p \geqq 0.015$ の領域にあると仮定する。

③ 式 (11.18) および式 (11.19) により，等価応力ブロックの圧縮合力 C と PC 鋼材の引張力 T を求める。

$$C = k_1 f'_{cd} \cdot b \cdot \beta x \tag{11.18}$$

$$T = 0.93 f_{pud} \cdot A_p \tag{11.19}$$

④ 力の釣合条件 $C = T$ をもとに，式 (11.20) より中立軸位置 x を求める。

$$x = \frac{0.93 f_{pud} \cdot A_p}{\beta \cdot k_1 f'_{cd} \cdot b} \tag{11.20}$$

⑤ $a(=\beta x) \leqq t$ のときは ⑦ へ進む。

$a(=\beta x)>t$ のとき（図（b））は，圧縮合力 C を式（11.21）より求める。

$$C=k_1 f'_{cd}\left\{b\cdot t+b_w(\beta x-t)\right\} \tag{11.21}$$

⑥ 式（11.19）および式（11.21）を用い，$C=T$ より再度 x を計算する。

$$x=\frac{0.93 f_{pud}\cdot A_p-k_1 f'_{cd}\cdot t(b-b_w)}{\beta\cdot k_1 f'_{cd}\cdot b_w} \tag{11.22}$$

⑦ 上記の x に対して，PC 鋼材の引張応力の検討を行う。断面破壊時の PC 鋼材のひずみ ε_p は，有効緊張応力 σ_{pe}（$=P_e/A_p$）によるひずみ ε_{pe}（$=\sigma_{pe}/E_p$）を考慮すると，つぎのように表すことができる。

$$\varepsilon_p=\frac{d-x}{x}\cdot\varepsilon'_{cu}+\varepsilon_{pe} \tag{11.23}$$

⑧ $\varepsilon_p \geqq 0.015$ の場合，断面破壊時の PC 鋼材の引張応力を $0.93 f_{pud}$ とした上記 ② の仮定は正しいことになり，式（11.24）により曲げ耐力 M_u を求める。

$$M_u=0.93 f_{pud} A_p(d-0.5\beta x) \qquad (a\leqq t \text{ のとき}) \tag{11.24}$$

一方，$\varepsilon_p<0.015$ の場合，最初からやり直し，トライアル計算を行う。実用的には，**図 11.10** に示す図式解法により $C=T$ を満足する中立軸位置 x を求める。そして，式（11.25）により M_u を求める。

$$M_u=\sigma_p A_p(d-0.5\beta x) \qquad (a\leqq t \text{ のとき}) \tag{11.25}$$

ここに，σ_p：PC 鋼材のひずみ $\varepsilon_p=\varepsilon'_{cu}(d-x)/x+\varepsilon_{pe}$ に対応する応力度，PC 鋼材の応力-ひずみ関係（図 2.10（a））から求めたもの。

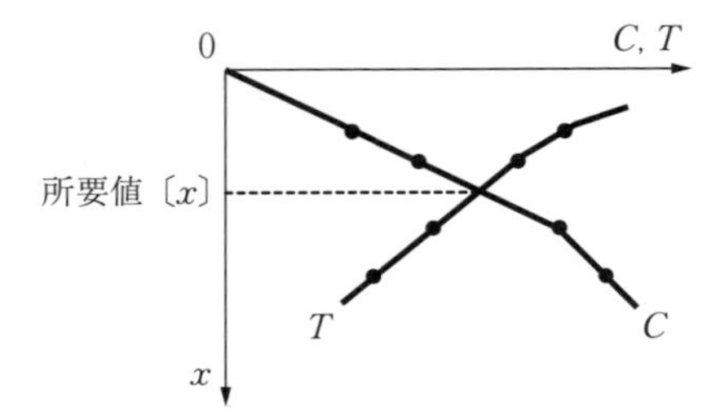

図 11.10　中立軸 x の図式解法[1)]

⑨ なお，$a(=\beta x)>t$ の場合，式（11.24）および式（11.25）で $0.5\beta x$ の代わりに，式（11.26）の x_0 を用いる。

$$x_0=\frac{\dfrac{bt^2}{2}+\dfrac{b_w(\beta x-t)(\beta x+t)}{2}}{bt+b_w(\beta x-t)} \tag{11.26}$$

〔2〕 **断面破壊に対する照査**

断面破壊に対する照査は，4章の鉄筋コンクリートの場合と同様に，式(11.27)により行う。

$$\gamma_i\cdot\frac{M_d}{M_{ud}}\leqq 1.0 \tag{11.27}$$

ただし，γ_i：構造物係数，$M_{ud}=M_u/\gamma_b$（M_{ud}：設計曲げ耐力），M_d：設計曲げモーメント，γ_b：部材係数で鉄筋コンクリートと同様に，$\gamma_b=1.1$としてよい。

11.5.2 せん断に対する検討

せん断破壊に対する検討は6章に準じて行う。せん断耐力については，式(6.4)に軸方向緊張材の有効引張力に平行な成分V_{ped}を加えて計算する。

すなわち，式(11.28)をもとに検討することになる。

$$V_{yd}=V_{cd}+V_{sd}+V_{ped} \tag{11.28}$$

この式においては，6章と異なり

$$V_{cd}=\beta_d\cdot\beta_p\cdot\beta_n\cdot f_{vcd}\cdot b_w\cdot d/\gamma_b \tag{11.29}$$

と，β_nが追加されている。

なお，$\beta_n=\sqrt{1+\sigma_{cg}/f_{vtd}}$　　ただし，$\beta_n>2$となる場合は2とする。

$f_{vtd}=0.23f'_{cd}{}^{2/3}$ 〔N/mm^2〕

σ_{cg}：断面高さの1/2の高さにおける平均プレストレス〔N/mm^2〕

V_{sd}：せん断補強鋼材により受け持たれる設計せん断耐力（示方書・設計編：標準，8編の式(6.4.4)参照）

V_{ped}：軸方向緊張材の有効引張力のせん断力に平行な成分

$V_{ped}=P_{ed}\cdot\sin\alpha_{pl}/\gamma_b$

ここに，P_{ed}：軸方向緊張材の有効引張力〔N〕，α_{pl}：軸方向緊張材が部材軸となす角度，γ_b：一般に1.1としてよい。

11.6 使用性に関する照査

11.6.1 曲げに対する検討

〔1〕 使用状態での応力計算上の仮定

曲げモーメントおよび軸方向力によるコンクリートおよび鋼材の応力度は，つぎの仮定に基づいて求める。ただし，変動作用による材料の応力度は，PC鋼材のリラクセーションの影響，コンクリートのクリープおよび収縮の影響，鉄筋の拘束の影響を考慮して求められた永続作用による応力度を起点として求めてよい。

① 維ひずみは，部材断面の中立軸からの距離に比例する。

② コンクリートおよび鋼材は，一般に弾性体とする。

③ PC構造の場合，コンクリートは全断面を有効とする。

④ PRC構造の場合，コンクリートの引張応力は一般に無視する。

⑤ コンクリートのヤング係数は，表2.2によるものとする。またPC鋼材のヤング係数は一般に200 kN/mm^{2}とする。

⑥ 付着があるPC鋼材のひずみ増加量は，同位置のコンクリートのそれと同一とする。

⑦ 部材軸方向のダクト（シース）は，有効断面とはみなさない。

⑧ PC鋼材とコンクリートが一体化した後の断面定数は，PC鋼材とコンクリートのヤング係数比を考慮して求める。

〔2〕 使用状態の応力度

ここでは，通常の使用状態において，曲げひび割れが発生しないPC構造に対する断面応力度の計算法を示す（**図11.11**参照）。

（1） プレストレス導入直後の状態

一般に部材自重が緊張作業中に作用していることから，コンクリートの応力度は次式となる。

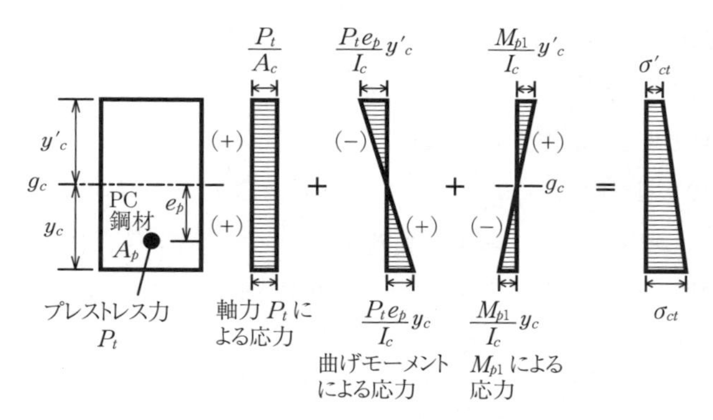

（a）　プレストレス導入直後

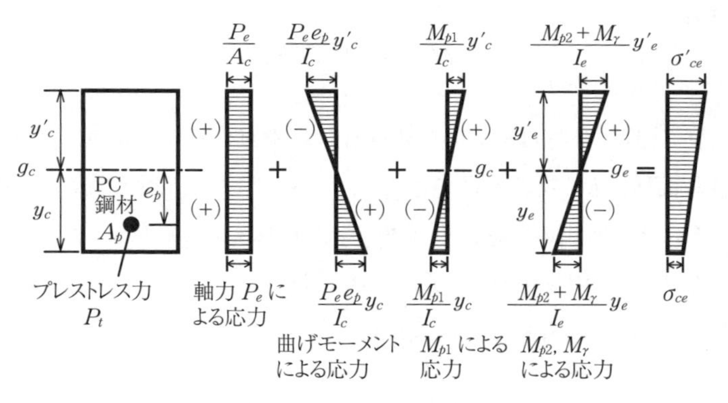

（b）　全設計荷重作用時

図 11.11　曲げひび割れが発生しない PC 断面の応力[8)]

① 上縁応力

$$\sigma'_{ct} = \frac{P_t}{A_c} - \frac{P_t \cdot e_p}{I_c} y'_c + \frac{M_{p1}}{I_c} y'_c \tag{11.30}$$

② 下縁応力

$$\sigma_{ct} = \frac{P_t}{A_c} + \frac{P_t \cdot e_p}{I_c} y_c - \frac{M_{p1}}{I_c} y_c \tag{11.31}$$

ここに，P_t：導入直後のプレストレス力，M_{p1}：部材自重による曲げモーメント，e_p：コンクリート純断面の図心軸 g_c-g_c から PC 鋼材の図心までの距離（偏心距離），A_c：コンクリート純断面の断面積，I_c：コンクリート純断面の g_c-g_c

軸に関する断面二次モーメント，y_c，y'_c：それぞれの断面の下縁，上縁から g_c–g_c 軸までの距離。

（2）　全設計荷重が作用した状態

PC 鋼材の引張力としては有効プレストレス力 P_e（$=\eta P_t$）で考える必要がある。プレテンション方式およびポストテンション方式で，PC 鋼材とコンクリートとの間に付着が存在する場合，上縁応力および下縁応力は次式となる。

① 上縁応力

$$\sigma'_{ce} = \frac{P_e}{A_c} - \frac{P_e \cdot e_p}{I_c} y'_c + \frac{M_{p1}}{I_c} y'_c + \frac{M_{p2} + M_\gamma}{I_e} y'_e \qquad (11.32)$$

② 下縁応力

$$\sigma_{ce} = \frac{P_e}{A_c} + \frac{P_e \cdot e_p}{I_c} y_c - \frac{M_{p1}}{I_c} y_c - \frac{M_{p2} + M_\gamma}{I_e} y_e \qquad (11.33)$$

ここに，M_{p2}，M_γ：部材自重以外の永続作用，変動作用による曲げモーメント，A_e：換算断面積，I_e：換算断面の図心軸 g_e–g_e に関する断面二次モーメント，y_e，y'_e：それぞれ断面の下縁，上縁から g_e–g_e 軸までの距離。

換算断面は，PC 鋼材面積 A_p を n_p（PC 鋼材とコンクリートのヤング係数比 $=E_p/E_c$）で換算したもので，次式から計算する。

$$\left.\begin{aligned} A_e &= A_c + n_p A_p \\ y_e &= \frac{A_c y_c + n_p A_p y_p}{A_c + n_p A_p} \\ y'_e &= h - y_e \\ I_e &= I_c + A_c (y_c - y_e)^2 + n_p A_p (y_e - y_p)^2 \end{aligned}\right\} \qquad (11.34)$$

ここに，y_p：コンクリート下縁から PC 鋼材図心位置までの距離。

PC 鋼材とコンクリート間に付着がない場合には，$M_{p2} + M_\gamma$ による応力もコンクリートの純断面を用いて計算する。

例題 11.1

図 11.12 の長方形断面のポストテンション PC ばりに，緊張作業直後のプレ

ストレス力 $P_t = 470$ kN を与えたとき，プレストレス導入直後および全設計荷重作用時の断面上下縁のコンクリート応力を求めよ。ただし，自重によるモーメント $M_{p1} = 25$ kN·m，自重以外の死荷重によるモーメント $M_{p2} = 10$ kN·m，活荷重によるモーメント $M_r = 55$ kN·m が作用するものとする。

なお，プレストレスの有効率 η は $\eta = 0.85$ とし，近似的に換算断面 I_e = 純断面 I_c で計算してよい。

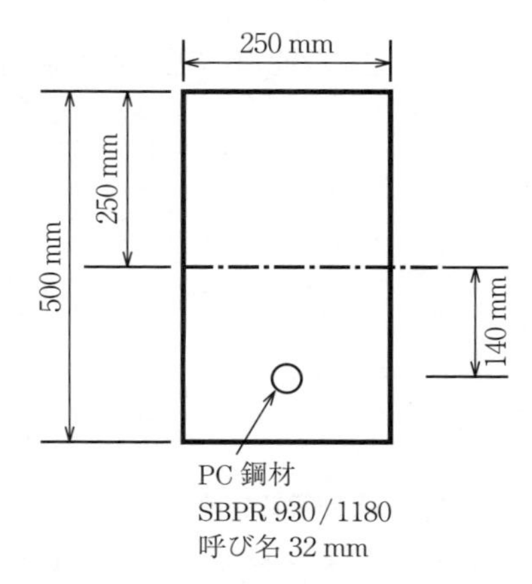

図 11.12　長方形断面のポストテンション PC ばり

解答

プレストレス導入直後の上縁および下縁のコンクリート応力を検討する。

$$I_c = bh^3/12 = 250 \times 500^3/12 = 2.604 \times 10^9 \text{ mm}^4$$

a）上縁応力

式 (11.30) より

$$\sigma'_{ct} = \frac{P_t}{A_c} - \frac{P_t \cdot e_p}{I_c} y'_c + \frac{M_{p1}}{I_c} y'_c$$

$$= \frac{470 \times 10^3}{125\,000} - \frac{470 \times 10^3 \times 140}{2.604 \times 10^9} \times 250 + \frac{25 \times 10^6}{2.604 \times 10^9} \times 250$$

$$= 3.76 - 6.32 + 2.40 = -0.16 \text{ N/mm}^2$$

b）下縁応力

式 (11.31) より

$$\sigma_{ct} = \frac{P_t}{A_c} + \frac{P_t \cdot e_p}{I_c} y_c - \frac{M_{p1}}{I_c} y_c$$

$$= 3.76 + 6.32 - 2.40 = 7.68 \text{ N/mm}^2$$

つぎに，全設計荷重作用時の上縁および下縁のコンクリート応力を検討する。

$$P_e = \eta P_t = 0.85 \times 470 = 399.5 \text{ kN}$$

また，近似的に，$I_e = I_c$ として以下の計算を行う。

a）上縁応力

式 (11.32) より

$$\sigma'_{ce}=\frac{P_e}{A_c}-\frac{P_e\cdot e_p}{I_c}y'_c+\frac{M_{p1}+M_{p2}+M_r}{I_c}y'_c$$

$$=\frac{399.5\times10^3}{125\,000}-\frac{399.5\times10^3\times140}{2.604\times10^9}\times250+\frac{(25+10+55)\times10^6}{2.604\times10^9}\times250$$

$$=3.20-5.37+8.64=6.47\ \mathrm{N/mm^2}$$

b）下縁応力

式 (11.33) より

$$\sigma_{ce}=\frac{P_e}{A_c}+\frac{P_e\cdot e_p}{I_c}y_c-\frac{M_{p1}+M_{p2}+M_r}{I_c}y_c$$

$$=3.20+5.37-8.64=-0.07\ \mathrm{N/mm^2}$$

■

〔3〕 応力度の制限

曲げモーメントおよび軸方向力によるコンクリートの圧縮応力度および鉄筋の引張応力度は，以下に示す制限値を超えてはならない。

a）　コンクリートの圧縮応力度の制限値は，永久荷重作用時において，$0.4f'_{ck}$ の値とする。

ここに，f'_{ck}：コンクリートの圧縮強度の特性値。

b）　鉄筋の引張応力度の制限値は，f_{yk} の値とする。

ここに，f_{yk}：鉄筋の降伏強度の特性値。

また，永続作用と変動作用を組み合わせた場合の緊張材の引張応力度は，$0.7f_{puk}$ 以下とする。

ここに，f_{puk}：緊張材の引張強度の特性値。

永続作用と変動作用を組み合わせた場合のPC構造のコンクリートの縁引張応力度は，つぎの①および②により制限する。

① コンクリートの縁引張応力度の制限値は，曲げひび割れ強度の値とする（**表11.4**）。ただし，プレキャスト部材の継目に対しては引張応力度を発生させない。

② コンクリートの縁引張応力度が引張応力となる場合には，式 (11.35) により算定される断面積以上の異形鉄筋を配置する。

$$A_s=T_c/\sigma_{sl}\tag{11.35}$$

表 11.4　PC 構造に対するコンクリート縁引張応力度の制限値〔N/mm²〕[4)]

作用状態	断面高さ〔m〕	設計基準強度 f'_{ck}〔N/mm²〕					
		30	40	50	60	70	80
永続作用＋変動作用	0.25	2.3	2.7	3.0	3.4	3.7	4.0
	0.5	1.7	2.0	2.3	2.6	2.9	3.1
	1.0	1.3	1.6	1.8	2.1	2.3	2.5
	2.0	1.1	1.3	1.5	1.7	1.9	2.0
	3.0 以上	1.0	1.2	1.3	1.5	1.7	1.8

ここに，A_s：引張鋼材の断面積，T_c：コンクリートに作用する全引張力，σ_{sl}：異形鉄筋の引張応力度増加量の制限値で，200 N/mm² としてよい。

11.6.2　せん断に対する検討

〔1〕　斜め引張応力度

せん断力によるコンクリートの設計斜め引張応力度は，コンクリートの全断面を有効として，式 (11.36) により算定してよい。

$$\sigma_1 = \frac{(\sigma_x + \sigma_y)}{2} + \frac{1}{2}\sqrt{(\sigma_x - \sigma_y)^2 + 4\tau^2} \tag{11.36}$$

ここに，σ_1：コンクリートの設計斜め引張応力度，σ_x：垂直応力度，σ_y：σ_x に直交する応力度，τ：せん断応力度。

緊張材が傾斜して配置されている場合，設計せん断力 V_d は，荷重によるせん断力（$V_{pd} + V_{rd}$）から緊張材の引張力の鉛直成分 V_{prd} を差し引いた値とする。

なお，せん断力によるせん断応力度は，弾性理論に基づき，式 (11.37) により算定してよい。

$$\tau = \frac{V_d \cdot Q}{b_w \cdot I} \tag{11.37}$$

ここに，τ：せん断力によるせん断応力度，V_d：設計せん断力（$= V_{pd} + V_{rd} - V_{prd}$），$Q$：せん断応力度を算定する位置より外側部分における部材断面の中立軸に関する断面一次モーメント，b_w：断面腹部の幅，I：部材断面の中立軸に関する断面二次モーメント。

〔2〕 応力度の制限

永続作用と変動作用を組み合わせた場合のPC構造のコンクリートの斜め引張応力度は，つぎの①～④により制限する。

① せん断力を考慮する場合の斜め引張応力度の制限値は，コンクリートの設計引張強度の75％の値とする。

② せん断力とねじりモーメントを考慮する場合の斜め引張応力度の制限値は，コンクリートの設計引張強度の95％の値とする。

③ コンクリートの斜め引張応力度の計算は，一般に部材断面図心位置と垂直応力度が0の位置で行う。

④ 部材が直接支持される場合，支承前面から部材の全高さの半分までの区間においては，一般に斜め引張応力度の計算を行う必要はない。ただし，この区間には，支承前面から部材の全高さの半分だけ離れた断面において必要とされる量のせん断補強鋼材を配置する。

演　習　問　題

〔11.1〕 $b=150$ mm，$h=300$ mmのプレテンション長方形断面部材において，有効高さ$d_p=225$ mmの位置に呼び名17 mm（$A_p=227.0$ mm^2）のPC鋼棒B種2号(SBPR930/1180）を配置し，緊張作業直後のプレストレス力がP_t（$=0.85f_{pyk}$，f_{pyk}は緊張材の降伏強度の特性値）となるように緊張した。以下の問いに答えよ。なお，ここでは，概略計算の位置づけとして，近似的に，A_cには総断面積を用い，換算断面の断面二次モーメントについても全断面コンクリートの断面二次モーメントを用いてよいものとする。

（1） プレストレス導入直後の上縁および下縁のコンクリート応力を計算し，応力制限を満足するか否かを検討せよ。ただし，この場合のコンクリートの圧縮強度の特性値f'_{ck}は30 N/mm^2，部材自重による曲げモーメント$M_{p1}=6$ kN·mとする。

（2） この断面に部材自重以外の永続作用による曲げモーメント$M_{p2}=5$ kN·m，変動作用による曲げモーメント$M_r=10$ kN·mが作用するものとして，上縁および下縁の応力を計算し，応力制限を満足するか否かを検討せよ。ただし，供用期間中を想定した場合における，コンクリートの圧縮強度の特性値f'_{ck}は50 N/mm^2，プレストレスの有効率ηは0.85とする。

12章 許容応力度設計法

◆本章のテーマ

コンクリートおよび鉄筋はともに弾塑性材料であるが，許容応力度設計法では，両者を弾性体と仮定し，計算の単純化を図っている。この設計法は，日常の使用状態での想定荷重により生じる応力を材料強度より十分小さく抑えることにより，安全性を確保するものである。本章では，計算に用いる，圧縮，引張，せん断などの許容応力度を示し，それらの値に基づく曲げ耐力ならびにせん断耐力の算定方法，せん断破壊を防止するためのせん断補強鉄筋の配置について説明する。

◆本章の構成（キーワード）

12.1　許容応力度

圧縮応力度，せん断応力度，付着応力度，鉄筋の引張応力度，許容応力度の割増

12.2　曲げ部材の設計

計算上の基本仮定，長方形断面，**T**形断面，釣合断面，抵抗曲げモーメント

12.3　せん断応力の検討

斜め引張応力，斜め引張鉄筋，折曲鉄筋，スターラップ

◆本章を学ぶと以下の内容をマスターできます

☞　作用荷重に対する合理的な断面寸法および鉄筋量の算定方法

☞　断面内に生じるコンクリートの圧縮応力および鉄筋の引張応力の算定方法

☞　断面内に生じるせん断応力の算定方法

☞　せん断破壊を防止するための補強鉄筋量およびその配置方法

12.1　許 容 応 力 度

許容応力度設計法は，荷重作用時にコンクリートおよび鉄筋に発生する応力が，材料強度に対し安全率を考慮して定めた許容応力度以下となるよう設計するものである。なお，許容応力度は弾性域にあるため，計算式が容易に誘導でき，理解しやすい。以下では，コンクリートおよび鉄筋の許容応力度について説明する。

12.1.1　コンクリート

土木学会コンクリート標準示方書（平成８年版）におけるコンクリートの**許容曲げ圧縮応力度**（allowable compression strength），**許容せん断応力度**（allowable shear strength），**許容付着応力度**（allowable bond strength）を，それぞれ**表 12.1**～**表 12.3** に示す。

表 12.1　許容曲げ圧縮応力度 σ'_{ca}〔N/mm^2〕[11)]

項　目	設計基準強度 f'_{ck}〔N/mm^2〕			
	18	24	30	40
許容曲げ圧縮応力度	7	9	11	14

表 12.2　許容せん断応力度 τ_a〔N/mm^2〕[11)]

項　目		設計基準強度 f'_{ck}〔N/mm^2〕			
		18	24	30	40 以上
斜め引張鉄筋の計算をしない場合 τ_{a1}	はりの場合	0.4 (0.25)	0.45 (0.3)	0.5 (0.35)	0.55 (0.4)
	スラブの場合†	0.8 (0.5)	0.9 (0.6)	1.0 (0.7)	1.1 (0.75)
斜め引張鉄筋の計算をする場合 τ_{a2}	せん断力のみの場合††	1.8 (1.2)	2.0 (1.4)	2.2 (1.6)	2.4 (1.7)

†　押抜きせん断に対する値　　††　ねじりの影響を考慮する場合にはこの値を割増してよい
( ) 内は軽量骨材コンクリートの値

表 12.3　許容付着応力度 τ_{oa}〔N/mm^2〕[11)]

鉄筋の種類	設計基準強度 f'_{ck}〔N/mm^2〕			
	18	24	30	40 以上
普通丸鋼	0.7 (0.45)	0.8 (0.55)	0.9 (0.65)	1.0 (0.7)
異形鉄筋	1.4 (0.9)	1.6 (1.1)	1.8 (1.3)	2.0 (1.4)

( ) 内は軽量骨材コンクリートに対する値

許容曲げ圧縮応力度は，各設計基準強度に対して約 1/3 の値が設定されている。なお，これが作用荷重に対して約 3 倍の安全率を有しているものではないことに注意しなければならない。

許容せん断応力度として，τ_{a1} と τ_{a2} の 2 種類が設定されている。τ_{a2} は常時作用する荷重で斜めひび割れの発生が生じないようにするための上限値であり，τ_{a1} はコンクリートにより十分な余裕を持って斜めひび割れの発生に抵抗できる値である。

許容付着応力度は，鉄筋とコンクリートとが一体となって挙動できるようにするためのもので，コンクリート強度のほか，鉄筋の種類も考慮して設定される。

さらに，**許容支圧応力度**（allowable bearing strength）σ'_{ca} は，以下のとおりである。

ここで，コンクリート面の全面積を A，支圧力作用面積を A_a とする。

$$\sigma'_{ca} \leqq \left(0.25 + 0.05\frac{A}{A_a}\right)f'_{ck} \quad \text{（普通コンクリート）}$$

ただし，$\sigma'_{ca} \leqq 0.5f'_{ck}$

$$\sigma'_{ca} \leqq \left(0.20 + 0.05\frac{A}{A_a}\right)f'_{ck} \quad \text{（軽量骨材コンクリート）}$$

ただし，$\sigma'_{ca} \leqq 0.4f'_{ck}$

12.1.2 鉄　　筋

土木学会コンクリート標準示方書（平成 8 年版）における許容応力度を**表 12.4** に示す。JIS G 3112 に適合する**鉄筋の許容引張応力度**（allowable tension strength of steel）は，以下の ① ～ ③ のように定める。なお，許容圧縮応力

表 12.4 鉄筋の許容引張応力度 σ_{sa}〔N/mm^2〕[11)]

鉄筋の種類	SR 235	SR 295	SD 295	SD 345	SD 390
（a）一般の場合	137	157（147）	176	196	206
（b）疲労強度より定まる場合	137	157（147）	157	176	176
（c）降伏強度より定まる場合	137	176	176	196	216

（ ）内は軽量骨材コンクリートの値

度の値は以下の ③ としてよい。

① ひび割れの影響を考慮する一般の構造物の場合，表 12.4（a）の値とする。なお，鉄筋の腐食などの原因となる有害な曲げひび割れの発生を防止するため，引張強度の高い鉄筋（SR295，SD390）においては表中（c）欄の値と相違している。

② 繰返し荷重の影響が顕著な道路橋スラブや鉄道橋主桁などの構造物の場合，表 12.4（b）の値とする。

③ ひび割れによる影響を考慮しなくてよい地震時などの場合，表 12.4（c）の値とする。また，許容引張応力度を大きく設定するのが安全側の評価となるような，重ね継手の重合わせ長さや鉄筋の定着長を算出する場合にもこの値を用いる。

12.1.3 許容応力度の割増

地震や温度変化などを考慮する場合，コンクリートおよび鉄筋の許容応力度を以下のように割増してよい。

① 地震の影響を考える場合，1.5 倍まで高めてよい。

② 温度変化および収縮を考える場合，1.15 倍まで高めてよい。

③ 温度変化，収縮および地震の影響を考える場合，1.65 倍まで高めてよい。

④ 一時的な荷重または，きわめてまれな荷重を考える場合には，12.1.1 項に示したコンクリートに対する許容値の 2 倍，および 12.1.2 項に示した鉄筋に対する許容値の 1.65 倍まで高めてよい。

なお，道路橋示方書では，各種荷重の組合せを考慮して割増し係数を定めている。

12.2 曲げ部材の設計

許容応力度設計法における考え方は，使用性に関する検討の曲げ部材の応力算定に似た所が多い。そこで，ここでは 8 章で記載している内容とも比較しながら，許容応力度設計法について述べる。

12.2.1 計算上の基本仮定

許容応力度設計法では，つぎの仮定に基づいて，断面算定や応力算定を行う。

① 鉄筋およびコンクリートの材料特性は弾性域にある。

② 維ひずみは中立軸からの距離に比例する。(平面保持の法則)

③ コンクリートの引張応力は無視し，引張応力は鉄筋のみが負担する。

④ 鉄筋およびコンクリートのヤング係数は一定とし（$E_s=200\,\mathrm{kN/mm^2}$，$E_c=13.3\,\mathrm{kN/mm^2}$），ヤング係数比（$n=E_s/E_c$）は $n=15$ の一定値とする。

12.2.2 長方形断面

〔1〕 単鉄筋長方形断面

想定する荷重が作用したときに，コンクリートおよび鉄筋に生じる応力を許容応力度または，それに近い応力度とするのが，材料を有効に用いることから経済的である。コンクリートと鉄筋の応力が同時にそれぞれの許容応力度に達する断面を，釣合断面という。ここでは，釣合断面について考えることとする。断面算定にあたって，**図 12.1** のように，断面の幅 b を仮定する。コンクリートの圧縮応力 σ'_c は許容圧縮応力度 σ'_{ca}，鉄筋の引張応力 σ_s は許容引張応力度 σ_{sa} となる。なお，釣合断面における有効高さを d_0，中立軸を x_0，鉄筋量を A_{s0} とする。

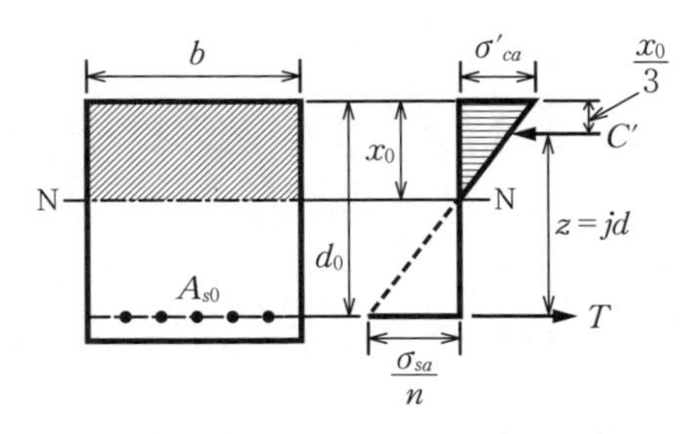

図 12.1 単鉄筋長方形断面の応力分布

$$\frac{\sigma_{sa}}{\sigma'_{ca}}=n\frac{(d_0-x_0)}{x_0}$$

であるので

$$x_0 = \frac{n\sigma'_{ca}}{n\sigma'_{ca} + \sigma_{sa}} d_0 = k_0 d_0 \tag{12.1}$$

コンクリートが負担する圧縮力 C' および鉄筋が負担する引張力 T は

$$C' = \frac{\sigma'_{ca}}{2} bx_0, \quad T = \sigma_{sa} A_{s0}$$

水平方向の力の釣合いより $C' = T$ となり，また内力のモーメントと外力のモーメント M が釣り合うことから

$$M = T \cdot z = C'z = \frac{\sigma'_{ca}}{2} bx_0 \left(d_0 - \frac{x_0}{3} \right)$$

ここで，z：内力モーメントのアーム長。なお，発生する圧縮応力は弾性域にあることから，圧縮力 C' は，三角形の図心に対応する，上縁から $\dfrac{x_0}{3}$ の位置に作用する。

式 (12.1) を代入して d_0 を求めると

$$d_0 = \sqrt{\frac{2M}{b\sigma'_{ca} k_0 (1 - k_0/3)}} \tag{12.2}$$

また，$C' = T$ より $(\sigma'_{ca}/2) bx_0 = \sigma_{sa} A_{s0}$ であり，$x_0 = k_0 d_0$ とすると次式となる。

$$A_{s0} = \frac{\sigma'_{ca}}{2\sigma_{sa}} bk_0 d_0 \tag{12.3}$$

$p_0 = \dfrac{A_{s0}}{bd_0}$,　$\left[= k_0 \sigma'_{ca} / (2\sigma_{sa}) \right]$ を釣合鉄筋比と呼ぶ。

求まった d_0 をもとに，$d \geqq d_0$ となるよう，数値を丸めて実際に用いる有効高さ d を決定する。なお，$d > d_0$ の場合，鉄筋量の計算はつぎの近似式によって求めてよい。

$$A_s = \frac{M}{\sigma_{sa} \cdot z} = \frac{M}{\sigma_{sa} jd} \quad \left(ここで，j = \frac{7}{8} としてよい \right)$$

d と A_s が決定されれば，σ'_c と σ_s は，8章の式 (8.7) に d および A_s の値を代入し，また $n = 15$ として計算した x を用いて，式 (8.9)，(8.10) から求めることができる。なお，鉄筋およびコンクリートの応力がそれぞれの許容応力度より小さいことを確認しておかなければならない。

一方，部材の**抵抗曲げモーメント**（resisting moment）M_r は部材が許容でき

る最大の曲げモーメントである。決定した断面のコンクリートに着目した抵抗曲げモーメント M_{rc}，鉄筋に着目した抵抗曲げモーメント M_{rs} は，式 (12.4)，(12.5) により求めることができる。

$$M_{rc}=\sigma'_{ca}\frac{I_i}{x} \tag{12.4}$$

$$M_{rs}=\sigma_{sa}\frac{I_i}{n(d-x)} \tag{12.5}$$

ここで，$I_i=bx^3/3+nA_s(d-x)^2$，また x は式 (8.8) の k を用いて求められる。

M_{rc} と M_{rs} を比較し，小さいほうが M_r となる。そして，$M_r \geqq M$ なら部材は安全と判断される。

例題 12.1

断面の幅 $b=400$ mm とし，曲げモーメント 320 kN·m を受ける単鉄筋長方形断面ばりの断面を設計せよ。また，コンクリートおよび鉄筋の応力を検証せよ。ただし，コンクリートの設計基準強度は $f'_{ck}=24$ N/mm^2 とし，鉄筋は SD295 を用いるものとする。

解答

まず，許容応力度を求める。

$f'_{ck}=24$ N/mm^2 より $\sigma'_{ca}=9.0$ N/mm^2，鉄筋：SD295 より $\sigma_{sa}=176$ N/mm^2 となる。

式 (12.1) より

$$k_0=\frac{n\sigma'_{ca}}{n\sigma'_{ca}+\sigma_{sa}}=\frac{15\times 9.0}{15\times 9.0+176}=0.434$$

式 (12.2) より

$$d_0=\sqrt{\frac{2M}{b\sigma'_{ca}k_0\left(1-\dfrac{k_0}{3}\right)}}=\sqrt{\frac{2\times 320\times 10^6}{400\times 9.0\times 0.434\times\left(1-\dfrac{0.434}{3}\right)}}=692\ \text{mm}$$

そこで，有効高さ d を $d=700$ mm とする。また，鉄筋量の計算においては，近似的に下式を用いる。

$$A_s=\frac{M}{\sigma_{sa}\cdot z}=\frac{M}{\sigma_{sa}jd}=\frac{320\times 10^6}{176\times\dfrac{7}{8}\times 700}=2\,968\ \text{mm}^2$$

この鉄筋量を満足させるため，以下のようにする。

$$A_s = 6\text{D}25 = 3\,040\ \text{mm}^2$$

つぎに，安全性の検討を行う。

$$p = \frac{A_s}{bd} = \frac{3\,040}{400 \times 700} = 0.010\,9$$

$$pn = 0.010\,9 \times 15 = 0.163\,5$$

式（8.8）より

$$k = \sqrt{2pn + (pn)^2} - pn = \sqrt{2 \times 0.163\,5 + 0.163\,5^2} - 0.163\,5 = 0.431$$

したがって

$$x = kd = 0.431 \times 700 = 302\ \text{mm}$$

$$I_i = \frac{bx^3}{3} + nA_s(d-x)^2 = 400 \times \frac{302^3}{3} + 15 \times 3\,040 \times (700-302)^2$$

$$= 1.090 \times 10^{10}\ \text{mm}^4$$

式（8.9）より

$$\sigma'_c = \frac{M}{I_i}x = \frac{320 \times 10^6}{1.090 \times 10^{10}} \times 302 = 8.87\ \text{N/mm}^2 < \sigma'_{ca} = 9.0\ \text{N/mm}^2$$

式（8.10）より

$$\sigma_s = n\frac{M}{I_i}(d-x) = 15 \times \frac{320 \times 10^6}{1.090 \times 10^{10}} \times (700-302)$$

$$= 175\ \text{N/mm}^2 < \sigma_{sa} = 176\ \text{N/mm}^2$$

なお，部材の抵抗曲げモーメントは，式（12.4）および（12.5）より

$$M_{rc} = \sigma'_{ca}\frac{I_i}{x} = 9.0 \times \frac{1.090 \times 10^{10}}{302} = 324.8\ \text{kN·m}$$

$$M_{rs} = \sigma_{sa}\frac{I_i}{n(d-x)} = 176 \times \frac{1.090 \times 10^{10}}{15 \times (700-302)} = 321.3\ \text{kN·m}$$

したがって，$M_r = M_{rs} = 321.3\ \text{kN·m} > M = 320\ \text{kN·m}$

となり，安全であることがわかる。

■

〔2〕　複鉄筋長方形断面

既存の構造物や建築限界などの制約から断面の高さが限られる場合には，圧縮側にも鉄筋を配置して，制限された高さで外力に抵抗できるようにする。複鉄筋断面では有効高さ d が与えられることが多いので，鉄筋量（A_s および A'_s）を求めることになる。

部材の幅 b を仮定し，構造細目を満足するよう圧縮鉄筋 A'_s のかぶり d' を決定する。σ'_{ca} と σ_{sa} が同時に生じるように算定する場合には，k_0 は式 (12.1) の値を用いることができ，釣合断面における中立軸位置は $x_0 = k_0 d$ で求まる。

図 12.2 より，圧縮鉄筋の応力 σ'_s は

$$\sigma'_s = n\sigma'_{ca}\frac{x-d'}{x}$$

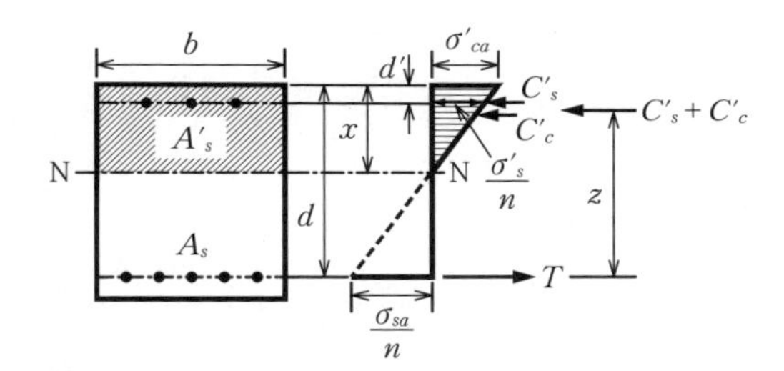

図 12.2 複鉄筋長方形断面の応力分布[5)]

圧縮鉄筋が負担する圧縮力 C'_s は

$$C'_s = A'_s\sigma'_s = A'_s n\sigma'_{ca}\frac{x-d'}{x}$$

引張鉄筋の図心位置に関するモーメントの釣合いから

$$M = \frac{\sigma'_{ca}}{2}bx\left(d-\frac{x}{3}\right) + A'_s n\sigma'_{ca}\frac{x-d'}{x}(d-d') \tag{12.6}$$

であり，A'_s はつぎのようになる。

$$A'_s = \frac{M-(\sigma'_{ca}/2)bx(d-x/3)}{n\sigma'_{ca}(x-d')(d-d')/x} \tag{12.7}$$

また，水平方向の力の釣合いから，$C'_c + C'_s = T$ であり

$$\frac{\sigma'_{ca}}{2}bx + A'_s n\sigma'_{ca}\frac{x-d'}{x} = A_s\sigma_{sa}$$

したがって，A_s はつぎのようになる。

$$A_s = bx\frac{\sigma'_{ca}}{2\sigma_{sa}} + A'_s\frac{n\sigma'_{ca}}{\sigma_{sa}}\frac{x-d'}{x} \tag{12.8}$$

A'_s および A_s ともに，計算値以上で，かつできるだけ計算値に近い鉄筋量となるよう，鉄筋の径と本数を，構造細目を考慮して設定する。決定した A'_s および A_s を用い，8 章の式 (8.13) で $n = 15$ として x を計算し，式 (8.15) ～

(8.17) から σ'_c, σ_s, σ'_s を求めることができる。

複鉄筋長方形断面の抵抗曲げモーメントの求め方は以下のとおりである。すなわち，抵抗曲げモーメントは部材の許容できる最大の曲げモーメントであり，式 (8.15) ～ (8.17) にコンクリートあるいは鉄筋の許容応力度を代入し，コンクリートの許容曲げ圧縮応力度に着目した抵抗曲げモーメント M_{rc} と鉄筋に着目した抵抗曲げモーメント M_{rs} を求め，小さいほうを M_r とする。そして，$M_r \geqq M$ ならば部材は安全である。

12.2.3 T 形 断 面

〔1〕 単鉄筋 T 形断面

8 章で述べたように，T 形断面として取り扱うのは中立軸 x がフランジ厚 t より大きい場合である。また，**図 12.3** のように，ウェブの圧縮領域の面積はフランジに比べて小さく，作用する圧縮応力も小さいことから，計算を簡単にするためウェブのコンクリートの圧縮抵抗を無視して計算するのが一般的である。

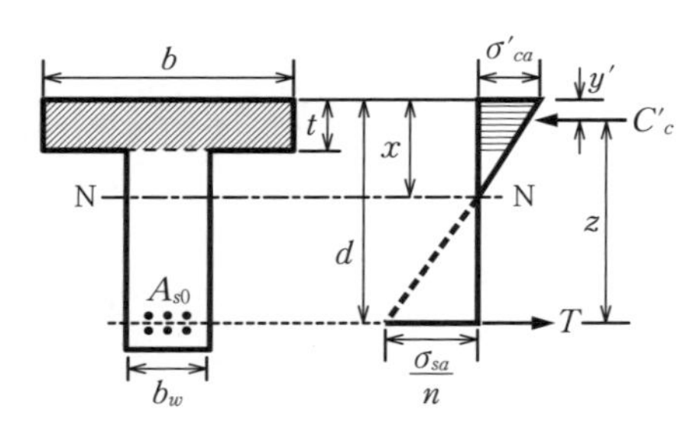

図 12.3　単鉄筋 T 形断面の応力分布[5)]

フランジ部の圧縮合力が作用する位置 y' は

$$y' = \frac{t}{3} \cdot \frac{3x - 2t}{2x - t}$$

であり，これを用いて z の値を求めることができる。

8 章と同様の計算の手順で，ウェブの圧縮応力を無視し

$$G_c = \frac{bx^2}{2} - \frac{b(x-t)^2}{2}, \quad G_s = A_s(d-x)$$

$G_c - nG_s = 0$ より

$$\frac{bx^2}{2} - \frac{b(x-t)^2}{2} - nA_s(d-x) = 0$$

$$x=\frac{nA_s\cdot d+\dfrac{bt^2}{2}}{nA_s+bt}$$

コンクリートおよび鉄筋の応力は，つぎの通りである。

$$\sigma'_c=\frac{M}{I_i}x,\quad \sigma_s=\frac{nM}{I_i}(d-x) \tag{12.9}$$

ここで

$$I_i=\frac{bx^3}{3}-\frac{b(x-t)^3}{3}+nA_s(d-x)^2$$

なお，引張鉄筋量 A_s は，コンクリートの全圧縮力がフランジの中央高さに作用すると仮定し，近似的に次式で計算してよい。

$$A_s=\frac{M}{\sigma_{sa}\left(d-\dfrac{t}{2}\right)}$$

〔2〕 **複鉄筋 T 形断面**

$G_c+nG_{s'}-nG_s=0$ であり，ウェブの圧縮応力を無視すると

$$\frac{bx^2}{2}-\frac{b(x-t)^2}{2}+nA'_s(x-d')-nA_s(d-x)=0$$

$$x=\frac{\dfrac{bt^2}{2}+n(A_sd+A'_sd')}{bt+n(A_s+A'_s)}$$

となり，コンクリートおよび鉄筋の応力は，以下の通りである（**図 12.4** 参照）。

$$\sigma'_c=\frac{M}{I_i}x,\quad \sigma_s=n\frac{M}{I_i}(d-x),\quad \sigma'_s=n\frac{M}{I_i}(x-d') \tag{12.10}$$

ここで

$$I_i=\frac{bx^3}{3}-\frac{b(x-t)^3}{3}+nA'_s(x-d')^2+nA_s(d-x)^2$$

なお，引張鉄筋量は近似的に次式で計算してよい。

$$A_s=\frac{M}{\sigma_{sa}\left(d-\dfrac{t}{2}\right)}$$

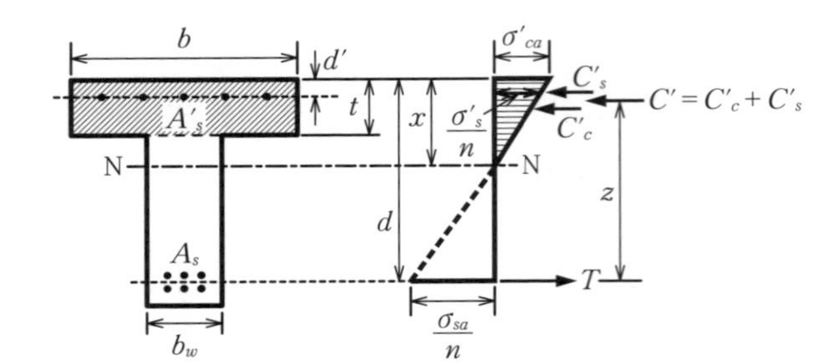

図 12.4　複鉄筋 T 形断面の応力分布[5)]

例題 12.2

$b=1\,100$ mm，$t=160$ mm，$b_\omega=400$ mm，$d=700$ mm，$d'=50$ mm，$A_s=$ 10D29，$A'_s=$ 12D16 の複鉄筋 T 形断面の抵抗曲げモーメントを求めよ。ただし，コンクリートの設計基準強度は $f'_{ck}=24$ N/mm² とし，鉄筋は SD295 を用いるものとする。

解答

$$A_s=6\,424\ \mathrm{mm^2},\ A'_s=2\,383\ \mathrm{mm^2}$$

また，表 12.1 および表 12.4 より

$$\sigma'_{ca}=9.0\ \mathrm{N/mm^2},\ \sigma_{sa}=176\ \mathrm{N/mm^2}$$

$n=15$ として

$$x=\frac{1\,100\times160^2/2+15\times(6\,424\times700+2\,383\times50)}{1\,100\times160+15\times(6\,424+2\,383)}=270.4\ \mathrm{mm}>t=160\ \mathrm{mm}$$

$$I_i=\frac{1\,100\times270.4^3}{3}-\frac{1\,100\times(270.4-160)^3}{3}$$
$$+15\times6\,424\times(700-270.4)^2+15\times2\,383\times(270.4-50)^2=2.628\times10^{10}\ \mathrm{mm^4}$$

$$M_{rc}=\frac{9.0\times2.628\times10^{10}}{270.4}=874.7\ \mathrm{kN\cdot m}$$

$$M_{rs}=\frac{176\times2.628\times10^{10}}{15\times(700-270.4)}=717.8\ \mathrm{kN\cdot m}$$

したがって，抵抗曲げモーメントは次式となる。

$$M_r=M_{rs}=717.8\ \mathrm{kN\cdot m}$$

■

12.3　せん断応力の検討

12.3.1　せん断応力の計算

〔1〕　斜め引張応力

せん断応力τと曲げモーメントによる垂直応力σが作用するとき，鉄筋コンクリートはりに生じる主応力σ_Iの大きさおよびその方向θは式(12.11)で求められる。

$$\sigma_I=\frac{\sigma}{2}+\sqrt{\frac{\sigma^2}{4}+\tau^2},\quad \tan 2\theta=\frac{2\tau}{\sigma} \tag{12.11}$$

はり部材の場合

① 中立軸においては$\sigma=0$であるので，$\sigma_I=\tau$，$\theta=45°$となる。

② 単純ばりの支点付近では，曲げモーメントが小さく，相対的にせん断応力が大きいので同じく$\sigma_I\fallingdotseq\tau$，$\theta=45°$となる。

③ 単純ばりの支間中央付近では，軸方向応力が相対的に大きく，$\sigma_I\fallingdotseq\sigma$，$\theta=90°$となる。

④ 鉄筋コンクリートの設計においては，中立軸以下の引張応力は無視するので，$\sigma=0$となり，中立軸以下において斜め引張応力は一様に$\sigma_I=\tau$となる。

以上より，はりの軸と45°の方向に，大きさがせん断応力τに等しい引張応力が作用する。斜め引張応力の値がコンクリートの引張強度を超えると，斜め引張応力の方向と直角方向にひび割れが発生し，せん断破壊を生じる。

〔2〕　せん断応力の一般式

8.2.2項に示したように，せん断応力τ_vは次式により表すことができる。

$$\tau_v=\frac{VG_y}{b_yI_i} \tag{12.12}$$

ここに，V：作用するせん断力，G_y：中立軸からyだけ上の位置から外側の断面の中立軸に関する一次モーメント，b_y：中立軸からyだけ上の位置の部材の幅。

ところで

$$M=T\cdot z=C\cdot z$$

$$=n\cdot\frac{\sigma'_c}{x}G_s\cdot z=\left(\frac{\sigma'_c}{x}G_c+\frac{\sigma'_c}{x}nG'_s\right)\cdot z$$

$$=n\cdot\frac{1}{x}\cdot\frac{M}{I_i}x\cdot G_s\cdot z=\frac{1}{x}\cdot\frac{M}{I_i}x(G_c+nG'_s)\cdot z$$

これより

$$\frac{1}{z}=\frac{nG_s}{I_i}=\frac{G_c+nG'_s}{I_i}$$

中立軸におけるせん断応力 τ_N は

$$\tau_N=\frac{V\cdot nG_s}{b_N\cdot I_i}=\frac{V(G_c+nG'_s)}{b_N\cdot I_i}=\frac{V}{b_N\cdot z}$$

ここに，b_N：中立軸位置におけるはりの幅。

中立軸より下方においてはコンクリートの引張応力を無視するので，はり幅 b_y だけが変化し

$$\tau_v=\frac{b_N}{b_y}\tau_N=\frac{V}{b_y z}$$

〔3〕 **長方形断面**

斜め引張鉄筋の設計において，最大せん断応力を求める必要がある。断面におけるせん断応力の分布は

$$G_y=\frac{b}{2}(x^2-y^2),\quad I_i=\frac{bx^2}{2}\left(d-\frac{x}{3}\right)$$

であり，式 (12.12) より

$$\tau_v=\frac{VG_y}{b_y I_i}=\frac{V(x^2-y^2)}{b_y x^2\left(d-\frac{x}{3}\right)} \tag{12.13}$$

また，単鉄筋長方形断面における最大せん断応力は中立軸位置に生じ，その大きさは，$b_N=b$ として以下のように表される。

$$\tau=\frac{V}{bz}=\frac{V}{bjd}$$

すなわち，**図 12.5**（a）に示すように，コンクリート上縁では，$y=x$，$\tau_x=0$，上縁から中立軸までは放物線となり，中立軸において $y=0$，$\tau=V/bz$（最大値）となり，以下引張鉄筋図心まで一定となる。

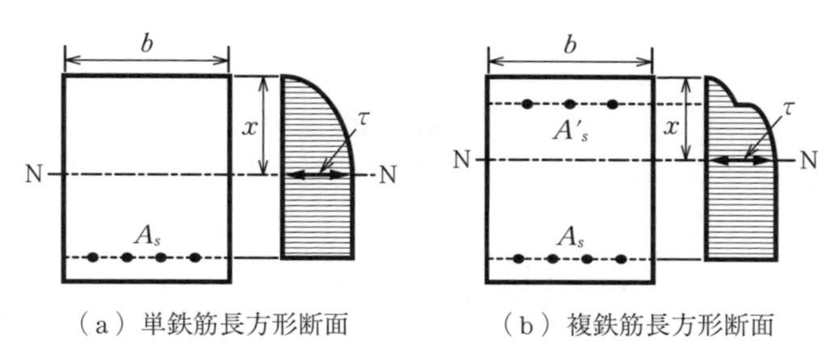

（a）単鉄筋長方形断面　（b）複鉄筋長方形断面

図 12.5　せん断応力度

複鉄筋長方形断面におけるせん断応力度の分布は図（b）に示すようになり，コンクリート上縁から圧縮鉄筋までの間は式 (12.13) で，圧縮鉄筋位置から中立軸までの間では式 (12.14) により表され，中立軸から引張鉄筋図心までは一定となる。

$$\tau_v=\frac{V}{bI_i}(G_c+nG'_s) \tag{12.14}$$

となり

$$\frac{1}{z}=\frac{G_c+nG'_s}{I_i}=\frac{nG_s}{I_i}$$

の関係より，中立軸から下のせん断応力は

$$\tau=\frac{V}{bz}$$

となる。なお，z は近似的に $z\fallingdotseq 7d/8$ を用いてよい。

例題 12.3

$b=400$ mm，$d=650$ mm，引張鉄筋 5D25 の単鉄筋長方形断面のはりにせん断力 V＝200 kN が作用したとき，中立軸位置におけるせん断応力を求めよ。なお，コンクリートの設計基準強度は $f'_{ck}=24$ N/mm^2 とする。

解答

$$A_s = 5\text{D}22 = 2\,534\ \text{mm}^2$$

$$p = \frac{A_s}{bd} = \frac{2\,534}{400 \times 650} = 0.009\,75$$

$$pn = 0.009\,75 \times 15 = 0.146\,3$$

式 (8.8) より

$$k = \sqrt{2pn + (pn)^2} - pn = \sqrt{2 \times 0.146\,3 + 0.146\,3^2} - 0.146\,3 = 0.414$$

$$j = 1 - k/3 = 0.862$$

したがって

$$\tau = \frac{V}{bz} = \frac{V}{bjd} = \frac{200 \times 10^3}{400 \times 0.862 \times 650} = 0.892\ \text{N/mm}^2$$

なお，$f'_{ck} = 24\ \text{N/mm}^2$ より，$\tau_{a1} = 0.45\ \text{N/mm}^2$，$\tau_{a2} = 2.0\ \text{N/mm}^2$ であり

$$\tau_{a1} < \tau < \tau_{a2}$$

となることから，せん断補強を行う必要がある。■

〔4〕 T 形 断 面

T 形断面における最大せん断応力はウェブに生じ，その大きさは式 (12.15) で計算される。

$$\tau = \frac{V}{b_w z} \tag{12.15}$$

ここに，b_w：ウェブの幅。

中立軸がウェブ内にある場合，ウェブ内のコンクリートの圧縮応力を無視すれば

$$x = \frac{nA_s d + \dfrac{bt^2}{2}}{nA_s + bt}, \quad z = d - \frac{t(3x - 2t)}{3(2x - t)}$$

となり，さらにフランジ内の圧縮合力がフランジの高さの中間に作用するとすれば，近似的に，z は以下のようになる。

$$z = d - \frac{t}{2}$$

なお，中立軸がフランジ内にある場合は，幅 b の長方形断面として計算する。

複鉄筋 T 形断面の最大せん断応力も，近似的に，次式から計算してよい。

$$\tau = \frac{V}{b_w\left(d - \frac{t}{2}\right)}$$

〔5〕　高さが変化するはり

図 12.6 に示すような，はりの有効高さが変化する場合のせん断応力の計算式の誘導については，8.2.2 項の〔4〕を参照されたい。

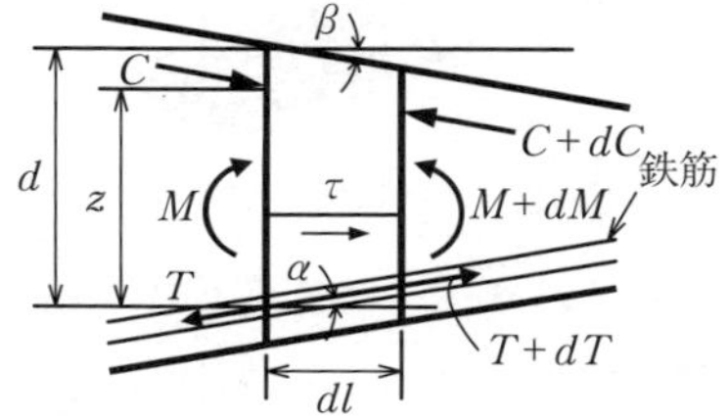

図 12.6　せん断応力（高さの変化するはり）[2)]

せん断応力は式 (12.16) により計算することができ，一般に，はりの有効高さが変化することによる影響を含んだ V_1 を用いて表される。

$$\tau = \frac{1}{b_w \cdot z}\left\{V - \frac{M}{d}(\tan\alpha + \tan\beta)\right\} = \frac{V_1}{b_w \cdot z} \qquad (12.16)$$

12.3.2　斜め引張鉄筋の計算

〔1〕　せん断補強の要否判定

斜めひび割れに起因するせん断破壊を防止するため，斜め引張鉄筋を配置する。配置にあたっての判断基準を以下に示す。

① $\tau \leqq \tau_{a1}$ の場合は，計算上，斜め引張鉄筋は不要である。ただし，用心のため，構造細目に従って最小量のスターラップを配置する。

② $\tau_{a1} < \tau \leqq \tau_{a2}$ の場合は，算定した斜め引張鉄筋を配置する。通常，支点近くでせん断応力が大きくなるので，曲げモーメントに余裕のできた区間では，スターラップと軸方向鉄筋を折り曲げた折曲鉄筋を併用する。

③ $\tau_{a2} < \tau$ の場合は，せん断破壊に対する安全が確保できないと考え，$\tau \leqq \tau_{a2}$ となるよう断面の変更を行う。

〔2〕　斜め引張鉄筋の種類

斜め引張鉄筋には，**図 12.7** に示す折曲鉄筋とスターラップとがある。単純支持のはりの場合，支承付近では曲げモーメントは中央付近に比べて小さく，同じ断面積の軸方向鉄筋を配置する必要がない。そこで，軸方向鉄筋の一部を折り曲げて斜め引張応力に抵抗させる。スターラップは鉛直方向に配置するものである。なお，はりでは用心鉄筋を配置することが規定されており，スターラップは必ず配置される。代表的なスターラップの形状を**図 12.8** に示す。a-a 断面に着目すると，U 形および閉合形に対してはスターラップ用鉄筋 2 本分の断面積が，W 形に対してはスターラップ用鉄筋 4 本分の断面積がせん断破壊の抑制に働くものと考えて計算を行う。

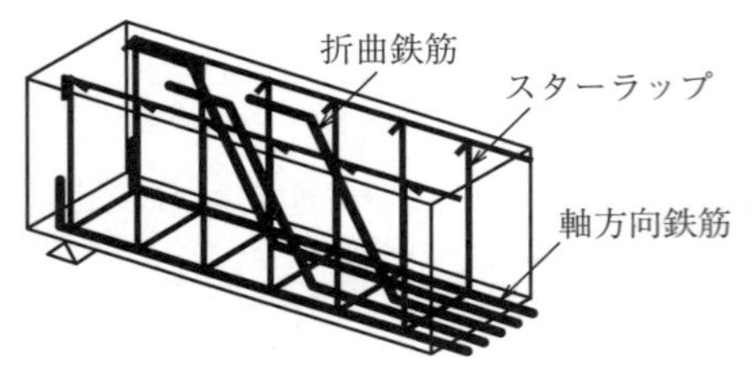

図 12.7　折曲鉄筋とスターラップ

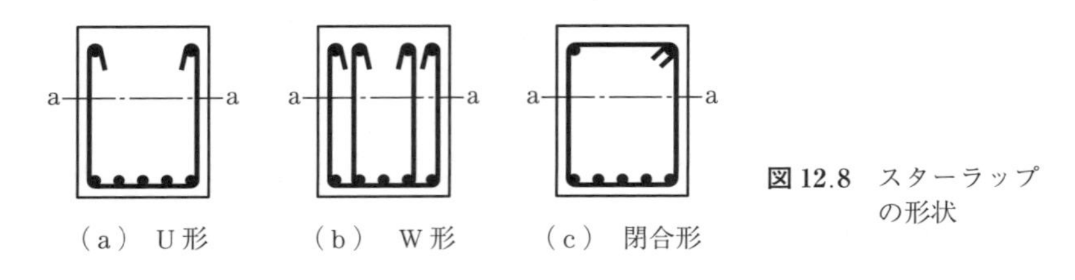

図 12.8　スターラップの形状

〔3〕 斜め引張鉄筋の計算

はりに作用している曲げモーメント，せん断力，および中立軸位置におけるせん断応力度を**図 12.9** に示す。

はりの軸線に平行な基準線をはりの引張部に設ける。この基準線上の点における斜め引張応力はせん断応力 τ に等しい。また，その作用方向は 45° である。微小距離 dv を考えると，斜め引張応力度は $dv \cdot \cos 45°$ の面に直角の方向に発生し，$b \cdot \tau \cdot dv \cdot \cos 45°$ で表される。距離 ν の間の全斜め引張応力 T_ν は

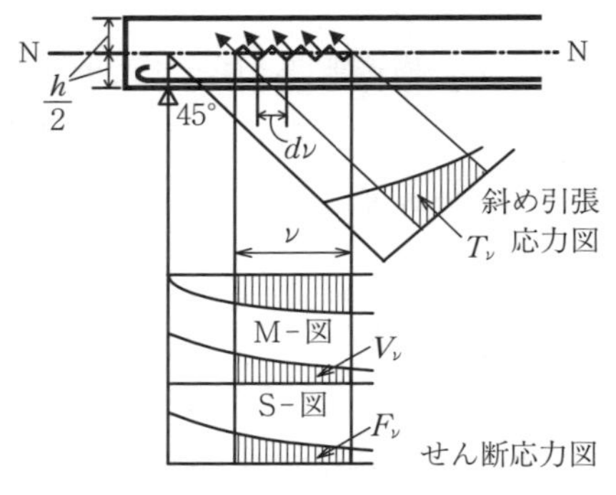

図 12.9　はりの断面力図および最大応力図

$$T_{\upsilon}=\int_0^{\upsilon} b\cdot\tau\cdot\cos 45°\cdot d\nu=\int_0^{\upsilon}\frac{b\cdot\tau}{\sqrt{2}}\cdot d\nu=\frac{b}{\sqrt{2}}\cdot\int_0^{\upsilon}\tau\cdot d\nu=\frac{b}{\sqrt{2}}F_{\nu}$$

また，$\tau=\dfrac{V}{b\cdot z}$より，$F_{\nu}=\dfrac{V_{\upsilon}}{b\cdot z}$

したがって，$T_{\upsilon}=\dfrac{V_{\upsilon}}{\sqrt{2}\cdot z}$

45° 方向に折曲鉄筋を配置し，これが受け持つ全斜め引張応力を $T_{\upsilon b}$ とすると

$$T_{\upsilon b}=A_b\cdot\sigma_s=\frac{V_{\upsilon b}}{\sqrt{2}\cdot z}=\frac{b\cdot F_{\nu b}}{\sqrt{2}}$$

ここで，A_b：距離 υ の区間に配置した折曲鉄筋の全断面積。

$$A_b=\frac{V_{\upsilon b}}{\sqrt{2}\cdot\sigma_{sa}\cdot z}=\frac{b\cdot F_{\nu b}}{\sqrt{2}\cdot\sigma_{sa}}$$

折曲鉄筋を軸線と α の角度で配置したとすれば

$$T_{\upsilon b}=A_b\cdot\sigma_s\cos(\alpha-45°)=\frac{1}{\sqrt{2}}A_b\cdot\sigma_s\cdot(\sin\alpha+\cos\alpha)$$

$T_{\upsilon b}=V_{\upsilon b}/(\sqrt{2}\cdot z)$ であり

$$A_b=\frac{V_{\upsilon b}}{\sigma_{sa}\cdot(\sin\alpha+\cos\alpha)z}=\frac{V_b\cdot s}{\sigma_{sa}(\sin\alpha+\cos\alpha)z}$$

ここで，s：折曲鉄筋の間隔。

スターラップの場合，作用する斜め引張応力とは 45° の角度を有する。したがって，スターラップが受け持つ全斜め引張応力 $T_{\upsilon s}$ は，つぎのようになる。

$$T_{\upsilon s}=\frac{A_s}{\sqrt{2}}\cdot\sigma_s=\frac{V_{\upsilon s}}{\sqrt{2}\cdot z}=\frac{b\cdot F_{\nu s}}{\sqrt{2}}$$

ここで，A_s：距離 υ の区間に配置したスターラップの全断面積。

$$A_s=\frac{V_{\upsilon s}}{\sigma_{sa}\cdot z}=\frac{b\cdot F_{\nu s}}{\sigma_{sa}}$$

いま，スターラップが s の間隔で配置され，また，せん断力 V が一定とすると

$$V_{\upsilon s}=V_s\cdot s$$

$$A_s=\frac{V_s\cdot s}{\sigma_{sa}\cdot z}$$

なお，折曲鉄筋とスターラップを併用した場合，両者の応力は等しいので

$$T_v = T_{vb} + T_{vs} = \frac{\sigma_s}{\sqrt{2}}\left\{A_b(\sin\alpha + \cos\alpha) + A_s\right\}$$

と表すことができる。

〔4〕 **斜め引張鉄筋の配置**

斜め引張鉄筋の配置においては，以下に示す構造細目等に従う。

① 作用するせん断力 V に対して，折曲鉄筋 V_b，スターラップ V_s，斜め引張鉄筋以外（おもにコンクリート，V_c）が分担して抵抗する。ここで，折曲鉄筋の間隔を s_1，スターラップの間隔を s_2，部材の幅を b_w とすると

$$A_b = (V_b \cdot s_1)/(\sigma_{sa} \cdot z \cdot (\sin\alpha + \cos\alpha))$$
$$= b_w \cdot (\tau \cdot s_1)/(\sigma_{sa} \cdot (\sin\alpha + \cos\alpha))$$
$$A_w = (V_s \cdot s_2)/(\sigma_{sa} \cdot z) = b_w \cdot (\tau \cdot s_2)/\sigma_{sa}$$

なお，以下の関係を満足しなければならない。

$$V \leqq V_b + V_s + V_c$$

ここに

$$V_b = A_b \cdot \sigma_{sa} \cdot z \cdot (\sin\alpha + \cos\alpha)/s_1$$
$$V_s = A_w \cdot \sigma_{sa} \cdot z/s_2$$
$$V_c = 1/2 \cdot \tau_{a1} \cdot b_w \cdot z$$

② 斜め引張鉄筋は，計算上必要とする区間（$\tau_{a1} < \tau$）の外側の有効高さに等しい区間にも配置する。斜め引張鉄筋の間隔は，部材の有効高さの中央から正鉄筋または負鉄筋へ向かって延ばした45°の斜めひび割れの線が，少なくとも1列の斜め引張鉄筋と交わるようにする必要があり，スターラップの間隔は，有効高さの1/2倍以下とする。

③ $\tau \leqq \tau_{a1}$ の区間でも，用心のため，0.15％以上のスターラップを配置する。その間隔は，有効高さの3/4倍以下かつ400 mm以下を原則とする。

$$0.0015 \leqq A_{w\,\min}/(b_w \cdot s)$$

④ せん断応力図を考慮し，スターラップのみで受け持つ範囲，スターラップと折曲鉄筋を併用して受け持つ範囲に分割する。この場合，斜め引張鉄筋に生じる引張応力がほぼ等しくなるように配慮する。

⑤ 斜め引張鉄筋が受け持つせん断力の 1/2 以上をスターラップで受け持たせる。

⑥ 折曲鉄筋の配置を検討するときの基線は，原則として，部材高さの中央に置く。中立軸と交わる角度が 15° 以下の鉄筋は，斜め引張鉄筋とみなさない。なるべく，30° 以上の角度とする。

⑦ 折曲鉄筋は，軸方向鉄筋量の 2/3 を超えないようにする。

⑧ 折曲鉄筋の曲上げ位置は，せん断応力の符号が正負となる区間以外，ならびに抵抗モーメントが曲げモーメントより十分大きい（有効高さ以上離れた）位置とする。

演　習　問　題

〔**12.1**〕 スパン 6 m の単純ばりに，等分布荷重 $\omega = 30$ kN/m ならびに集中荷重（スパン中央に）100 kN が作用する。$b = 400$ mm の単鉄筋長方形断面とし，許容応力度設計法に従う場合，釣合断面の有効高さ d_0 と鉄筋断面積 A_{s0} を求めよ。ただし，コンクリートと鉄筋の許容応力度はそれぞれ $\sigma'_{ca} = 9$ N/mm^2，$\sigma_{sa} = 176$ N/mm^2 とする。

〔**12.2**〕 $b = 400$ mm，$d = 700$ mm で，引張鉄筋として 5D22 を配置した単鉄筋長方形断面ばりの，抵抗曲げモーメント M_r を求めよ。ただし，$\sigma'_{ca} = 9$ N/mm^2，$\sigma_{sa} = 176$ N/mm^2 とする。

〔**12.3**〕 $b = 450$ mm，$d = 750$ mm，$d' = 50$ mm，$A_s = $ 6D25，$A'_s = $ 4D19 の複鉄筋長方形断面ばりの抵抗曲げモーメント M_r を求めよ。ただし，$\sigma'_{ca} = 9$ N/mm^2，$\sigma_{sa} = 176$ N/mm^2 とする。

13章 耐震設計法

◆本章のテーマ

日本国内に構築されるコンクリート構造物は，その供用期間中に何度か大きな地震を受ける事が想定される。耐震設計法には，震度法，修正震度法，地震時保有水平耐力法など，作用地震動を静的荷重に置き換えて計算する方法と，模擬地震動波形等を用いて動的に解析する方法の２通りがある。本章では，地震動の特性と検討すべき地震動のレベル，コンクリート構造物の地震時挙動を紹介し，安全性を確保するための各種耐震設計法について説明する。

◆本章の構成（キーワード）

13.1　コンクリート構造物の地震時挙動
　曲げ破壊，せん断破壊，塑性ヒンジ，圧縮鉄筋の座屈

13.2　骨格曲線
　３直線モデル，曲げモーメント，曲率，水平力，水平変位

13.3　復元力特性
　履歴ループ，剛性，部材回転角

13.4　設計地震動と耐震性能
　模擬地震動波形，固有周期，応答スペクトル，減衰定数，耐震性能

13.5　耐震設計法
　震度法，修正震度法，地震時保有水平耐力法，エネルギー一定則，動的解析法

◆本章を学ぶと以下の内容をマスターできます

☞　コンクリート構造物の地震時挙動
☞　設計に用いる模擬地震動波形と耐震性能
☞　静的ならびに動的耐震設計法

13.1 コンクリート構造物の地震時挙動

ここでは，鉄筋コンクリート橋脚の地震時挙動について考えることとする。構造物の形状や配筋状況，さらに入力地震動等によってさまざまな被害を生じるが，典型的な破壊形態として**図 13.1** に示す曲げ破壊とせん断破壊がある。

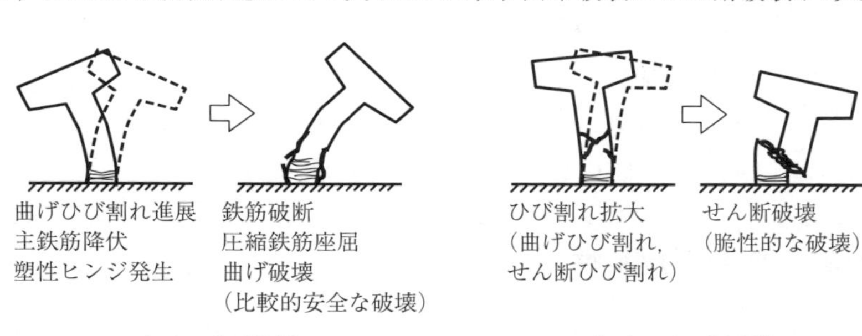

図 13.1　地震時における鉄筋コンクリート橋脚の破壊形態[6)]

曲げ破壊（図（a））は，曲げひび割れの進展や主鉄筋の降伏，基部の塑性ヒンジ化を生じるが比較的安全な破壊となる。

一方，せん断破壊（図（b））は，せん断ひび割れの発生をともない，ねばりの乏しい脆性的な破壊となる。したがって，耐震設計にあたっては，せん断破壊を生じないようにしなければならない。

13.2 骨　格　曲　線

鉄筋コンクリート構造物は，大きな荷重が作用すると，コンクリートのひび割れ，鉄筋の降伏などにより非線形挙動を示す。一般には，**図 13.2** のような，点 C（ひび割れ），点 Y（降伏），点 U（終局）の 3 点を結ぶ 3 直線モデルで変形挙動を表現することが多い。このとき，断面の曲げモーメント M と曲率 ϕ の関係をモデル化し，それを用いて柱部材の水平力 P と水平変位 δ の関係が決定される。これが応答解析における**骨格曲線**（skeleton curve）である。

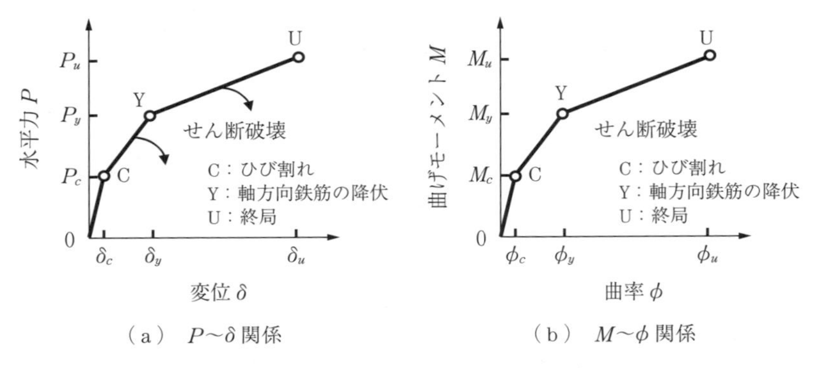

図 13.2　3直線モデルによる骨格曲線

13.3　復 元 力 特 性

鉄筋コンクリート部材が正負交番の繰返し荷重を受けると，**図 13.3** に示すような履歴ループを描く。これをモデル化するには，骨格曲線に加えて，除荷時および荷重反転時の剛性変化，繰返し回数の影響などの履歴特性を考慮しなければならない。

鉄筋コンクリート部材の復元力特性として多くのモデル化が行われている。

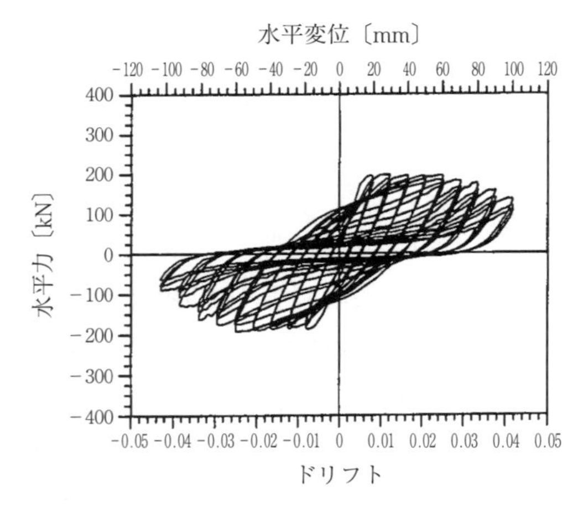

図 13.3　鉄筋コンクリート柱の荷重-変位曲線の例[12)]

図 13.4 に，一例として，剛性劣化型 3 直線モデルを示す。

$$k_\gamma = k\left|\frac{\theta_{\max}}{\theta_y}\right|^{-\beta}$$

ここに，k_γ：除荷剛性，k：降伏剛性，$\theta_{\max}$：応答部材回転角，θ_y：部材降伏点の部材回転角，β：剛性低下率（一般に 0.5 としてよい）。

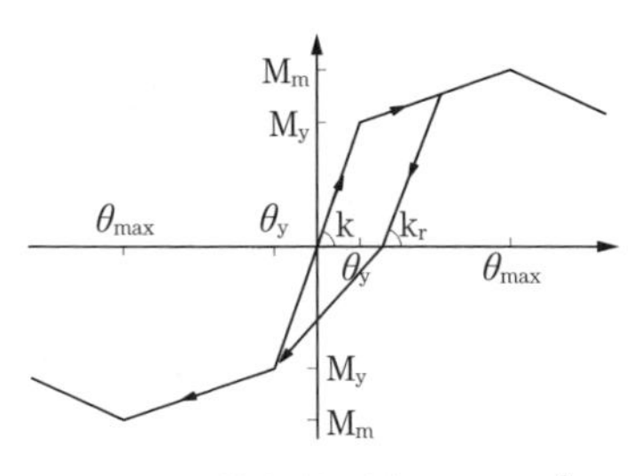

図 13.4　棒部材の履歴モデル[4)]

13.4　設計地震動と耐震性能

13.4.1　地震動の種類

設計に用いる地震動は，地震の規模，建設地点周辺の地震活動度，震源特性，震源からの距離や地震動の伝播特性等を考慮して設定する。設計地震動としては，一般につぎの二つのレベルを想定する。

① レベル 1 地震動――設計耐用期間中に生じる可能性が比較的高い地震動である。なお，構造物に対して適切な頻度を設定し，確率論的ハザード解析等を用いて設定してもよい。

② レベル 2 地震動――設計耐用期間中に当該地点における最大級の強さを持つ地震動とし，一般に以下の地震動のうち，その影響の大きいほうとしてよい。

（i）直下もしくは近傍における内陸の活断層による地震動

（ii）陸地近傍で発生する大規模なプレート境界地震による地震動

照査に用いるための建設地点での地震動が適切に設定できない場合には，構造物に対する影響が大きくなるような振動成分が含まれた模擬地震動波形を用いる。

模擬地震動波形の例として，**図 13.5** にレベル 1 地震動，**図 13.6** および**図 13.7** にレベル 2 の内陸型地震動と海溝型地震動を示す。

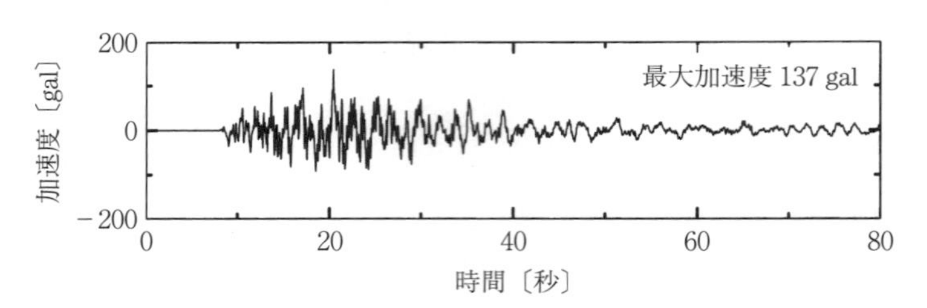

図 13.5　レベル 1 地震動の時刻歴加速度波形の例[4)]

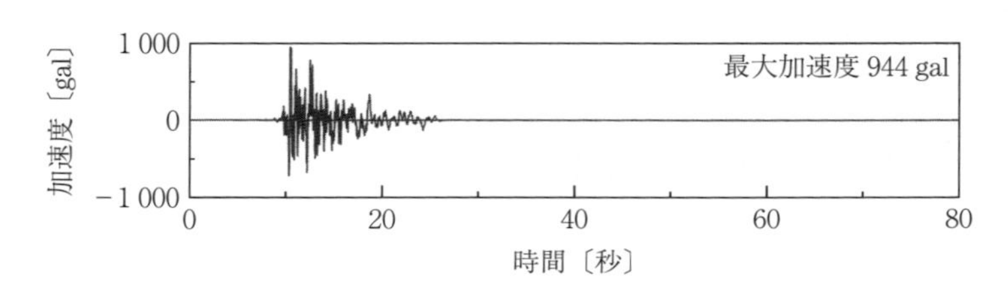

図 13.6　レベル 2 地震動の時刻歴加速度波形の例[4)]（内陸型地震を対象）

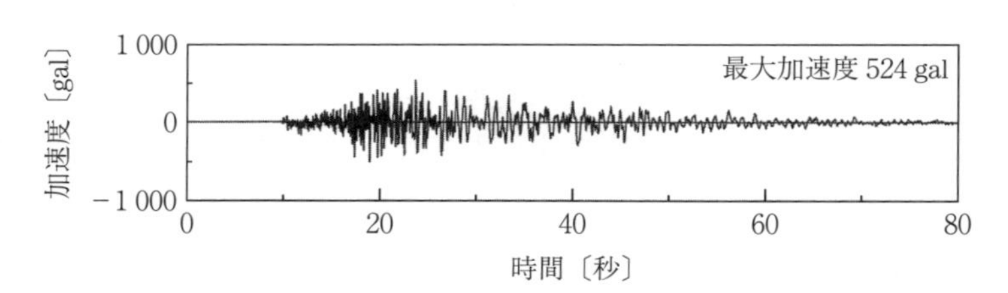

図 13.7　レベル 2 地震動の時刻歴加速度波形の例[4)]（海溝型地震を対象）

13.4.2　応答スペクトル

地震によるランダムな入力加速度が付与されると，構造物はそれに呼応して不規則な揺れを生じる。**固有周期**（vibration period）を横軸に取り，この応答の最大値を図化したものが**応答スペクトル**（response spectrum）であり，固有周期が異なる構造物の応答の様子を把握することができる（**図 13.8**）。

構造物のスペクトル特性は減衰の程度にも影響され，**減衰定数**（damping coefficient）が大きいほど応答値は減少する。したがって，一般に応答スペクトルは構造物の固有周期と減衰定数によって表される。

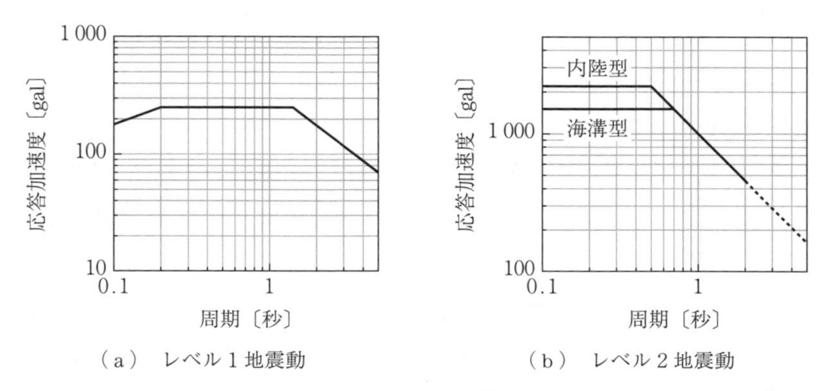

図 13.8　レベル1地震動およびレベル2地震動の目標加速度応答スペクトル[4)]
（減衰定数 h＝0.05）

13.4.3　耐震性能の照査

・耐 震 性 能

構造物が保有すべき**耐震性能**（earthquake resistance）は，構造物の種類をはじめ，想定される地震動，人命に与える影響，経済活動に与える影響，復旧の難易度等を考慮して定める。

土木学会コンクリート標準示方書［設計編］では，耐震性能の照査にあたって，つぎの四つの損傷状態を規定している。

損傷状態1：地震を受けた後も構造物の機能が健全であり，補修することなく使用が可能な状態。

損傷状態2：地震を受けた後も構造物の機能を短時間に回復でき，補強を必要としない状態。

損傷状態3：地震によって構造物全体系が崩壊しない状態。

損傷状態4：地震によって構造物全体系が一時的に崩壊するが，人の生命や財産を脅かすような事象が生じず，構造物全体系の早期の復旧が可能な状態。

なお，2017年版示方書までは，「耐震性能」の用語が使われていたが，2022年版では「損傷状態」が使われるようになった。

ただし，2022 年版において，レベル 1 地震動に対して，構造物の損傷状態 1 に留まることを照査することで，2017 年版の耐震性能 1 を満足すると見なすことができるとしている。

また，偶発作用を受ける構造物の損傷状態は，損傷状態 2 または 3 に留めることを原則としている。部材の損傷レベルと限界値は，基本的につぎのとおりである。

（1）損傷レベル 1：**降伏変位**（yield displacement）または**降伏回転角**（yield rotation angle）

（2）損傷レベル 2：最大荷重点に相当する変位または回転角

（3）損傷レベル 3：終局変位または終局回転角

部材の降伏変位は，部材断面内の鉄筋に発生している引張力の合力位置の鉄筋が降伏するときの変位として求める。

部材の**終局変位**（ultimate displacement）は，**図 13.9** のように，部材の荷重-変位関係の骨格曲線において，荷重が降伏荷重を下回らない最大の変位として求める。なお，終局変位を降伏変位で除した値をじん性率と呼ぶ。

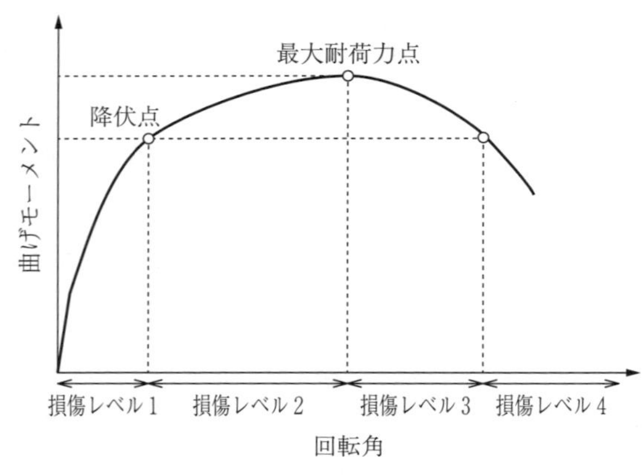

図 13.9　部材の損傷レベルの例[4)]

13.5 耐震設計法

土木学会コンクリート標準示方書においては，地震動に対する応答解析にあたって，解析モデルを適切に設定し，地震時の安全性を照査するよう規定している。実務では，地盤・基礎構造や上部構造を有限要素等によりモデル化し解析することを主体として記述しており，詳細については示方書を参照されたい。なお，本書では，耐震の概念ならびに耐震設計法のこれまでの変化を説明する。これにより，耐震検討の初期に導入された震度法から近年までの設計法を学び，あわせて，地震による損傷をもたらす要因とその影響について理解する。

地震に対する安全性を照査する耐震設計には，つぎの三つの代表的な方法がある。

① 震度法：構造物の弾性域の振動特性を考慮し，地震による荷重を静的に作用させて設計する。

② 地震時保有水平耐力法：構造物の非線形域の変形性能や動的耐力を考慮し，地震による荷重を静的に作用させて設計する。

③ 動的解析法：地震時における構造物の挙動を時刻歴地震波形や加速度応答スペクトル等により動力学的に解析して設計する。

検討には，これまで震度法および地震時保有水平耐力法が主として適用されてきたが，近年では，地震時挙動が複雑な構造物はもとより，一般的な構造物に対しても動的解析を行い，より厳密に構造物の挙動を把握するようになってきている。

13.5.1 震度法と修正震度法

地震時に構造物に生じる地震力は，構造物が応答する加速度によって生じる慣性力（$=m\alpha$，ここで m：質量，α：加速度）と考えられる。この加速度 α（α_h：水平方向，α_v：鉛直方向）を重力加速度 g で除したものが**震度**（seismic intensity）である。水平方向ならびに鉛直方向に作用する地震力を，水平方向あるいは鉛直方向震度としてつぎのように表す。

水平震度：$k_h=\alpha_h/g$,　鉛直震度：$k_v=\alpha_v/g$

したがって，重量 W の構造物の受ける地震力は

水平方向の地震力 $=k_hW$, 鉛直方向の地震力 $=k_vW$ となる。

震度法（seismic coefficient method）は，計算が簡便であることから古くから用いられてきた。なお，震度法は，固有周期の比較的短い剛な構造物に適しているが，地震時の影響を静的な力に置き換えているため，構造物の振動特性や経時変化を無視したものとなっており，対象とする構造物の実際の挙動とは無関係に設計震度が定まる。

また，構造物に生じる応答加速度は，構造物の形式や寸法によって変化し，想定する地域や地盤種別によっても異なる。そのため，構造物の地震応答特性と地域特性をもとにして設計震度を調整する必要があり，構造物の固有周期と地盤種別を考慮したつぎに述べる修正震度法が合理的であるといえる。

修正震度法（modified seismic coefficient method）は，構造物の振動特性（固有周期）を考慮した静的な力を構造物に作用させて計算する方法で，固有周期の比較的長い柔な地上構造物に使用される。震度法と修正震度法は，レベル 1 地震動に対して用いられる。

レベル 1 地震動の設計水平震度は，式 (13.1) に示すように，地盤種別および構造物の固有周期から定まる**図 13.10** の標準値 k_{h0} に**図 13.11** の地域別補正係数 c_z を乗じて求める。

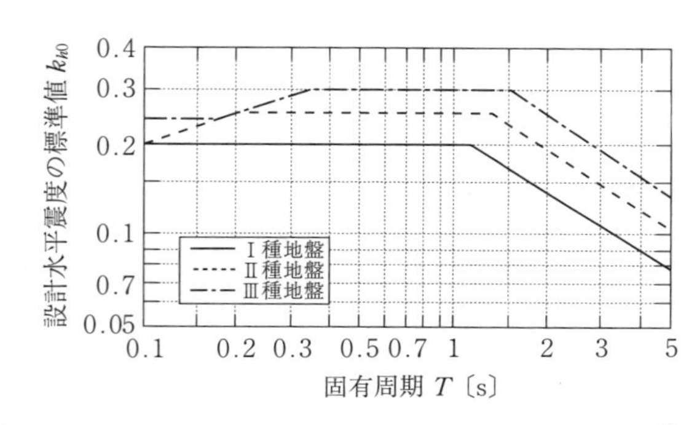

図 13.10　レベル 1 地震動の設計水平震度の標準値 k_{h0} [13)]

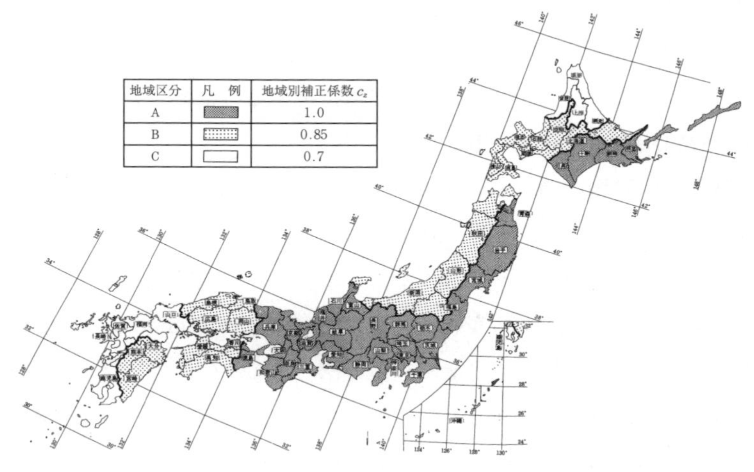

図 13.11　地域別補正係数 c_z の地域区分[13)]

$$k_h = c_z k_{h0} \tag{13.1}$$

ここに，k_h：レベル 1 地震動の設計水平震度，k_{h0}：レベル 1 地震動の設計水平震度の標準値，c_z：地域別補正係数。

ただし，レベル 1 地震動に対する耐震性能の照査において，土の重量に起因する慣性力および地震時土圧の算出に際しては，式 (13.2) から求まる地盤面における設計水平震度を用いる。

$$k_{hg} = c_z k_{hg0} \tag{13.2}$$

ここに，k_{hg}：レベル 1 地震動の地盤面における設計水平震度，k_{hg0}：レベル 1 地震動の地盤面における設計水平震度の標準値で，地盤種別がⅠ種，Ⅱ種，Ⅲ種に対して，それぞれ 0.16，0.2，0.24 とする。

なお，Ⅰ種地盤は，良好な洪積地盤および岩盤，Ⅱ種地盤はⅠ種地盤およびⅢ種地盤のいずれにも属さない洪積地盤および沖積地盤，Ⅲ種地盤は沖積地盤のうち軟弱地盤である。

レベル 1 地震動に対して満足すべき耐震性能 1 の各部材における限界状態は，各部材のコンクリートまたは鋼材等に生じる応力が地震の影響を考慮した許容応力度に達した状態であり，各部材の照査は，許容応力度法に基づいて行う。

13.5.2　地震時保有水平耐力法

2002年版道路橋示方書の耐震設計編では，規模の大きい地震が生じた場合，構造部材の耐力を向上させるだけで地震に抵抗するのは難しいと考え，地震時保有水平耐力法により評価することとしている。

地震時保有水平耐力法（ultimate earthquake resistance method）はレベル2地震動に対して用いられ，大きな地震においても急激に破壊することがなく，粘りのある構造物となるよう設計するものである。地震時保有水平耐力法は，1質点系振動を基とし，**エネルギー一定則**（energy conservation）を用いて弾性地震応答から非線形地震応答を求める方法である。弾塑性応答と弾性応答でのエネルギーがほぼ同じであるという仮定のもと，橋脚の固有周期，**許容塑性率**（allowable ductility factor）μ_a を考慮して，水平震度の算定，終局水平耐力，地震慣性力 P_a の算定を行い，地震時保有水平耐力ならびに残留変位 δ の照査を行うことになる。

地震時保有水平耐力法に用いる設計水平震度 k_{hc} は，鉄筋コンクリート橋脚のじん性能を表わす許容塑性率 μ_a を適用し，エネルギー一定則のもと与えられる。

地震時保有水平耐力法によって耐震性能2又は耐震性能3の照査を行う場合，レベル2地震動の設計水平震度は以下により算出する。

① レベル2地震動（タイプⅠ，プレート境界型の大規模な地震を想定）の設計水平震度

レベル2地震動（タイプⅠ）の設計水平震度は，式(13.3)により算出する。ただし，設計水平震度の標準値 k_{hc0} に地域別補正係数 c_z を乗じた値が0.3を下回る場合，設計水平震度は0.3に構造物特性補正係数 c_s を乗じた値とする。また，設計水平震度が0.4に地域別補正係数 c_z を乗じた値を下回る場合，設計水平震度は0.4に地域別補正係数 c_z を乗じた値とする。

$$k_{hc}=c_s c_z k_{hc0} \tag{13.3}$$

ここに，k_{hc}：レベル2地震動（タイプⅠ）の設計水平震度，k_{hc0}：レベル2地震動（タイプⅠ）の設計水平震度の標準値で，**図13.12**による。c_s：構造物特

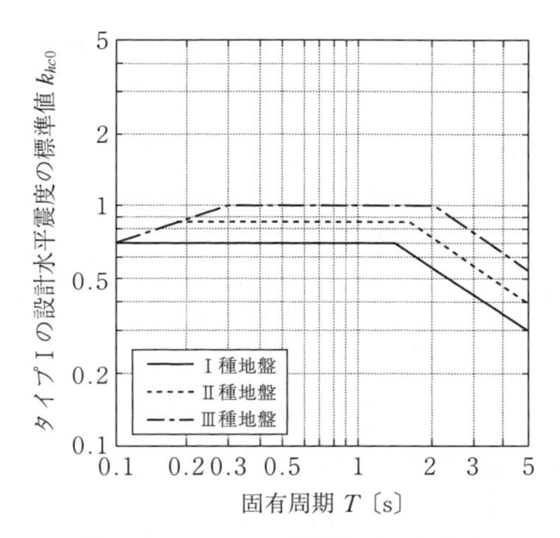

図 13.12 レベル 2 地震動（タイプⅠ）の設計水平震度の標準値 k_{hc0} [13)]

性補正係数（式 (13.4)）。c_z：地域別補正係数（図 13.11）。

$$c_s=\frac{1}{\sqrt{2\mu_a-1}} \tag{13.4}$$

ここに，μ_a：完全弾塑性型の復元力特性を有する構造系の許容塑性率で，鉄筋コンクリート橋脚の場合には式 (13.5) により算出する。

$$\mu_a=1+\frac{\delta_u-\delta_y}{\alpha\delta_y} \tag{13.5}$$

ここに，δ_u：鉄筋コンクリート橋脚の終局変位〔mm〕，δ_y：鉄筋コンクリート橋脚の降伏変位〔mm〕，α：安全係数（**表 13.1**）。

表 13.1 曲げ破壊型と判定された鉄筋コンクリート橋脚の許容塑性率を算出する場合の安全係数

照査する耐震性能	タイプⅠの地震動に対する許容塑性率の算出に用いる安全係数 α	タイプⅡの地震動に対する許容塑性率の算出に用いる安全係数 α
耐震性能 2	3.0	1.5
耐震性能 3	2.4	1.2

曲げせん断破壊移行型と判定された場合およびせん断破壊型と判定された場合は，許容塑性率を 1.0 とする。

なお，レベル２地震動（タイプⅠ）に対する耐震性能の照査における砂質土層の液状化の判定においては，式(13.6)により算出する地盤面における設計水平震度を用いる。

$$k_{hg}=c_z k_{hg0} \tag{13.6}$$

ここに，k_{hg}：レベル２地震動（タイプⅠ）の地盤面における設計水平震度，k_{hg0}：レベル２地震動（タイプⅠ）の地盤面における設計水平震度の標準値で，地盤種別がⅠ種，Ⅱ種，Ⅲ種に対して，それぞれ 0.30，0.35，0.40 とする。

② レベル２地震動（タイプⅡ，内陸直下型地震を想定）の設計水平震度

レベル２地震動（タイプⅡ）の設計水平震度は，式(13.7)により算出する。ただし，設計水平震度の標準値 k_{hc0} に地域別補正係数 c_z を乗じた値が 0.6 を下回る場合，設計水平震度は 0.6 に構造物特性補正係数 c_s を乗じた値とする。また，設計水平震度が 0.4 に地域別補正係数 c_z を乗じた値を下まわる場合，設計水平震度は 0.4 に地域別補正係数 c_z を乗じた値とする。

$$k_{hc}=c_s c_z k_{hc0} \tag{13.7}$$

ここに，k_{hc}：レベル２地震動（タイプⅡ）の設計水平震度，k_{hc0}：レベル２地震動（タイプⅡ）の設計水平震度の標準値で，**図 13.13** による。c_s：構造物特性補正係数，c_z：地域別補正係数（図 13.11）。

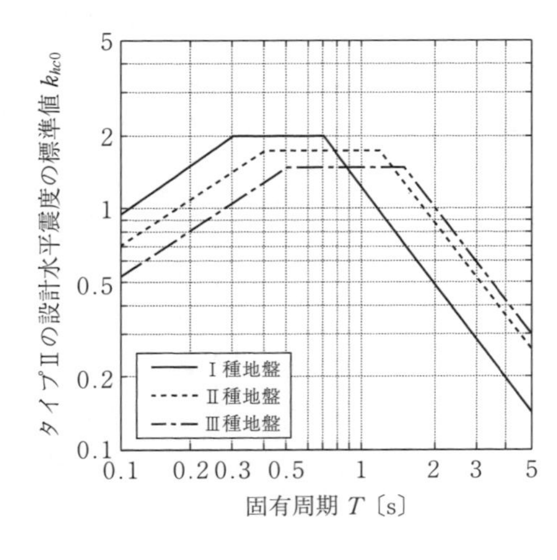

図 13.13　レベル２地震動（タイプⅡ）の設計水平震度の標準値 k_{hc0} [13)]

なお，レベル2地震動（タイプⅡ）に対する耐震性能の照査における砂質土層の液状化の判定においては，式 (13.8) により算出する地盤面における設計水平震度を用いる。

$$k_{hg} = c_z k_{hg0} \tag{13.8}$$

ここに，k_{hg}：レベル2地震動（タイプⅡ）の地盤面における設計水平震度，k_{hg0}：レベル2地震動（タイプⅡ）の地盤面における設計水平震度の標準値で，地盤種別がⅠ種，Ⅱ種，Ⅲ種に対して，それぞれ0.80，0.70，0.60とする。

以下では，耐震性能2の照査方法について，単柱式鉄筋コンクリート橋脚ならびに一層式の鉄筋コンクリートラーメン橋脚を取り上げて説明する。照査は，式 (13.9) および式 (13.10) により行う。

$$k_{hc} W \leqq P_a \tag{13.9}$$

$$\delta_R \leqq \delta_{Ra} \tag{13.10}$$

ここに，k_{hc}：レベル2地震動の設計水平震度，W：地震時保有水平耐力法に用いる等価重量〔N〕で，式 (13.11) により算出する。

$$W = W_U + c_P W_P \tag{13.11}$$

ここに，c_P：等価重量算出係数（**表 13.2**），W_U：当該橋脚が支持している上部構造部分の重量〔N〕，W_P：橋脚の重量〔N〕，P_a：鉄筋コンクリート橋脚の地震時保有水平耐力〔N〕，δ_R：橋脚の残留変位〔mm〕で，式 (13.12) により算出する。

表 13.2　等価重量算出係数 c_P

曲げ破壊型または曲げ損傷からせん断破壊移行型	せん断破壊型
0.5	1.0

$$\delta_R = c_R \left(\mu_\gamma - 1\right)\left(1 - \gamma\right)\delta_y \tag{13.12}$$

ここに，c_R：残留変位補正係数で，鉄筋コンクリート橋脚では0.6とする。γ：橋脚の降伏剛性に対する降伏後の二次剛性の比で，鉄筋コンクリート橋脚では0とする。δ_y：橋脚の降伏変位〔mm〕，μ_γ：橋脚の最大応答塑性率で，式

(13.13) により算出する。

$$\mu_\gamma = \frac{1}{2}\left\{\left(\frac{c_z k_{hc0} W}{P_a}\right)^2 + 1\right\} \tag{13.13}$$

ここに，k_{hc0}：レベル 2 地震動の設計水平震度の標準値，c_z：地域別補正係数，δ_{Ra}：橋脚の許容残留変位〔mm〕で，原則として橋脚下端から上部構造の慣性力の作用位置までの高さの 1/100 とする。

また，耐震性能 3 の照査は，単柱式鉄筋コンクリート橋脚ならびに一層式の鉄筋コンクリートラーメン橋脚の場合，式 (13.9) により行う。

鉄筋コンクリート橋脚の破壊形態は，式 (13.14) により判定する。

$$\begin{aligned} &P_u \leqq P_s：\text{曲げ破壊型} \\ &P_s < P_u \leqq P_{s0}：\text{曲げ損傷からせん断破壊移行型} \\ &P_{s0} < P_u：\text{せん断破壊型} \end{aligned} \tag{13.14}$$

ここに，P_u：鉄筋コンクリート橋脚の終局水平耐力〔N〕，P_s：鉄筋コンクリート橋脚のせん断耐力〔N〕，P_{s0}：正負交番繰返し作用の影響に関する補正係数を 1.0 として算出される鉄筋コンクリート橋脚のせん断耐力〔N〕。

また，鉄筋コンクリート橋脚の地震時保有水平耐力 P_a は，破壊形態に応じて式 (13.15) により算出するものとする。

$$P_a = \begin{cases} P_u\ \text{（曲げ破壊型）（ただし、}P_c < P_u\text{）} \\ P_u\ \text{（曲げ損傷からせん断破壊移行型）} \\ P_{s0}\ \text{（せん断破壊型）} \end{cases} \tag{13.15}$$

ここに，P_a：鉄筋コンクリート橋脚の地震時保有水平耐力〔N〕，P_c：鉄筋コンクリート橋脚のひび割れ水平耐力〔N〕。

鉄筋コンクリート橋脚の地震時保有水平耐力および許容塑性率の算出フローを，**図 13.14** に示す。

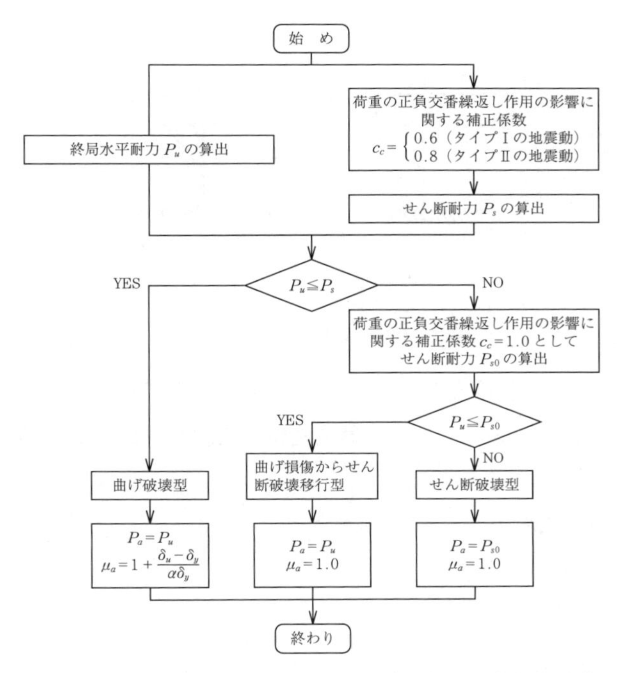

図 13.14　鉄筋コンクリート橋脚の破壊形態の判定と地震時保有水平耐力および許容塑性率[13)]

13.5.3 構造モデル

・動的解析法

構造物に地震力が作用した場合，適切な構造モデルを設定し，ランダムな加速度に対する振動理論にもとづいて，構造物の地震時応答挙動を把握する。この解析法を**動的解析法**（dynamic analysis）という。

図 13.15（a）に示すような地盤に固定された橋脚が，地盤の振動によって水平変位 u_g を生じる場合を考える。想定される構造モデルは，弾性体モデルおよび粘弾性体モデルであり，上端に質量 m を有する 1 質点の線部材と仮定するのが一般的である。

粘弾性体モデル（viscoelasticity model）は，図（b）に示すように，水平方向のみ変形が可能で，かつ粘性による振動減衰を考慮したモデルであり，線部

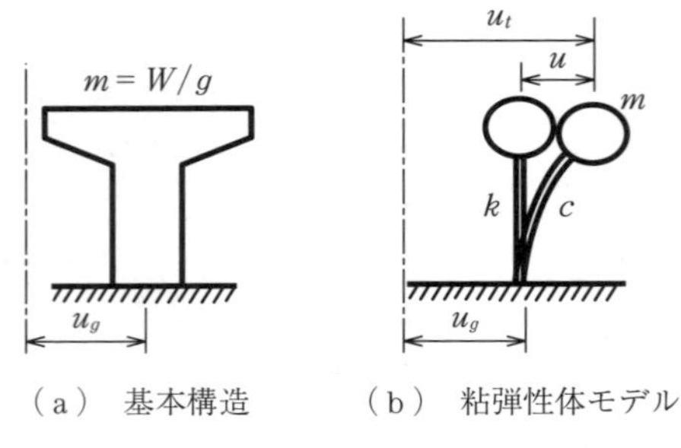

（a） 基本構造　　　（b） 粘弾性体モデル

図 13.15 1 質点系の構造モデル[8)]

材が弾性変形および粘性変形すると仮定する。地震力は，式 (13.16) で表される。なお，質点の全変位 u_t は，地盤の変位 u_g と線部材の弾性・粘性による変位 u の和である（$u_t = u_g + u$）。

慣性力 + 粘性減衰力 + 復元力 = 0 であり

$$
\begin{aligned}
&m(\ddot{u} + \ddot{u}_g) + c\dot{u} + ku = 0 \\
&m\ddot{u} + c\dot{u} + ku = -m\ddot{u}_g \\
&\frac{W}{g}\ddot{u} + c\dot{u} + ku = -\frac{W}{g}\ddot{u}_g
\end{aligned}
\qquad (13.16)
$$

ここに，u：質点のもとの位置からの変位〔m〕，$\ddot{u}$：u を二階微分して得られる加速度〔m/s²〕，$\dot{u}$：相対変位 u を一階微分して得られる速度〔m/s〕，c：減衰係数〔N·s/m〕，k：線部材のばね定数〔N/m〕。

これらは，動的解析法において基礎となる運動方程式であり，これらの式を解いて地震加速度波形を入力すれば，構造物の挙動が解析できる。

演　習　問　題

〔**13.1**〕 鉄筋コンクリート構造物の耐震設計に関するつぎの記述のうち，誤っているものはどれか。

（1） レベル2地震動は，設計耐用期間中に生じる可能性が比較的高い地震動である。

（2） 応答スペクトルとは，構造物が地震に呼応して不規則な揺れを生じることを踏まえ，固有周期を横軸に取り，それぞれの応答の最大値を図化したものである。

（3） 構造物の損傷状態は四つに分類され，損傷状態3は地震によって構造物全体系が崩壊しない状態，と規定されている。

（4） レベル1地震動に対しては損傷状態1を満足することを検討する必要がある。

（5） せん断破壊を生じると小さい変形でも急速に耐力を失うことから，一般に，曲げ破壊が先行するように設計する。

（6） 部材の終局変位は，荷重-変位関係の骨格曲線において，荷重が最大となる時点の変位である。

（7） 鉄筋コンクリート部材が曲げ耐力に達するときのせん断力に構造物係数を乗じた値が，設計せん断耐力よりも小さければ，曲げ破壊モードと判定される。

（8） 震度法による設計では，地盤種別ごとの設計水平震度の標準値に，地域別補正係数を乗じて設計水平震度とする。

（9） 地震時保有水平耐力法に用いる設計水平震度は，鉄筋コンクリート橋脚のじん性能を表す許容塑性率を適用し，エネルギー一定則のもと与えられる。

（10） 地震時保有水平耐力法では，保有水平耐力 $Pa \geqq k_{hc} \cdot W$ となることを照査する。ここで，k_{hc}：設計水平震度，W：構造物の重量

（11） 部材のじん性率は，部材のねばり強さを表す指標で，繰返し荷重-変位関係の骨格曲線における最大荷重の0.7倍の荷重まで低下した時の変位を降伏変位で除して求める。

付録　異形棒鋼の断面積と周長

付表 1　異形棒鋼の断面積

呼び名	公称直径 d〔mm〕	単位重量〔N/m〕	公称断面積 S〔mm^2〕	断面積〔mm^2〕								
				2本	3本	4本	5本	6本	7本	8本	9本	10本
D6	6.35	2.44	31.67	63.34	95.01	126.7	158.3	190.0	221.7	253.4	285.0	316.7
D8	7.94	3.81	49.51	99.02	148.5	198.0	247.6	297.1	346.6	396.1	445.6	495.1
D10	9.53	5.49	71.33	142.7	214.0	285.3	356.7	428.0	499.3	570.6	642.0	713.3
D13	12.7	9.76	126.7	253.4	380.0	506.7	633.4	760.1	886.7	1 013	1 140	1 267
D16	15.9	15.3	198.6	397.1	595.7	794.2	992.8	1 191	1 390	1 588	1 787	1 986
D19	19.1	22.1	286.5	573.0	859.6	1 146	1 433	1 719	2 006	2 292	2 579	2 865
D22	22.2	29.8	387.1	774.2	1 161	1 548	1 935	2 322	2 710	3 097	3 484	3 871
D25	25.4	39.0	506.7	1 013	1 520	2 027	2 534	3 040	3 547	4 054	4 560	5 067
D29	28.6	49.4	642.4	1 285	1 927	2 570	3 212	3 855	4 497	5 139	5 782	6 424
D32	31.8	61.1	794.2	1 588	2 383	3 177	3 971	4 765	5 560	6 354	7 148	7 942
D35	34.9	73.6	956.6	1 913	2 870	3 826	4 783	5 740	6 696	7 653	8 610	9 566
D38	38.1	87.8	1 140	2 280	3 420	4 560	5 700	6 841	7 981	9 121	10 261	11 401
D41	41.3	103	1 340	2 679	4 019	5 359	6 698	8 038	9 378	10 717	12 057	13 396
D51	50.8	156	2 027	4 054	6 080	8 107	10 134	12 161	14 188	16 215	18 241	20 268

付表 2　異形棒鋼の周長

呼び名	周　長 〔mm〕									
	1 本	2 本	3 本	4 本	5 本	6 本	7 本	8 本	9 本	10 本
D6	20	40	60	80	100	120	140	160	180	200
D8	25	50	75	100	125	150	175	200	225	250
D10	30	60	90	120	150	180	210	240	270	300
D13	40	80	120	160	200	240	280	320	360	400
D16	50	100	150	200	250	300	350	400	450	500
D19	60	120	180	240	300	360	420	480	540	600
D22	70	140	210	280	350	420	490	560	630	700
D25	80	160	240	320	400	480	560	640	720	800
D29	90	180	270	360	450	540	630	720	810	900
D32	100	200	300	400	500	600	700	800	900	1 000
D35	110	220	330	440	550	660	770	880	990	1 100
D38	120	240	360	480	600	720	840	960	1 080	1 200
D41	130	260	390	520	650	780	910	1 040	1 170	1 300
D51	160	320	480	640	800	960	1 120	1 280	1 440	1 600

引用・参考文献

1） 小林和夫：コンクリート構造学　第4版，森北出版（2009）
2） 村田二郎，國府勝郎，越川茂雄：入門鉄筋コンクリート工学，技術堂出版（2008）
3） 藤原忠司，張　英華：基礎から学ぶ鉄筋コンクリート工学，技報堂出版（2003）
4） 土木学会：土木学会コンクリート標準示方書［設計編］，土木学会（2022）
5） 角田　忍，竹村和夫：コンクリート構造（環境・都市システム系教科書シリーズ），コロナ社（2001）
6） 吉川弘道：鉄筋コンクリートの設計，丸善（1997）
7） 二羽淳一郎：コンクリート構造の基礎（土木・環境工学），数理工学社（2006）
8） 戸川一夫，岡本寛勝，伊藤秀敏，豊福俊英：コンクリート構造工学 第3版，森北出版（2010）
9） 中嶋清美，石川靖晃，河野伊知郎，菅原　隆，水越睦視：コンクリート構造学，コロナ社（2011）
10） プレストレストコンクリート技術協会：PC 定着工法，プレストレストコンクリート技術協会（2010）
11） 土木学会：土木学会コンクリート標準示方書［設計編］平成8年版，土木学会（1996）
12） 星隈順一，運上茂樹，長屋和宏：土木学会論文集 No.669/V-50（2001.2）
13） 日本道路協会：道路橋示方書　V耐震設計編・同解説，日本道路協会（2002）

演習問題解答

1章

〔1.1〕

以下の該当箇所を参照のこと。

（1）テキスト 1.1.1，1.1.2　（2）テキスト 1.2.1　（3）テキスト 1.2.2（表 1.1）　（4）テキスト 1.2.3

2章

〔2.1〕

以下の該当箇所を参照のこと。

（1）テキスト 2.1.1〔2〕　（2）テキスト 2.1.3，2.1.4　（3）テキスト 2.2.1，2.2.2　（4）テキスト 2.1.1〔1〕，2.1.2，2.2.1〔2〕〔3〕，2.2.2〔2〕

3章

〔3.1〕

以下の該当箇所を参照のこと。

（1）テキスト 3.1　（2）テキスト 3.3　（3）テキスト 3.3（表 3.3）
（4）テキスト 3.5（表 3.5）　（5）テキスト 3.6

4章

〔4.1〕

$M_u = 315$ kN·m，$M_{ud} = 286$ kN·m

〔4.2〕

$M_u = 701$ kN·m，$M_{ud} = 637$ kN·m

〔4.3〕

$M_u = 1\,196$ kN·m，$M_{ud} = 1\,087$ kN·m

5章

〔5.1〕

$N'_{osp} = 2\,347$ kN

〔**5.2**〕

（1）$y_0 = 254.3\,\mathrm{mm}$　（2）$N'_b = 912.1\,\mathrm{kN}$，$M_b = 279.3\,\mathrm{kN \cdot m}$，$e_b = 306.2\,\mathrm{mm}$

（3）$e > e_b$ より，引張破壊を生じる。　（4）$M_{ud} = 249.7\,\mathrm{kN \cdot m}$

（5）$\gamma_i \cdot \dfrac{M_d}{M_{ud}} = 0.75 < 1.0$ より，安全である。

6章

〔**6.1**〕

（1）$V_{cd} = 139.5\,\mathrm{kN}$　（2）$V_{sd} = 153.6\,\mathrm{kN}$　（3）$\dfrac{V_d}{V_{yd}} = 0.94 < 1.0$ より，安全である。

〔**6.2**〕

（1）$V_{cd} = 125.2\,\mathrm{kN}$　（2）計算上 271 mm となり，$s = 250\,\mathrm{mm}$ で配置すればよい。

7章

〔**7.1**〕

M_{tyd}（$= 86.1\,\mathrm{kN \cdot m}$）$<$ M_{tcud}（$= 116.9\,\mathrm{kN \cdot m}$）より，設計ねじり耐力は 86.1 kN·m。

8章

〔**8.1**〕

$\sigma'_c = 6.2\,\mathrm{N/mm^2}$，$\sigma_s = 116\,\mathrm{N/mm^2}$

〔**8.2**〕

$\sigma'_c = 5.6\,\mathrm{N/mm^2}$，$\sigma'_s = 33.3\,\mathrm{N/mm^2}$，$\sigma_s = 115\,\mathrm{N/mm^2}$

〔**8.3**〕

$\sigma'_c = 8.2\,\mathrm{N/mm^2}$，$\sigma_s = 144\,\mathrm{N/mm^2}$

9章

〔**9.1**〕

（1）$f_{rd} = 8.3\,\mathrm{N/mm^2}$　（2）$\mathrm{N} = 457\,000$ 回　（3）$f_{srd} = 147\,\mathrm{N/mm^2}$

10章

以下の該当箇所を参照のこと。

〔**10.1**〕

（1）テキスト 10.1.1（図 10.3），10.2　（2）テキスト 10.3.1〔1〕〔2〕

（3） テキスト 10.3.1〔2〕, 10.3.2〔1〕〔2〕, 10.7.2　（4） テキスト 10.4〔1〕〔3〕（表 10.3）　（5） テキスト 10.5.1〔1〕〔2〕　（6） テキスト 10.5.1〔3〕〔4〕　（7） テキスト 10.5.2〔1〕〔2〕　（8） テキスト 10.6〔1〕〔2〕

11章

〔11.1〕

（1） $\sigma'_{ct}=0.68\,\text{N/mm}^2$（$<0.6\,f'_{ck}=18\,\text{N/mm}^2$），$\sigma_{ct}=7.28\,\text{N/mm}^2$（$<0.6\,f'_{ck}=18\,\text{N/mm}^2$）。以上より，応力制限範囲内である。

（2） $\sigma'_{ce}=7.64\,\text{N/mm}^2$（$<0.4\,f'_{ck}=20\,\text{N/mm}^2$），$\sigma_{ce}=-0.88\,\text{N/mm}^2$（$>-3.0\,\text{N/mm}^2$（引張。表 11.4 より，$f'_{ck}=50\,\text{N/mm}^2$ の場合，コンクリート縁引張応力度の制限値は $3.0\,\text{N/mm}^2$））。以上より，応力制限範囲内である。

12章

〔12.1〕

$d_0=653\,\text{mm}$。$A_{s0}=2\,898\,\text{mm}^2$。なお，実際に用いる有効高さは区切のよい 660 mm とする。これより，近似的に $j=\dfrac{7}{8}$ として計算すると $A_s=2\,804\,\text{mm}^2$ となり，6D25（$3\,040\,\text{mm}^2$）を採用する。

〔12.2〕

$M_{rc}=282\,\text{kN·m}$，$M_{rs}=209\,\text{kN·m}$ で，$M_{rc}>M_{rs}$ となることから $M_r=M_{rs}=209\,\text{kN·m}$

〔12.3〕

$M_{rc}=461\,\text{kN·m}$，$M_{rs}=356\,\text{kN·m}$ で，$M_{rc}>M_{rs}$ となることから $M_r=M_{rs}=356\,\text{kN·m}$。

13章

〔13.1〕

（1） ×レベル 1 の説明である　（2）○　（3）○　（4）○　（5）○　（6）×終局変位は荷重-変位関係の骨格曲線において荷重が降伏荷重を下回らない最大の変位　（7）○　（8）×地盤種別をも考慮するのは修正震度法である　（9）○　（10）○　（11）×部材のじん性率は，部材のねばり強さを表す指標で，繰返し荷重-変位関係の骨格曲線が降伏荷重を下回らない終局変位を降伏変位で除して求める。

索　　　引

――著者略歴――

1980年　東京都立大学大学院工学研究科修士課程土木工学専攻修了
1980年　大成建設株式会社勤務
1993年　博士（工学）（横浜国立大学）
2000年　東京都立大学大学院工学研究科助教授
2005年　首都大学東京大学院工学研究科准教授
2006年　首都大学東京大学院都市環境科学研究科教授
2020年　東京都立大学大学院都市環境科学研究科教授
2021年　東京都立大学名誉教授

コンクリート構造学（改訂版）
Reinforced Concreate（Revised Edition）

2012年4月25日　初版第1刷発行
2025年3月25日　初版第4刷発行（改訂版）

検印省略

著　者　宇治公隆（うじ きみたか）
発行者　株式会社　コロナ社
　　　　代表者　牛来真也
印刷所　新日本印刷株式会社
製本所　有限会社　愛千製本所

112-0011　東京都文京区千石 4-46-10
発行所　株式会社　**コロナ社**
CORONA PUBLISHING CO., LTD.
Tokyo Japan
振替00140-8-14844・電話(03)3941-3131(代)
ホームページ　https://www.coronasha.co.jp

ISBN 978-4-339-05617-4　C3351　Printed in Japan　（森岡）